中等职业教育国家规划教材
全国中等职业教育教材审定委员会审定

电力电子技术

第2版

主编　黄家善　王成安
参编　王　春　王　超　刘海东

机械工业出版社

本书介绍了晶闸管、GTO、GTR、MOSFET、IGBT 等成熟的电力电子器件的特性、参数及其应用技术，跟踪国内外电力电子器件的最新发展，对 SITH、MCT、IGCT 及集成功率器件 PIC 等也做了介绍。主要内容包括：功率二极管和晶闸管，全控型电力电子器件，全控型器件的驱动，可控整流电路，晶闸管的触发电路，直流斩波变换电路，交流电力控制电路，逆变电路，电力电子器件的应用与实训。本书内容具有理论与实际结合及突出应用的特点。

本书可作为中等职业技术学校电气运行与控制、电气技术应用、电子技术应用等专业教材，亦可供有关的工程技术人员参考。

图书在版编目（CIP）数据

电力电子技术/黄家善，王成安主编. —2 版. —北京：机械工业出版社，2010.10（2023.1 重印）
中等职业教育国家规划教材　全国中等职业教育教材委员会审定
ISBN 978-7-111-31867-5

Ⅰ. ①电…　Ⅱ. ①黄…②王…　Ⅲ. ①电力电子学—专业学校—教材
Ⅳ. ①TM1

中国版本图书馆 CIP 数据核字（2010）第 176911 号

机械工业出版社（北京市百万庄大街 22 号　邮政编码 100037）
策划编辑：高　倩　　责任编辑：赵红梅
责任校对：王　欣　　封面设计：鞠　杨
责任印制：刘　媛
涿州市般润文化传播有限公司印刷
2023 年 1 月第 2 版第 12 次印刷
184mm×260mm · 13.25 印张 · 323 千字
标准书号：ISBN 978-7-111-31867-5
定价：39.00 元

电话服务	网络服务
客服电话：010-88361066	机　工　官　网：www.cmpbook.com
010-88379833	机　工　官　博：weibo.com/cmp1952
010-68326294	金　　书　　网：www.golden-book.com
封底无防伪标均为盗版	机工教育服务网：www.cmpedu.com

中等职业教育国家规划教材出版说明

为了贯彻《中共中央国务院关于深化教育改革全面推进素质教育的决定》精神，落实《面向21世纪教育振兴行动计划》中提出的职业教育课程改革和教材建设规划，根据《中等职业教育国家规划教材申报、立项及管理意见》（教职成［2001］1号）的精神，教育部组织力量对实现中等职业教育培养目标和保证基本教学规格起保障作用的德育课程、文化基础课程、专业技术基础课程和80个重点建设专业主干课程的教材进行了规划和编写，从2001年秋季开学起，国家规划教材将陆续提供给各类中等职业学校选用。

国家规划教材是根据教育部最新颁布的德育课程、文化基础课程、专业技术基础课程和80个重点建设专业主干课程的教学大纲编写而成的，并经全国中等职业教育教材审定委员会审定通过。新教材全面贯彻素质教育思想，从社会发展对高素质劳动者和中初级专门人才需要的实际出发，注重对学生的创新精神和实践能力的培养。新教材在理论体系、组织结构和阐述方法等方面均做了一些新的尝试。新教材实行一纲多本，努力为教材选用提供比较和选择，满足不同学制、不同专业和不同办学条件的教学需要。

希望各地、各部门积极推广和选用国家规划教材，并在使用过程中，注意总结经验，及时提出修改意见和建议，使之不断完善和提高。

教育部职业教育与成人教育司

2001年5月

第2版前言

根据我国中等职业教育的发展趋势，针对目前中等职业教育的特点和教育目标，现对《电力电子技术》（电气运行与控制专业）教材进行了修订。在修订过程中吸收了工厂企业技术人员在中等职业教育第一线从事多年专业教学的教师参加编写，他们的意见对提高教材的实用性起到了重要作用。

此次修订的原则是围绕着这套教材的使用对象和社会对本专业毕业生的就业需求，在原书的基础上进行修改。具体做法是在充分调研的基础上，降低教材难度、结合国家相关职业技能资格考核标准，从电气运行与控制专业的整个课程体系设置综合考虑，对教材的内容进行了删减，同时增加了目前电力电子技术的最新发展成果。编写体例上基本采用原来的体系结构，并尽量向项目驱动式教学、模块化教学方向靠拢。

此次修订的目标：

（1）紧跟技术发展趋势，在书中既要考虑知识的基础性，又要考虑知识的先进性，所以在内容的安排上，除了包含有电力电子技术的基本内容，还把目前最先进的电力电子技术补充进来，使本书的内容跟上时代的发展步伐。

（2）在设计电力电子技术知识的深度上，以“必须”和“够用”为原则。对基本知识进行讲解时，不做繁杂的理论推导，有些知识只给出结论或定性分析结果，重点放在对先进电力电子技术知识的介绍上，尤其是对新器件的介绍和应用。

（3）增加了电力电子器件应用与实训一章。实训内容紧密配合教学进度，在选材上紧密结合学校实际情况。

本书主要由辽宁省高等教育精品课主讲人——辽宁机电职业技术学院王成安教授修订，由辽宁欣泰电力有限股份公司高级工程师苏德深审稿，王春、王超和刘海东也参加了修订工作。此外，还邀请东北工业学校电力运行专业教研室的教师对书中内容进行了讨论。

对书后所列的参考文献的各位作者，修订者表示深深的感谢。

由于编者水平所限，书中难免存在不妥之处，敬请兄弟院校的师生给予批评和指正。请您把对本书的建议告诉我们，以便再修订时改进。所有意见和建议请寄往：E - mail：wang - ca420@ sohu. com。

编　者

第1版前言

本书是机电类职业技术教育规划教材之一，可作为中等专业学校电气运行与控制专业教科书，也可供中等职业技术教育的电子、电气及机电一体化类各专业师生、电气工程技术人员参考。

本书在器件方面，介绍了功率二极管、晶闸管、电力晶体管、门极关断晶闸管、功率场效应晶体管、绝缘门极晶体管、静电感应晶体管及功率集成电路等。分析了它们的结构、原理及特性，在控制策略方面，主要介绍了晶闸管的触发电路、全控型器件的驱动电路、缓冲电路、保护电路及串并联应用电路；在应用技术方面，主要介绍了可控整流、交流电力控制、逆变及斩波技术，以及相应的典型应用电路。在全书内容上力求注重基础、更新内容、定性为主、概念清楚、理论联系实际以及务求实用。

本书的编写得到全国机械职业教育教学指导委员会和高职与中专电类专业教学指导委员会的指导。对于本书编写给予帮助和指导的老师有：中原机械工业学校王廷才；河北机电学校王文郁、许爻；上海电机专科学校孙兴旺；芜湖机械学校储克森；陕西职业技术学院王津等高级讲师。同时在编写过程中，参阅了许多同行专家们的论著文献，在此一并真诚致谢。

限于编者的学术水平及实践经验，书中谬误之处在所难免，敬请同行专家、广大读者提出批评和指教。

编　者

目　录

绪　论

一、什么是电力电子技术

以电力为对象的电子技术称作电力电子技术（Power Electronics），它是一门利用电力电子器件对电能进行控制和转换的学科。电力电子技术突出对电力的变换，它变换的功率可以大到数百兆瓦甚至吉瓦，也可小到几瓦甚至更小。

电力电子技术包括电力电子器件、变流电路和控制电路三个部分，其中电力电子器件是基础，变流技术是电力电子技术的核心。电力电子技术是电力、电子、控制三大电气工程技术领域之间的交叉学科。随着科学技术的发展，电力电子技术又与现代控制理论、材料科学、微电子技术等许多领域密切相关。目前，电力电子技术已逐步发展成为一门多学科互相渗透的综合性技术学科。

当代许多高新技术均与电网的电流、电压、频率和相位等基本参数的转换与控制相关。现代电力电子技术能够实现对这些参数的精确控制和高效率处理，特别是能够实现大功率电能的频率变换，从而为多项高新技术的发展提供有力的支持。因此，现代电力电子技术不但本身是一项高新技术，而且还是其他多项高新技术的发展基础。电力电子技术及其产业的进一步发展必将为大幅度节约电能、降低材料消耗以及提高生产效率提供重要的技术基础，并对现代生产和现代生活产生深远的影响。

二、电力电子器件的发展

继1956年第一个晶闸管（Thyrister）诞生之后，电力电子器件如雨后春笋般涌现。电力电子器件的发展大体可划分为两个阶段：1957～1980年称为传统电力电子器件阶段；1980年至今称为现代电力电子器件阶段。

1. 传统电力电子器件

电力电子技术的基础是由晶闸管和晶闸管变流技术的发展而确立的。晶闸管的出现，实现了弱电对强电的控制。现在晶闸管的派生器件越来越多，功率越来越大，性能越来越好。电力电子器件也由普通晶闸管衍生出了快速晶闸管、逆导晶闸管（RCT）、双向晶闸管（TRIAC）、不对称晶闸管（ASCR）等，从而形成了一个晶闸管大家族。与此同时，各类晶闸管的电压、电流、电压变化率$\Delta u/\Delta t$及电流变化率$\Delta i/\Delta t$等各项参数定额均有很大提高，开关特性也有很大改善。传统的电力电子器件已发展到相当成熟的地步，但在实际应用上存在着两个制约其继续发展的重要因素。一是控制功能上的欠缺，它通过门极只能控制开通而不能控制关断，所以称之为半控制器件。要想关断这种器件，必须另外附加用电感、电容和辅助开关器件组成的强迫换流电路，从而使整机体积增大、质量增加、效率降低；二是因它是分立元件结构，工作频率难以提高到400Hz，因而大大地限制了它的应用范围。由于上述两个原因，以半控型器件晶闸管为代表的传统电力电子器件的发展受到极大的影响。与此同时，直流传动、机车牵引、电化电源在应用方面成为当时的三大支柱，这些以晶闸管为核心的变流电路几乎使用了半个世纪，至今也没有多大改进。这些电路的功率因数低、网上的谐波严重，因此阻碍了它们的继续发展。目前新型电力电子器件的迅速发展，为电力电子变流电路带来新的转机。

另一方面，晶闸管系列器件的价格相对低廉，在大电流、高电压的发展空间依然较大，尤其在特大功率应用场合，其他器件尚不易替代。在我国以晶闸管为核心的应用设备仍有许多在生产现场使用。

2. 现代电力电子技术

20 世纪 80 年代以来，微电子技术与电力电子技术相结合而产生了新一代高频化、全控型的功率集成器件，从而使电力电子技术由传统的电力电子技术跨入现代电力电子技术的新时代。

现代电力电子器件是指全控型的电力半导体器件，这类器件可分为三大类：双极型、单极型和混合型。

（1）双极型器件　是指在器件内部电子和空穴两种载流子都参与导电过程的半导体器件。这类器件的通态压降低、阻断电压高、电流容量大，适合于中大容量的变流装置。常见的有门极关断晶闸管（GTO）、电力晶体管（GTR）、静电感应晶闸管（SITH）。其中 SITH 也称作场控晶闸管，是近几年逐步趋向成熟的器件，它是一种在栅极上加反向偏压即成为阻断状态，除去反向偏压即成为导通状态的常开器件，它属于双极型半控型器件。SITH 是目前开发的开关速度最快的晶闸管，它的应用范围很广，在交直流调速系统、高频加热装置和开关电源等领域均有广泛的应用。

（2）单极型器件　是指器件内只有一种载流子（多数载流子）参与导电过程的半导体器件。这类器件的典型产品有：功率场控晶体管（功率 MOSFET）和静电感应晶体管（SIT）。单极型器件由多数载流子导电，无少子存贮效应，因而开关时间短，一般在几十纳秒以下，所以工作频率高。如功率 MOSFET 的工作频率可达 100kHz 以上；现已商品化的 SIT 截止频率可达 30～50MHz。此外，它们还具有输入阻抗高、属于电压控制型元件、控制较为方便及抗干扰能力强等特点。

（3）混合型器件　是指双极型器件与单极型器件的集成混合。它是用 GTR、GTO 以及 SCR 作为主导元件，用 MOSFET 作为控制元件混合集成之后产生的器件。这种器件既具有 GTR、GTO 及 SCR 等双极型器件电流密度高、导通压降低的优点，又具有 MOSFET 等单极型器件输入阻抗高、响应速度快的优点。目前已开发的混合型器件有肖特基注入 MOS 门极晶体管（SINFET）、绝缘门极双极晶体管（IGT 或 IGBT）、MOS 门极晶体管（MGT）、MOS 晶闸管（MCT 或 MCTH）以及功率集成电路（PIC）。

IGBT 被认为是最有发展前途的复合器件之一。现已有 300A/2400V、1000A/1000V 的 IGBT 模块产品投入市场。其工作频率都超过 20kHz，它们的出现为工业应用领域的高频化开辟了广阔的天地。IGBT 目前已有取代 GTR 和 MOSFET 的趋势，而 MCT 有取代 SCR 及 GTO 的趋势。这两种器件都可以应用于中高频感应加热、高精度变频调速、UPS、开关电源、高频逆变式整流焊机、超声电源、高频 X 射线机电源、高频调制整流电源以及各种高性能、低损耗和低噪声的场合。

现代电力电子技术的另一重要发展是高压功率集成电路（HVIC）和智能功率集成电路（SPIC）的研制和开发。SPIC 在制造过程中将功率器件与驱动电路、控制电路以及保护电路集成在一个芯片上或是封装在一个模块内。它是电力电子技术与微电子技术紧密结合的产物。目前主要应用于中小功率电路，如汽车电子化和家电领域，工作电压和工作电流分别在

50～1000V，1～100A 之间，实际传送功率可达数千瓦。

总体来看，现代电力电子器件的主要特点是集成化、高频化、全控化、多功能化。

三、变流电路与控制技术

变流电路是以电力半导体器件为核心，配合适当的控制方法来实现对电能转换和调节的电路。它的基本功能是使交流（AC）和直流（DC）电能的互相转换，有以下几种类型：

可控整流器（AC－DC）：把交流电压变换成为固定或可调的直流电压，如应用于直流电动机的调压、调速、电解、电镀设备等。

有源逆变器（DC－AC）：把直流电压变换成为频率固定或可调的交流电压，如应用于直流输电、牵引机车制动时的电能回馈等。

交流调压器（AC－AC）：把固定或变化频率的交流电压变换成为频率可调或固定的交流电压，如应用于灯光控制、温度控制等。

无源逆变器（AC－DC－AC）：把固定或变化频率的交流电变换成频率可调的或恒定的交流电，如应用于变频电源、UPS、变频调速等设备。

直流斩波器（DC－DC）：把直流电压变化成为频率可调或固定的交流脉冲，再转变成直流电压。如应用于电气机车、城市电车牵引等。

无触点功率静态开关：接通或切断交流或直流电流通路，用于取代接触器、继电器。

控制技术是改进变流电路的性能和效率所不可缺少的关键技术之一。全控型器件的问世，使得变流电路与控制技术发生了巨大的变化，除了整流电路之外，其他几种变流电路的性能指标都远远超过晶闸管变流电路。由于它能由外部信号控制其关断，所以还可以实现 DC－DC 变换，起到直流变压器的作用。

由电力半导体器件构成的变流电路呈现许多优势。例如：①体积小、重量轻、耐磨损、无噪声及维修方便；②功率增益高、控制灵活；③控制动态性能好、响应快（毫秒级或微秒级）、动态时间短；④效率高、节约能源。

但其存在的缺点也不可避免。例如：①过载能力（过电压、过电流）低；②在某些工作条件下功率因数低；③对电网有“公害”。

电力电子技术在交通运输、电力系统、通信系统、计算机系统、新能源系统及在照明、空调等家电领域均发挥着重要作用，到处都能感受到电力电子技术的存在和巨大魅力。这也激发了一代又一代的学者和工程技术人员学习、研究电力电子技术并使其飞速发展。

四、对本课程的教学要求

《电力电子技术》是电气运行与控制专业的主干课程之一。该课程可分为三方面的内容。

第一部分：介绍了 SCR、GTO、GTR、MOSFET、IGBT 等电力电子器件。

第二部分：介绍了整流、直流斩波、交流调压及逆变等变流电路。

第三部分：介绍了各种器件的驱动电路及保护电路。

为了适应不同教学课时的要求，在目录中打“*”章节内容可供选择。理论教学总学时在 52～60 课时，还需配以 10 节左右的实训课时。通过本课程的学习应达到以下要求：

1）掌握不同器件的外部特性及其极限参数。

2）掌握不同器件所组成的变流电路的工作原理、波形画法、电路中主要物理量的计算。

3）掌握晶闸管、GTR、IGBT的器件额定参数选择；能查阅器件手册选取所需的器件。

4）了解晶闸管在带不同负载时的电路特性，在三相电路中应用时的同步定相方法。

5）了解各种器件组成的电路所必要的保护设施选取方法。

6）熟悉晶闸管等常用电力电子器件组成的基本电路的实验、调试方法。初步具有对电力电子主电路故障分析与处理的能力。

本课程的学习还应与电工基础、电子技术基础、电机及拖动基础等知识相联系，着重于物理概念与对不同问题的分析方法，重视实训、识图等应用能力的培养。

第一章 功率二极管和晶闸管

功率二极管是指可以承受高电压、大电流、具有较大耗散功率的二极管，它是整流、续流、电压隔离、钳位等电路的核心器件，在各种变流电路中有着重要的作用。

晶闸管（Thyristor）是晶体闸流管的简称，曾称为可控硅（Sillicon Controlled Rectifier，SCR）。自从1956年美国研制出第一只普通晶闸管以来，至今已形成了从低压小电流到高压大电流的系列产品。同时世界各国还研制出多种晶闸管的派生器件，如双向晶闸管（Bidrectional Thyristor）、快速晶闸管（Fast Switching Thyristor）、逆导晶闸管（Reverse Conducting Thyristor）及光控晶闸管（Light Activated Thyristor）等。晶闸管作为大功率的半导体器件，只需用几十至几百毫安的电流，就可以控制几百至几千安培的大电流，实现了弱电对强电的控制。

晶闸管具有体积小、重量轻、损耗小、控制特性好等优点，在许多领域中得到了广泛的应用。

第一节 功率二极管

功率二极管与小功率二极管的结构、工作原理和伏安特性相似，但它的主要参数的规定、选择原则等不尽相同，使用时应当引起注意。

一、功率二极管的结构与伏安特性

1. 结构

功率二极管的内部结构是一个PN结，结面积较大。

由功率二极管引出两个极，分别称为阳极A和阴极K，其符号与中小功率二极管一样。由于功率二极管功耗较大，它的外形有螺旋式和平板式两种。螺旋式二极管的阳极紧拴在散热器上。平板式二极管又分为风冷式和水冷式，它的阳极和阴极分别由两个彼此绝缘的散热器紧紧夹住。常用大功率二极管的外形如图1-1所示。

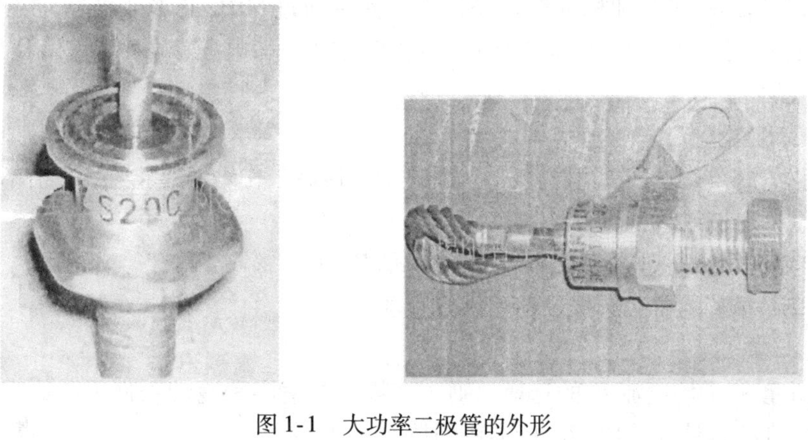

图1-1 大功率二极管的外形

2. 伏安特性

功率二极管的阳极和阴极间的电压和流过管子的电流之间的关系称为伏安特性，如图1-2 所示。当电压从零逐渐增大时，开始阳极电流很小，这一段特性曲线很靠近横坐标轴。当正向电压大于0.5V时，正向阳极电流急剧上升，管子正向导通。如果在电路中不接限流元件，二极管将被烧毁。

当二极管加上反向电压时，起始段的反向漏电流也很小，随着反向电压的增加，反向漏电流只略有增大，但当反向电压增加到反向不重复峰值电压值时（图1-2 中的 U_{RSM}），反向漏电流开始急剧增加。同样，如果对反向电压不加限制的话，二极管将被击穿而损坏。

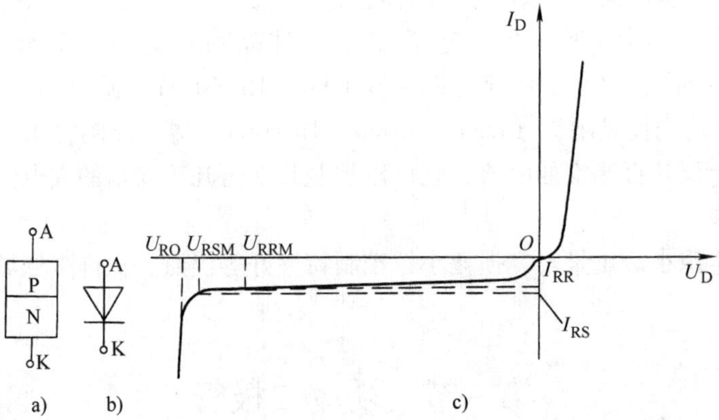

图1-2　功率二极管的符号和伏安特性

二、主要参数

1. 额定电流（正向平均电流）I_F

在规定的环境温度为40℃和标准散热条件下，元件PN结温度稳定且不超过140℃时，所允许长时间连续流过50Hz正弦半波的电流平均值称为额定电流 I_F。

2. 反向重复峰值电压 U_{RRM}

在额定结温条件下，取元件反向伏安特性不重复峰值电压值 U_{RSM} 的80%称为反向重复峰值电压 U_{RRM}。

3. 正向平均电压 U_F

在规定环境温度40℃和标准散热条件下，元件通过50Hz正弦半波额定正向平均电流时，元件阳极和阴极之间的电压的平均值称为正向平均电压 U_F，简称管压降，一般在0.45～1V范围内。

4. 最高工作结温 T_{JM}

结温是指管芯PN结的平均温度，用 T_J 表示。最高工作结温是指在PN结不致损坏的前提下所能承受的最高平均温度。T_{JM} 通常为125～175℃。

国产ZP系列的部分硅功率二极管的参数见附表1。

三、功率二极管的参数选择及使用注意事项

1. 参数选择

（1）额定正向平均电流 I_F 的选择原则　在规定的室温和冷却条件下，额定正向平均电流 I_F 可按式（1-1）计算后取相应标准系列值

$$I_F = (1.5 \sim 2)\frac{I_{DM}}{1.57} \tag{1-1}$$

式中　I_{DM}——流过二极管的最大电流有效值。

（2）额定电压 U_{RRM}的选择原则　选择功率二极管的反向重复峰值电压 U_{RRM}的原则应为管子所工作的电路中可能承受到的最大反向瞬时值电压 U_{DM}的 2～3 倍，即

$$U_{RRM} = (2 \sim 3)U_{DM} \tag{1-2}$$

再取相应标准系列值。

2. 功率二极管的使用注意事项

1）必须保证规定的冷却条件，如强迫风冷或水冷。

2）平板型元件的散热器一般不应自行拆装。

3）严禁用兆欧表检查元件的绝缘情况。

四、功率二极管的主要类型

在实际应用中，人们根据不同场合的不同要求，选择不同类型的功率二极管。

1. 普通功率二极管

普通功率二极管又称整流二极管，多用于开关频率不高（1kHz 以下）的整流电路中。其反向恢复时间较长，一般在 5μs 以上，但其正向电流定额和反向电压定额却可以达到很高，分别可达数千安和数千伏以上。

2. 快速恢复功率二极管

反向恢复过程很短（一般在 5μs 以下）的二极管被称为快速恢复功率二极管，简称快速二极管。其正向压降很低（0.9V 左右），但其反向耐压多在 400V 以下。不管是什么结构，快速恢复二极管从性能上可分为快速恢复和超快速恢复两个等级。前者反向恢复时间为数百纳秒或更长，后者则在 100ns 以下，甚至达到 20～30ns。

3. 肖特基二极管

以金属和半导体接触形成的势垒为基本结构的二极管称为肖特基势垒二极管，简称肖特基二极管。肖特基二极管的优点在于：反向恢复时间很短（10～40ns），正向恢复过程中也不会有明显的电压过冲；在反向耐压较低的情况下其正向压降也很小，明显低于快速恢复二极管。因此，其开关损耗和正向导通损耗都比快速恢复二极管还要小，工作效率高。肖特基二极管的弱点在于：当其所能承受的反向耐压提高时，其正向压降也会高得不能满足要求，因此，肖特基二极管多用于 200V 以下的低压场合。

第二节　晶　闸　管

一、晶闸管的结构

晶闸管的外形及符号如图 1-3 所示。晶闸管的外形大致有三种：塑封形、螺栓形和平板形。图 1-3a 为塑封形，多用于额定电流 10A 以下；图 1-3b 为螺栓形，一般用于额定电流 10～200A；图 1-3c 为平板形，用于额定电流在 200A 以上。晶闸管工作时，由于器件损耗而产生热量，需要通过散热器降低管芯温度，器件外形就是为便于安装散热器而设计的。

晶闸管是四层（$P_1N_1P_2N_2$）三端（A、K、G）器件，其内部结构及等效电路如图 1-4 所示。

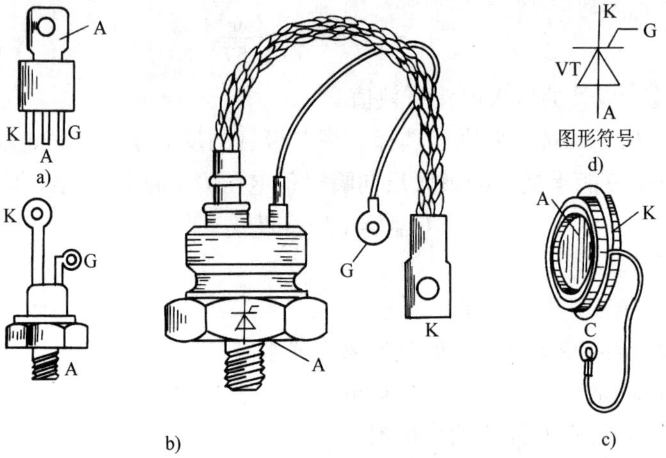

图 1-3　晶闸管的外形及符号

a）塑封形　b）螺栓形　c）平板形　d）符号

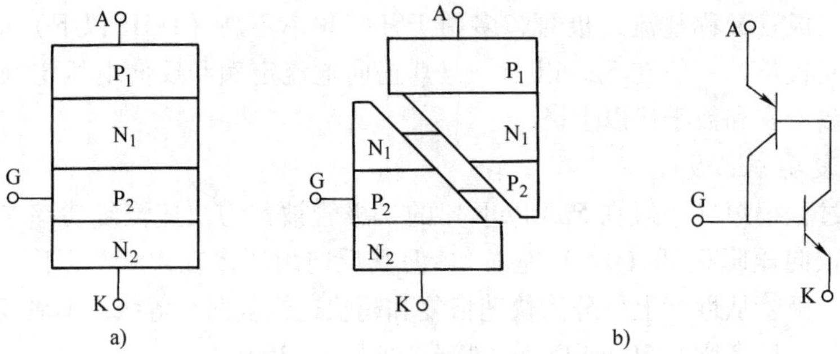

图 1-4　晶闸管的内部结构及等效电路

a）芯片内部结构　b）互补晶体管等效电路

二、晶闸管的导通与关断条件

晶闸管是单向可控的开关元件，它的导通和关断条件，可通过如图 1-5 所示的实验电路来说明。

1）当双刀开关 Q_1 向右反向闭合，晶闸管承受反向阳极电压，不论门极承受何种电压，灯泡都不亮，说明晶闸管处于关断状态。

2）当双刀开关 Q_1 向左正向闭合，晶闸管承受正向阳极电压，仅当双刀开关 Q_2 正向闭合，即门极也承受正向电压时灯泡才亮。

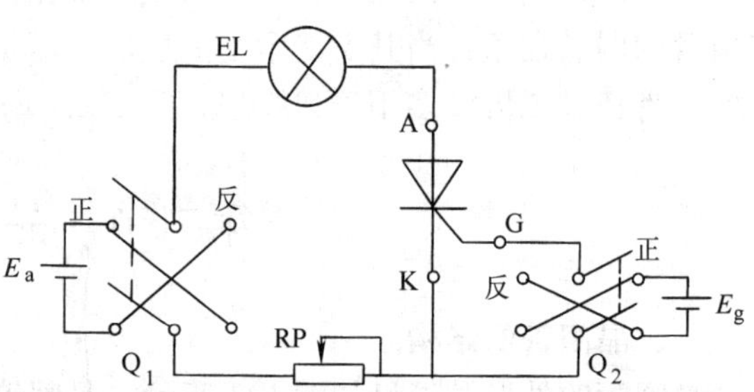

图 1-5　晶闸管的导通关断实验电路

3）晶闸管一旦导通，双刀开关 Q_2 不论正接、反接或者断开，晶闸管都保持导通状态不变，说明门极失去了控制作用。

4）要使晶闸管关断，可以去掉阳极电压，或者给阳极加反压，也可以降低正向阳极电流至一定数值以下。

结论：

1）晶闸管的导通条件：在晶闸管的阳极和阴极间加正向电压，同时在它的门极和阴极间也加正向电压，两者缺一不可。

2）晶闸管一旦导通，门极即失去控制作用，因此门极所加的触发电压一般为脉冲电压。晶闸管从阻断变为导通的过程称为触发导通。门极触发电流一般只有几十毫安到几百毫安，而晶闸管导通后，可以通过几百、几千安的电流。

3）晶闸管的关断条件：使流过晶闸管的阳极电流小于维持电流。维持电流是保持晶闸管导通的最小工作电流。

三、晶闸管的阳极伏安特性

晶闸管的阳极与阴极间的电压和阳极电流之间的关系，称为阳极伏安特性。其伏安特性曲线如图1-6所示。

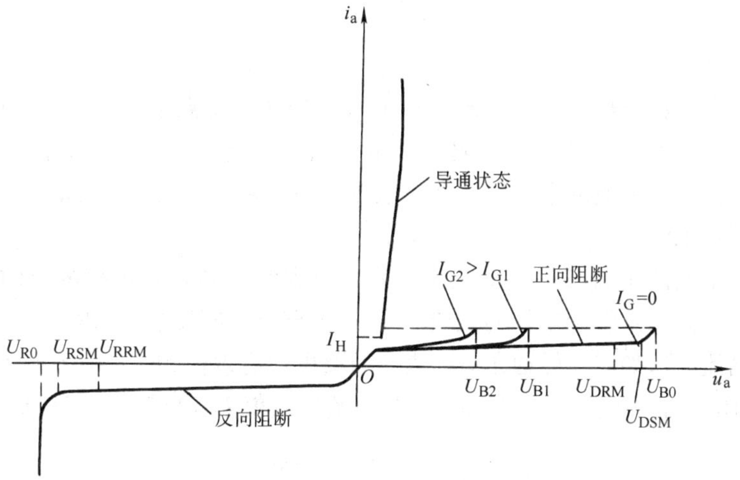

图1-6　晶闸管的阳极伏安特性

在图1-6中第Ⅰ象限为正向特性，当 $I_G=0$ 时，如果在晶闸管两端所加正向电压 U_A 未增大到正向转折电压 U_{B0}时，元件都处于正向阻断状态，只有很小的正向漏电流。当 U_A 增大到 U_{B0}时，则漏电流急剧增大，器件导通，正向电压降低。通常不允许采用这种方法使晶闸管导通，因为这样会造成晶闸管损坏。一般采用对晶闸管的门极加足够大的触发电流使其导通。

晶闸管的反向伏安特性曲线如图1-6中第Ⅲ象限所示，可见与普通整流二极管的反向伏安特性相似。处于反向阻断状态时，晶闸管中只有很小的反向漏电流，当反向电压超过反向击穿电压 U_{R0}后，反向漏电流急剧增大，会造成晶闸管反向击穿而损坏。

四、晶闸管主要参数

晶闸管的主要参数在附表2中列出。

1. 额定电压 U_{Tn}

当门极开路、元件处于额定结温时，所测定的正向转折电压 U_{B0} 和反向击穿电压 U_{R0}，由制造厂家规定减去某一数值（通常为100V），分别得到正向不可重复峰值电压 U_{DSM} 和反向不可重复峰值电压 U_{RSM}，再各乘以0.9，即得正向断态重复峰值电压 U_{DRM} 和反向阻断重复

峰值电压 U_{RRM}。将 U_{DRM} 和 U_{RRM} 中较小的那个值按百位取整后作为该晶闸管的额定电压值。例如，一晶闸管实测 $U_{DRM}=840V$，$U_{RRM}=720V$，将二者较小的 720V 取整得 700V，该晶闸管的额定电压就为 700V 即 7 级。表 1-1 所列为晶闸管额定电压的等级与额定电压范围的关系。

表 1-1　晶闸管正反向重复峰值电压的等级

级　别	额定电压/V	说　明
1、2、3…10	100、200、300…1000	额定电压 1000V 以下，每增加 100V 其级别数加 1
12、14、16…	1200、1400、1600…	额定电压 1200V 以上，每增加 200V 其级别数加 2

晶闸管使用时，一般应按工作电路中可能承受到的最大瞬时值电压 U_{TM} 的 2～3 倍来选择晶闸管的额定电压，即

$$U_{Tn}=(2\sim3)U_{TM} \tag{1-3}$$

2. 额定电流 $I_{T(AV)}$

晶闸管的额定电流也称为额定通态平均电流，是在环境温度为 40℃ 和规定的冷却条件下，晶闸管在导通角不小于 170° 的电阻性负载电路中，当不超过额定结温且稳定时，所允许通过的工频正弦半波电流的平均值。将该电流按晶闸管标准电流系列取值（见附表 2）称为该晶闸管的额定电流。

晶闸管的额定电流用通态平均电流来表示，是因为晶闸管是可控的单向导通元件。但是，决定晶闸管结温的是管子损耗的发热效应，表征热效应的电流是以有效值表示的，不论流经晶闸管的电流波形如何，导通角有多大，只要电流有效值相等，其发热就是相同的。额定电流 $I_{T(AV)}=100A$ 的晶闸管，其允许通过的电流有效值 $I_T=157A$。其计算公式为：

$$\frac{I_T}{I_{T(AV)}}=\frac{\pi}{2}=1.57 \tag{1-4}$$

对于不同的电路、不同的负载、不同的导通角，流过晶闸管的电流波形不一样，从而它的电流平均值和有效值的关系也就不一样。选择晶闸管额定电流时，要依据实际波形的电流有效值等于额定电流 $I_{T(AV)}$ 时的电流有效值的原则（即管芯温升结温一样）进行换算，即

$$I_T=1.57I_{T(AV)}$$

$$I_{T(AV)}=\frac{I_T}{1.57} \tag{1-5}$$

由于晶闸管的过载能力差，一般选用时取（1.5～2）的安全裕量，即

$$I_{T(AV)}=\frac{(1.5\sim2)I_T}{1.57} \tag{1-6}$$

3. 通态平均电压 $U_{T(AV)}$

当晶闸管中流过额定电流并达到稳定的额定结温时，阳极与阴极之间电压降的平均值，称为通态平均电压。

通态平均电压 $U_{T(AV)}$ 分为 A～I、对应为 0.4～1.2V 共 9 个组别。如 A 组 $U_{T(AV)}=0.4V$，则 F 组对应的 $U_{T(AV)}=0.9V$……。

以上三个参数是选择晶闸管的主要技术数据，国产普通晶闸管型号的命名含义如下：

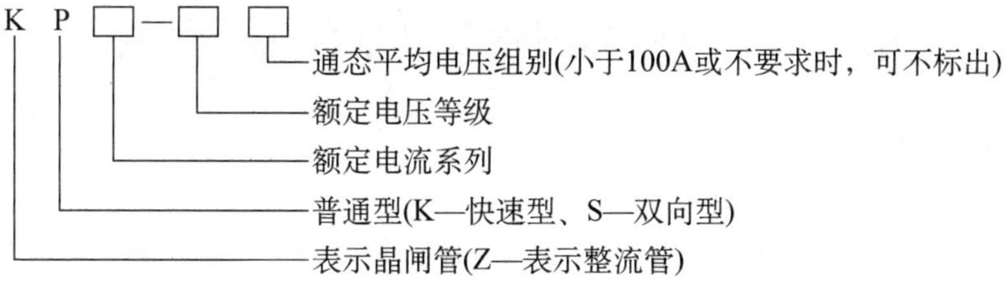

例 1-1 一晶闸管接在 220V 交流回路中，通过器件的电流有效值为 100A，问选择什么型号的晶闸管？

解 晶闸管额定电压

$$U_{\mathrm{Tn}}=(2\sim3)U_{\mathrm{TM}}=(2\sim3)\sqrt{2}\times220\mathrm{V}=622\sim933\mathrm{V}$$

按晶闸管参数系列取 800V，即 8 级。

晶闸管的额定电流

$$I_{\mathrm{T(AV)}}=(1.5\sim2)\frac{I_{\mathrm{T}}}{1.57}=(1.5\sim2)\times\frac{100}{1.57}\mathrm{A}=96\sim127\mathrm{A}$$

按晶闸管参数系列取 100A，所以选取晶闸管型号 KP100—8E。

例 1-2 现有晶闸管型号为 KP50—7，用于某电路中时，流过的电流波形如图 1-7 所示，试求 I_{m} 允许多大？

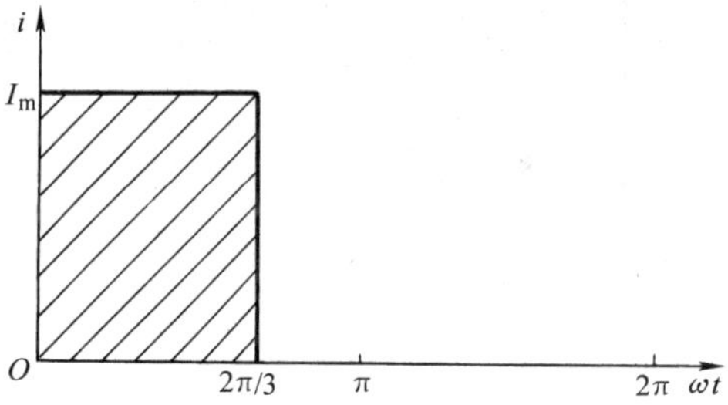

图 1-7 流过晶闸管的电流波形

解 KP50—7 晶闸管允许流过的电流有效值为

$$I_{\mathrm{T}}=1.57\times I_{\mathrm{T(AV)}}=1.57\times50\mathrm{A}=78.5\mathrm{A}$$

实际流过该管的电流有效值可由下式计算求得

$$I=\frac{I_{\mathrm{m}}}{\sqrt{3}}$$

当考虑 2 倍的安全裕量时，I_{m} 的允许值为

$$I_{\mathrm{m}}=\frac{\sqrt{3}\times78.5}{2}\mathrm{A}\approx68\mathrm{A}$$

4. 其他参数

（1）维持电流 I_{H} 在室温条件下，门极断开时，元件从较大的通态电流降至维持通态所必需的最小电流称为维持电流。它一般为几毫安到几百毫安。

（2）擎住电流 I_{L} 晶闸管刚从断态转入通态就去掉触发信号，能使元件保持导通所需要的最小阳极电流。一般擎住电流 I_{L} 为维持电流 I_{H} 的几倍。欲使晶闸管触发导通，必须使触发脉冲保持到阳极电流上升到擎住电流以上，否则会造成晶闸管重新恢复阻断状态，因此，触发脉冲必须具有一定的宽度。

晶闸管是单向可控器件，即仅在晶闸管的阳极和阴极两端加正向电压时，晶闸管仍处于正向阻断状态，必须在它的门极和阴极两端也加适当的正向触发电压，晶闸管才能导通。有关晶闸管的触发控制参看触发电路一章。

第三节　双向晶闸管及其他派生晶闸管

一、双向晶闸管

1. 双向晶闸管的外形与结构

双向晶闸管的外形有塑封式、螺栓式和平板式，其内部是一种 NPNPN 五层结构引出三个端线的器件，如图 1-8 所示。

从图 1-8 可见，双向晶闸管相当于两个普通晶闸管反向并联（$P_1N_1P_2N_2$ 和 $P_2N_1P_1N_4$），不过它只有一个门极 G，由于 N_3 区的存在，使得门极 G 相对于 T_2 端无论是正的或是负的，都能触发，而且 T_1 相对于 T_2 既可以是正，也可以是负。

2. 双向晶闸管的特性与参数

双向晶闸管具有正反向对称的伏安特性曲线。正向部分位于第Ⅰ象限，反向部分位于第Ⅲ象限，如图 1-8d 所示。

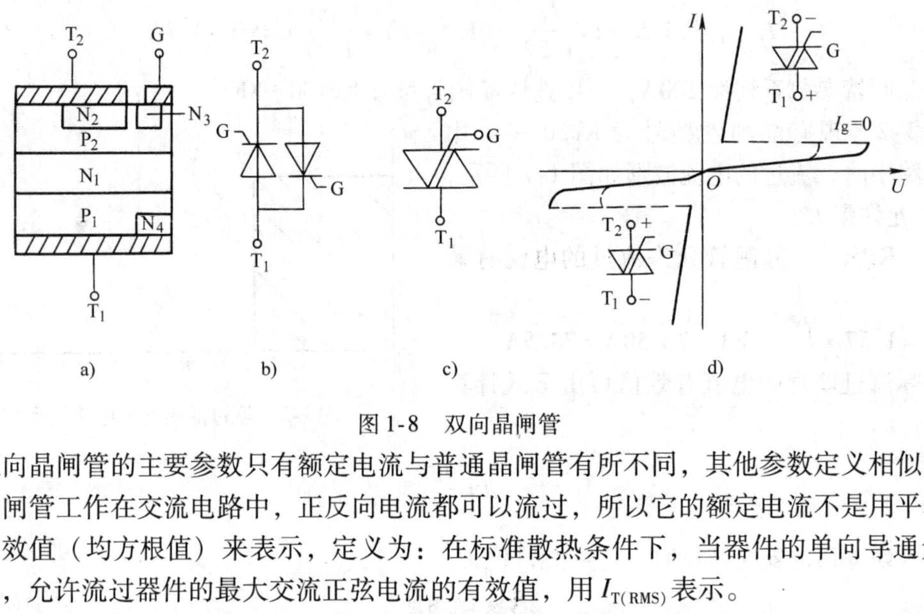

图 1-8　双向晶闸管

双向晶闸管的主要参数只有额定电流与普通晶闸管有所不同，其他参数定义相似。由于双向晶闸管工作在交流电路中，正反向电流都可以流过，所以它的额定电流不是用平均值而是用有效值（均方根值）来表示，定义为：在标准散热条件下，当器件的单向导通角大于 170°时，允许流过器件的最大交流正弦电流的有效值，用 $I_{T(RMS)}$ 表示。

双向晶闸管方均根值电流与普通晶闸管平均值电流之间的换算关系式为

$$I_{T(AV)} = \frac{\sqrt{2}}{\pi} I_{T(RMS)} = 0.45 I_{T(RMS)}$$

以此推算，一个 100A 的双向晶闸管与两个反向并联 45A 的普通晶闸管电流容量相等。

国产双向晶闸管的型号表示：如 KS50—10—21 即可知，额定电流为 50A，断态重复峰值电压为 10 级（1000V），断态电压临界上升率$\frac{\Delta u}{\Delta t}$为 2 级（不小于 200V/μs），换向电流临界下降率$\frac{\Delta i}{\Delta t}$为 1 级（不小于 1% $I_{T(RMS)}$）。有关 KS 型双向晶闸管的主要参数和分级的规定见附表 4。

3. 双向晶闸管的触发方式

双向晶闸管正反两个方向都能导通，门极加正负电压都能触发。主电压与触发电压相互配合，可以得到4种触发方式：

（1）Ⅰ$_+$触发方式　主极T_1为正，T_2为负；门极电压G为正，T_2为负。特性曲线在第Ⅰ象限。

（2）Ⅰ$_-$触发方式　主极T_1为正，T_2为负；门极电压G为负，T_2为正。特性曲线在第Ⅰ象限。

（3）Ⅲ$_+$触发方式　主极T_1为负，T_2为正；门极电压G为正，T_2为负。特性曲线在第Ⅲ象限。

（4）Ⅲ$_-$触发方式　主极T_1为负，T_2为正；门极电压G为负，T_2为正。特性曲线在第Ⅲ象限。

由于双向晶闸管的内部结构原因，4种触发方式中触发灵敏度不相同，以Ⅲ$_+$触发方式灵敏度最低，使用时可尽量避开，常采用的触发方式有Ⅰ$_+$和Ⅲ$_-$。

4. 双向晶闸管的门极控制

双向晶闸管的控制方式常用的有两种：第一种是移相触发，与普通晶闸管一样，是通过控制触发脉冲的相位来达到调压的目的；第二种是过零触发，适用于调功电路及无触点开关电路。

（1）本相电压强触发电路　这种触发方式电路简单、工作可靠，主要用于双向晶闸管组成的交流开关电路，如图1-9所示。

图中双向晶闸管的T_1和G之间通过开关Q和R_g相连接，当Q闭合，交流电源加在T_1、T_2两极的电压直接加至T_2和G之间，作为双向晶闸管的触发电压。T_2、G两端的电压将随电源电压的变化而变化，当该电压形成的电流达到双向晶闸管的触发电流时，双向晶闸管导通。元件导通后T_1与T_2之间的电压瞬时降至双向晶闸管的导通压降1V左右，从而使门极电压也降至很小，不再对双向晶闸管产生什么影响。本电路双向晶闸管的触发方式为Ⅰ$_+$和Ⅲ$_-$。

为限制触发电流，门极回路所串限流电阻R_g应近似选为

$$R_g=\frac{U_{GM}}{I_{GM}}$$

式中　U_{GM}——双向晶闸管的T_2和G之间的峰值电压；

I_{GM}——双向晶闸管门极的允许峰值电流。

（2）用程控管（PUT）组成的触发电路　程控单结晶体管如图1-10a所示，也是由PNPN型四层半导体材料组成的，以阳极A、阴极C、门极G为三端的器件。与普通晶闸管不同的是门极G是从N_1区引出的，结构和符号如图1-10a和图1-10b所示。图1-10c是PUT管的典型工作电路，若R_1和R_2的阻值一定，则门极电位即被确定，PUT管能否导通就取决于A点电位。若$U_A<U_D+U_G$（U_D为P_1N_1结的压降）PUT不导通。若$U_A>U_D+U_G$，PUT就被触发导通。PUT管一旦导通，门极即失去控制，电容C放电，在R_3上有U_o输出。当放电电流小于PUT管的维持电流时，PUT管关断。电容C再通过E→RP→C→0充电，当充至$U_A>U_D+U_G$，PUT又被触发导通，从而形成振荡。

PUT管的振荡周期为

$$T=RC\ln\frac{1}{1-\eta} \tag{1-7}$$

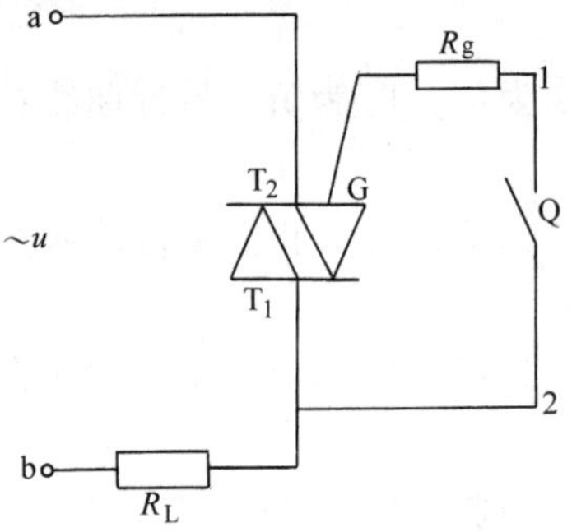

图 1-9　本相电压的触发方式

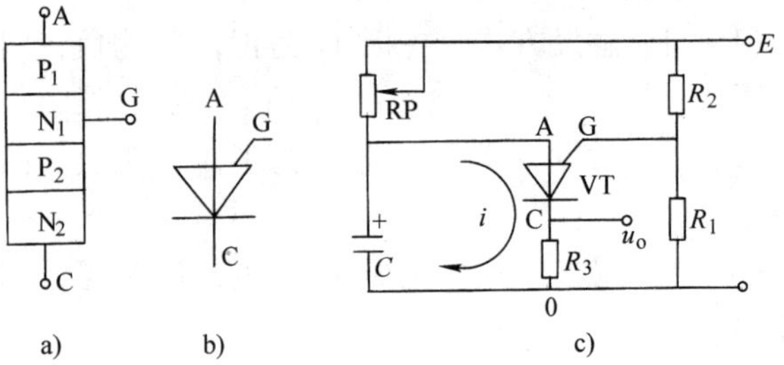

图 1-10　程控单结管结构、符号及工作原理

a）结构　b）符号　c）工作原理

式中　η——分压比，其值为 $\eta = \dfrac{R_1}{R_1 + R_2}$

改变外接电阻 R_1 和 R_2 的大小，即可改变分压比，从而调节输出电压 U_o 的振荡周期。PUT 输出的脉冲电压上升快，导通电阻小，频率高，幅值大，一般经功率放大后可触发大功率双向晶闸管。

双向晶闸管的触发，除上述电路形式外，还有单结晶体管触发电路和集成触发电路等。双向晶闸管相当于两个普通晶闸管反并联，具有触发电路简单、工作性能可靠的优点。在交流调压、无触点交流开关、温度控制、灯光调节及交流电动机调速等领域应用广泛。

二、快速晶闸管

快速晶闸管有常规的快速晶闸管和工作在更高频率的高频晶闸管，可分别应用于 400Hz 和 10kHz 以上的斩波或逆变电路中。从关断时间来看，普通晶闸管一般为数百微秒，快速晶闸管为数十微秒，而高频晶闸管则为 10μs 左右。与普通晶闸管相比，高频晶闸管的不足在于其电压和电流定额都不易做高。由于工作频率较高，选择快速晶闸管和高频晶闸管的通态平均电流时不能忽略其开关损耗的发热效应。

三、逆导晶闸管

逆导晶闸管是将晶闸管反并联一个二极管制作在同一管芯上的功率集成器件，这种器件不具有承受反向电压的能力，一旦承受反向电压即开通。其电气图形符号和伏安特性如图 1-11 所示。与普通晶闸管相比，逆导晶闸管具有正向压降小、关断时间短、高温特性好、额定结温高等优点，可用于不需要阻断反向电压的电路中。逆导晶闸管的额定电流有两个：一个是晶闸管电流；一个是与之反并联的二极管的电流。

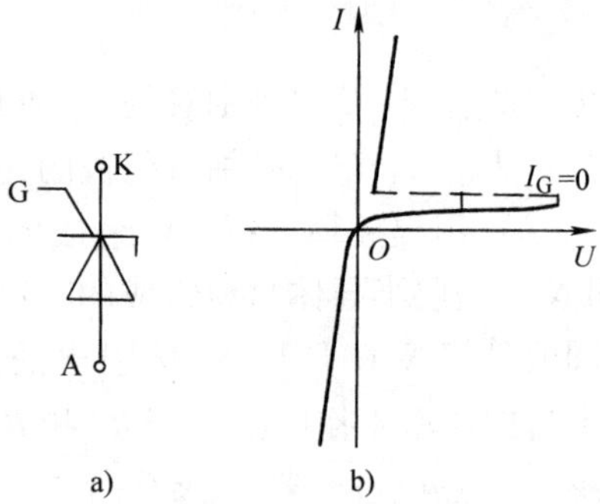

图 1-11　逆导晶闸管电气图形符号和伏安特性

a）电气图形符号　b）伏安特性

四、光控晶闸管

光控晶闸管又称光触发晶闸管，是利用一定波长的光照信号触发导通的晶闸管，其电气图形符号和伏安特性如图 1-12 所示。小功率光控晶闸管只有阳极和阴极两个端子，大功率光控晶闸管则还带有光缆，光缆上装有作为触发光源的发光二极管或半导体激光器。由于采用光触发保证了主电路与控制电路之间的绝缘，而且可以避免电磁干扰的影响，因此光控晶闸管目前在高

压大功率的场合，如高压直流输电和高压核聚变装置中，占据重要的地位。

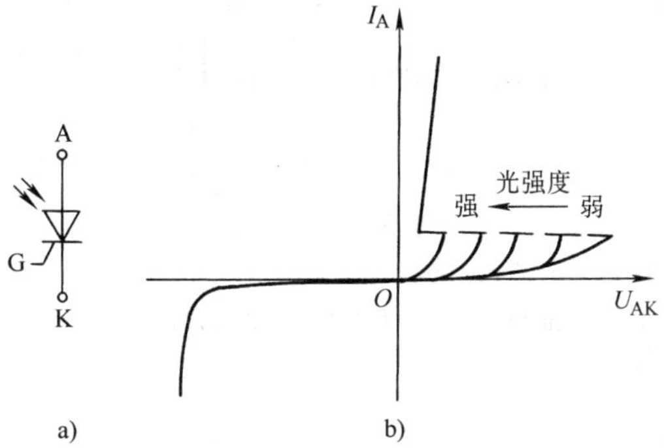

图 1-12　光控晶闸管电气图形符号和伏安特性
a）电气图形符号　b）伏安特性

本章小结

本章介绍了功率二极管和晶闸管的基本结构、工作原理、主要特性和主要参数。

功率二极管与普通二极管结构相似，也是由 PN 结组成的，加正向电压导通，加反向电压截止，是一个不可控的单向导通器件。

普通晶闸管内部为 PNPN 4 层结构，向外引出阳极 A、阴极 K 和门极 G 三个电极。它的导通条件是：对晶闸管的阳极和阴极两端加正向电压，同时在它的门极和阴极两端也加适当的正向电压。关断条件是：使流过晶闸管的阳极电流小于维持电流。晶闸管的工作原理可用两个互补连接的等效晶体管电路来分析，当门极注入一定电流时，会形成一个强烈的正反馈过程，使管子迅速饱和导通。管子导通时，内部等效电路中的任意一只管子的集电极电流即为另一只管子的基极电流，去除门极电压电流不会影响管子的导通状态，即门极失去控制作用。

熟悉晶闸管的阳极和门极伏安特性和主要参数，对正确使用和选择元器件有着重要的意义。选择晶闸管的额定电压应为元器件在电路中可能承受的最大瞬时值电压的 2～3 倍。晶闸管为单向可控器件，故其额定电流定义为平均值，但由于晶闸管的结温与流过器件的有效值电流有关，所以选择额定电流参数时，应使额定电流有效值大于元器件在电路中可能流过的最大电流有效值，一般取 1.5～2 倍安全裕量。

双向晶闸管内部结构可看做两只普通晶闸管反并联，引出的三个端子为主极 T_1、T_2 和门极 G。它具有正反向对称的伏安特性，主要参数有断态重复峰值电压 U_{DRM} 和额定通态电流 I_T，因双向晶闸管正反向都能触发导通，所以额定通态电流为有效值。双向晶闸管有四种触发方式，其中以 $Ⅰ_+$ 触发灵敏度最高，$Ⅲ_+$ 最低，使用时一般采用 $Ⅰ_+$、$Ⅲ_-$ 接法。

自 测 题

1. 晶闸管的导通条件是什么？导通后流过晶闸管的电流取决于什么？负载上的电压等于什么？

2. 晶闸管的关断条件是什么？如何实现？关断后阳极和阴极两端的电压取决于什么？

3. 型号为 KP100—3F，维持电流 I_H =4mA 的晶闸管，使用在如图 1-13 所示电路中是否合理？为什么？（不考虑电压电流裕量）

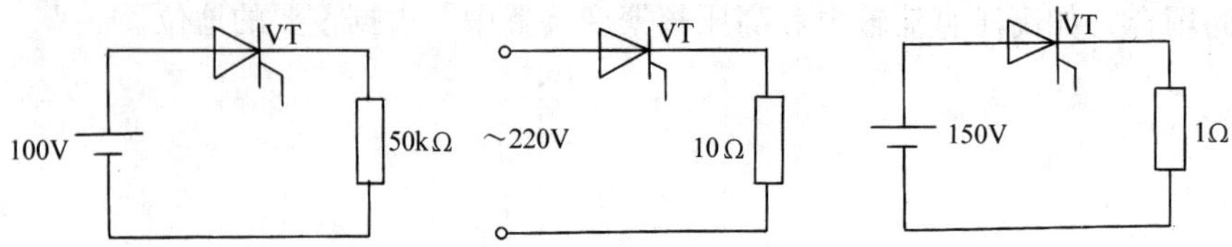

图 1-13　题 3 图

4. 说明晶闸管型号为 KP200—8E 代表的意义。

5. 图 1-14 中阴影部分表示流过晶闸管的电流波形，设最大值均为 I_m，试计算各图中的电流平均值、有效值。

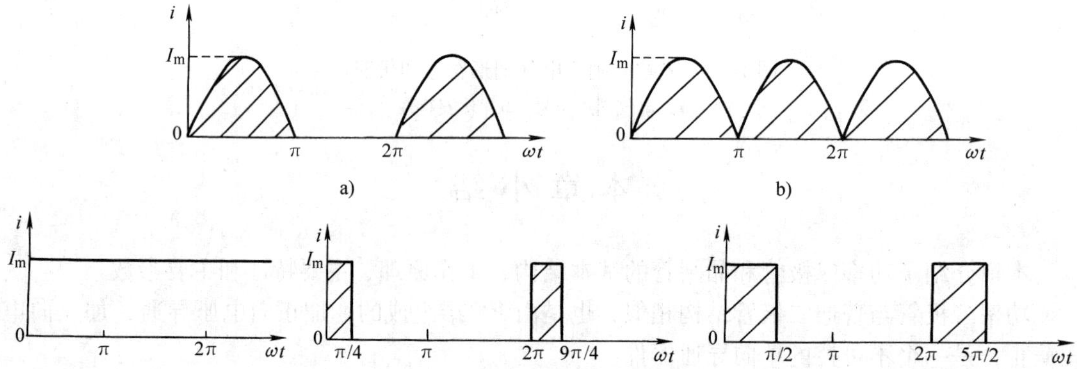

图 1-14　题 5 图

6. 双向晶闸管额定电流参数是如何定义的？额定电流为 100A 的双向晶闸管若用普通晶闸管反并联代替，普通晶闸管的额定电流应选多大？

第二章　全控型电力电子器件

20 世纪 80 年代以来，信息电子技术与电力电子技术在各自发展的基础上相结合而产生了一代高频化、全控型、采用集成电路工艺制造的电力电子器件，从而将电力电子技术又带入了一个崭新的时代。门极可关断晶闸管、电力晶体管、电力场效应晶体管和绝缘栅双极型晶体管就是全控型电力电子器件的典型代表。

第一节　门极关断晶闸管

门极关断晶闸管简称 GTO，它具有普通晶闸管的全部优点，如耐压高、电流大、控制功率小、使用方便和价格低等；但它又具有自关断能力，属于全控器件，在质量、效率及可靠性等方面有着明显的优势，是被广泛应用的自关断器件之一。

一、GTO 的结构与特点

门极关断晶闸管的结构与普通晶闸管相似，也为 PNPN 四层半导体结构、三端（阳极 A、阴极 K、门极 G）器件。其内部结构、等效电路及符号如图 2-1 所示。

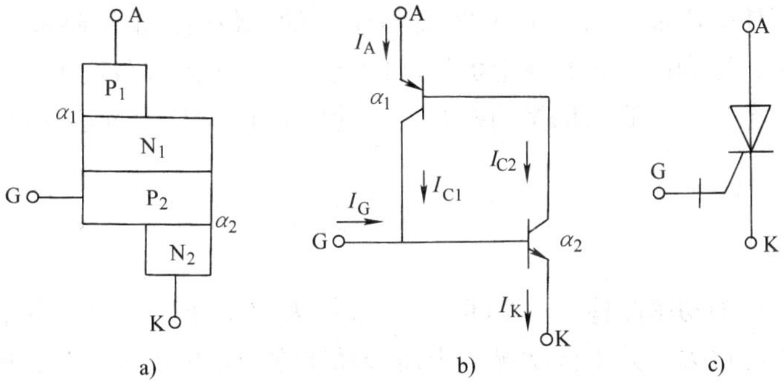

图 2-1　GTO 的内部结构、等效电路及符号

a）内部结构　b）等效电路　c）符号

GTO 与普通晶闸管的导通原理相似，关断机理不同。普通晶闸管不能实现自关断，而 GTO 器件当其门极加负脉冲可以关断，这正是 GTO 的特点。提高正向门极触发电流脉冲上升沿陡度，缩短 GTO 元阳极电流滞后时间，加速 GTO 元阴极导电面积的扩展，都可以达到缩短 GTO 开通时间的目的。

二、GTO 的主要参数

GTO 的多数参数与普通晶闸管相同，本节只讨论一些意义不同的参数。

1. 最大可关断阳极电流 I_{ATO}

GTO 的最大阳极电流受两个方面的限制：一是额定工作结温的限制；二是门极负电流脉冲可以关断的最大阳极电流的限制，这是由 GTO 只能工作在临界饱和导通状态所决定的。阳极电流过大，GTO 便处于较深的饱和导通状态，门极负电流脉冲不可能将其关断。通常将最大可关断阳极电流 I_{ATO} 作为 GTO 的额定电流。

2. 关断增益 β_{off}

关断增益 β_{off} 为最大可关断阳极电流 I_{ATO} 与门极负电流最大值 I_{GM} 之比，其表达式为

$$\beta_{off} = I_{ATO} / |I_{GM}| \tag{2-1}$$

β_{off} 比晶体管的电流放大系数 β 小得多，一般只有 5 左右。一只 500A 的 GTO，关断时的门极负脉冲电流的幅值要 100A，可见这是一个相当大的数值。关断增益 β_{off} 低是 GTO 的一个主要缺点。

3. 阳极尖峰电压 U_P

阳极尖峰电压 U_P 是在下降时间末尾出现的极值电压，它几乎随阳极可关断电流线性增加，U_P 过高可能导致 GTO 失效。U_P 的产生是由缓冲电路中引线电感、二极管正向恢复电压和电容中的电感造成的。

4. 维持电流

GTO 的维持电流是指阳极电流减小到开始出现 GTO 元不能再维持导通的数值。由此可见，当阳极电流略小于维持电流时，仍有部分 GTO 元继续维持导通，这时若阳极电流恢复到较高数值，已截止的 GTO 元不能再导电，就会引起维持导通的 GTO 元的电流密度增大，出现不正常的工作状态。

5. 擎住电流

擎住电流是指 GTO 经门极触发后，阳极电流上升到能保持所有 GTO 元导通时的最低值。

由此可见，擎住电流最大的 GTO 元对整个 GTO 的擎住电流值影响最大，若该 GTO 元刚达到其擎住电流时，遇到门极正脉冲电流极陡的下降沿，则内部载流子增生的正反馈过程受阻而返回到截止状态，因此必须加宽门极脉冲，使所有的 GTO 元都达到可靠导通。

第二节　电力晶体管

电力晶体管也称为功率晶体管（GTR），一般作为功率开关使用。由于电力晶体管的工作电流大，功率损耗也大，其工作状况与小信号晶体管相比出现了一些新的问题，在结构上也有其新的特点。

电力晶体管在交直流调速、不间断电源、中频电源等电力变流装置中被广泛应用。在中、小功率应用方面，是取代晶闸管的自关断器件之一。

目前，GTR 的容量已达 400A/1200V，1000A/400V，耗散功率已达 3kW 以上。

一、电力晶体管的结构

电力晶体管有 NPN 和 PNP 两种结构，其电流由两种载流子（电子和空穴）的运动形成，又称为双极型晶体管（BJT）。目前常用的电力晶体管器件有单管 GTR、达林顿管和 GTR 模块三大系列。

1. 单管 GTR

单管 GTR 的结构如图 2-2 所示。其内部结构原理及电极的命名与晶体管相同。

作为功率开关使用的电力晶体管而言，要求有足够大的容量（大电流、高电压）、适当的增益、较高的开关速度和较低的功率损耗等。因此，在 GTR 的制造过程中特采取了适当的措施，以保证大功率应用的需要，如扩大结片的面积、采用特殊形状的管心图形、精细制

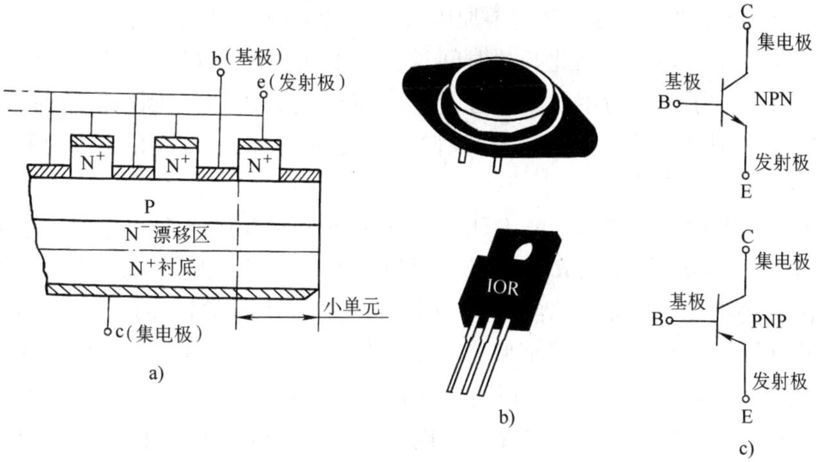

图 2-2　GTR 的结构示意图

a）结构剖面示意图　b）单管外形图　c）电路符号

造工艺等。

作为大功率开关管应用时，GTR 工作在截止和导通两种状态。在理想情况下，晶体管导通时可以看成短路，截止时可看成开路（断路），而且认为从一种工作状态转换到另一种工作状态的理想过渡时间为零，当然实际工作情况只能是接近这一条件。

2. 达林顿 GTR

单管 GTR 的电流增益低，将给基极驱动电路造成负担。达林顿结构是提高电流增益的一种有效方式。达林顿结构由两个或多个晶体管复合而成，可以是 PNP 型也可以是 NPN 型，其性质由驱动管来决定，如图 2-3a 所示。图中的 V_1 为驱动管，V_2 为输出管。

达林顿 GTR 的共射极电流增益值大大提高，但饱和压降 U_{CES} 也较高且关断速度较慢。图 2-3b 为实用的达林顿连接方式。达林顿 GTR 的电流增益可为几十至几千倍。

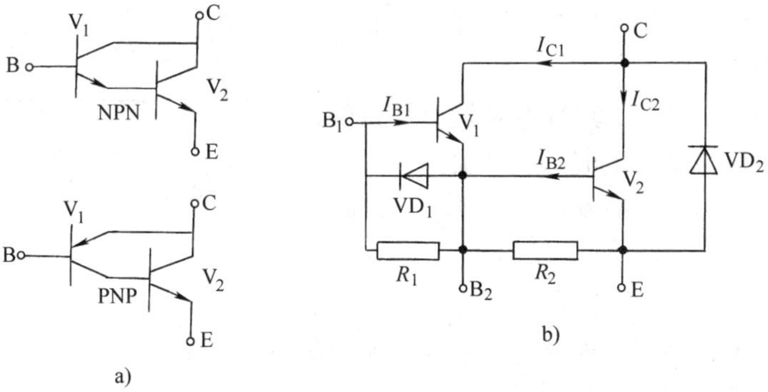

图 2-3　达林顿管结构图

a）NPN 及 PNP 型结构　b）实用达林顿管结构图

达林顿连接虽然提高了电流增益，但饱和压降却增加了。由于驱动管 V_1 的集电极和发射极分别与输出管 V_2 的集电极和基极连接，而 V_1 管的集电极电位又永远高于它的发射极电位，因此 V_2 管的集电结永远不会处于正向偏置状态。也就是说，达林顿 GTR 中驱动管 V_1 可以饱和，而输出管 V_2 却永远不会饱和，因而其导通压降 U_{CES} 较高，增加了导通损耗。

图 2-3b 中的电阻 R_1 和 R_2 提供反向漏电流通路，提高了复合管的温度稳定性。

达林顿 GTR 的开关速度慢，其主要原因是：无论 GTR 是开通或是关断，总是驱动管先动作，而后才是输出管动作，因此开关时间长。为了加快 V_2 的开关速度，必须使 V_2 与 V_1 同时动作。为此加入了图中所示的二极管 VD_1，当输入信号反向关断晶体管时，输入反向驱动信号经 VD_1 也加到 V_2 基极，VD_1 提供反向 I_{B2}的通路，加速了 V_2 的关断过程。

3. GTR 模块

图 2-4 所示，是两个三级达林顿 GTR 及其辅助元器件构成的 GTR 模块。它是将图 2-3b 中的 GTR 管芯、稳定电阻 R_1 和 R_2、加速二极管 VD_1、续流二极管 VD_2 等组装成一个单元，然后根据不同用途将几个单元电路组装在一个外壳之内构成 GTR 模块。现已可将上述单元电路集成制作在同一硅片上，使其小型轻量化，大大提高了器件的集成度和性能价格比。图中各元器件及中间级晶体管的基极均有引线引出，如 BC_{11}、BC_{12} 等端子。目前生产的 GTR 模块可将多达 6 个互相绝缘的单元电路做在同一模块内，可以很方便地组成三相桥式电路。

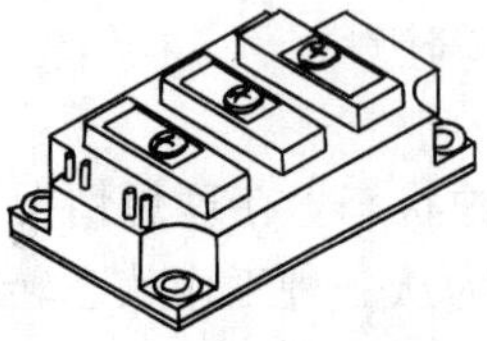
a)

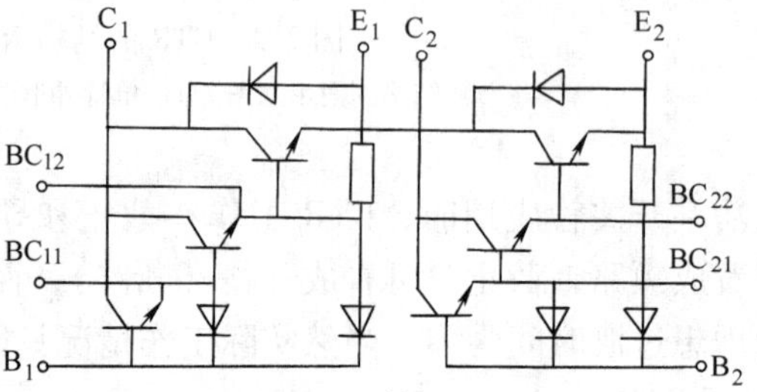

b)

图 2-4　GTR 模块

a）GTR 模块的外形图　b）GTR 模块内的等效电路图

二、电力晶体管的特性

1. 共发射极输出特性

图 2-5 所示为典型的双极型晶体管集电极输出特性曲线，该特性曲线可用来解释 GTR 的不同工作区域。一般可分为 4 个区：

（1）放大区（线性区）　其特点是发射结正偏，集电结反偏，集电极与基极电流呈线性关系。

（2）饱和区　其特征是发射结、集电结都正偏。

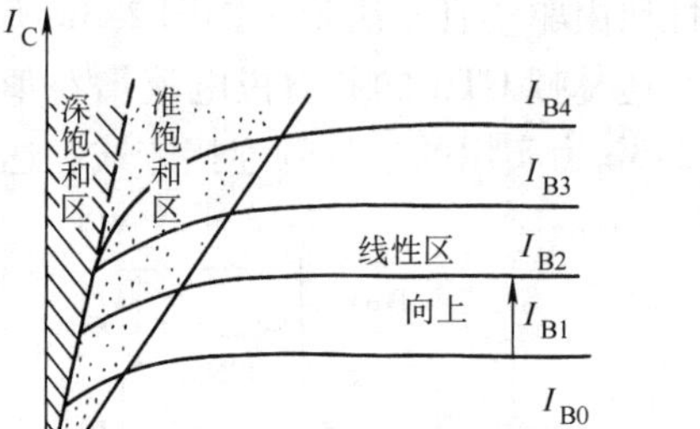

图 2-5　集电极输出特性曲线

（3）准饱和区（临界饱和区）　其特征是集电结反偏，发射结正偏，但集电极电流与基极电流不是线性关系。

（4）截止区　发射结、集电结反偏，I_B 为零。

电力晶体管在变流技术应用中作为开关使用，往返工作于饱和区、截止区。在状态转换过程中，快速地通过放大区及准饱和区。

2. 饱和压降特性

处于深饱和区工作的 GTR 集电极电压称为饱和压降，用 U_{CES} 表示。此时的基射极电压称为基极正向压降，用 U_{BES} 表示。本来它们是 GTR 输出特性和输入特性的一个部分，但在大功率应用中变成了两项重要指标，因为它直接关系到器件的导通损耗，所以有必要提醒在使用中引起注意。在产品目录中通常给出饱和压降的同时，也给出 I_C 和 I_B 值。在不同的工作温度下，I_C 的大小与 U_{CES}及 U_{BES}有着密切的关系。

但是，达林顿管结构的 GTR 由多管复合而成，不可能进入深饱和区，因而饱和压降大。

3. GTR 的反向电流与工作温度的关系

GTR 反向电流的存在不但消耗了一部分电源的能量，而且对于开关的工作没有好处，它影响 GTR 电路工作时的稳定性。因此，希望 GTR 的反向电流尽可能小，并将反向电流作为检验晶体管质量的一个重要参数。

晶体管反向电流有：集电极—基极间的反向电流 I_{CBO}；发射极—基极间的反向电流 I_{EBO}；集电极—发射极间的反向电流 I_{CEO}。

I_{CBO}随温度升高而增大，对于硅管，温度每升高 8℃，I_{CBO}增加一倍左右。I_C 随温度升高而增大，从而又使 GTR 温度更进一步上升，I_{CBO}进一步增大，如此恶性循环，最后可能导致 GTR 烧毁。

为确保 GTR 工作时的稳定性，通常规定它在最高工作温度下允许的反向电流，使晶体管不致造成热不稳定或过热损坏。

4. 动态特性

动态特性描述 GTR 的开关过程的瞬态性能，又称开关特性。在瞬态时，由于 PN 结电容的充放电作用，影响了 GTR 的开关特性。此外，为了降低导通时的功率损耗，常采用过驱动的方法，使得基区积累了大量的过剩载流子，在关断时这些载流子的消散严重影响关断时间。图 2-6 所示为 GTR 开通与关断过程中基极和集电极电流波形图。

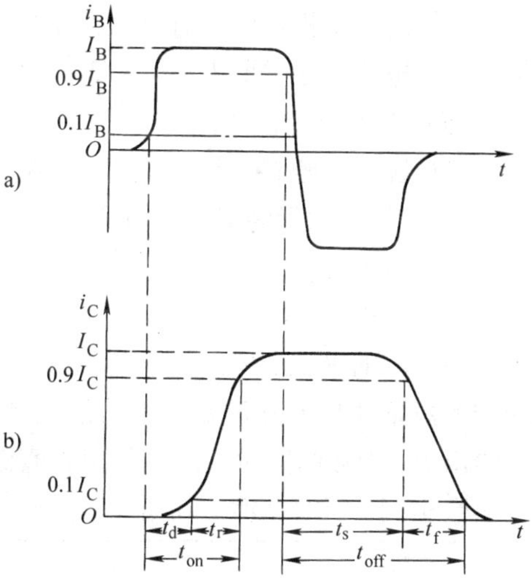

图 2-6 GTR 开通与关断过程中基极和集电极电流波形图

a）基极电流波形 b）集电极电流波形

由实验可测得输出与输入信号之间的波形差异，时间也有滞后。整个工作周期与 GTO 的开通与关断过程相似，GTR 开通时需经历延迟时间 t_d 和上升时间 t_r，二者之和为开通时间 t_{on}；关断时间需经历存储时间 t_s 和下降时间 t_f，二者之和为关断时间 t_{off}。在开通与关断状态的转换过程中，GTR 的工作始终应避开或尽快通过线性工作区，以减小功耗。

一般开通时间为纳秒数量级，比关断时间小得多，在产品手册中一般不给出该参数。关断时间的数值都为微秒数量级。为了缩短关断时间，可采取以下措施：选择电流增益小的器件；防止进入深饱和区工作；增加反向驱动电流。

例如当测试条件为 $I_C=200A$，$U_{CC}=600V$，$I_{B1}=5A$，$I_{B2}=10A$ 时，测得东芝 ST200Q—RZG41 型 GTR 的开关时间参数为：$t_{on}=20\mu s$，$t_s=25\mu s$，$t_f=50\mu s$。

另外，集电极电压上升率 $\Delta u/\Delta t$ 是动态过程中的一个重要参数。$\Delta u/\Delta t$ 产生的过程损耗严重威胁着器件和电路的安全。使用中可在集射极之间并联阻容缓冲网络，以抑制过高的 $\Delta u/\Delta t$ 对 GTR 的危害。

三、电力晶体管的额定参数

额定参数是指允许施加于 GTR 上的直流电压、直流电流、耗散功率及结温等极限值。使用中绝不可超越这些极限值，以免造成器件失效或损坏。

1. 最高工作电压

最高工作电压即最高集电极电压额定值，它不仅因器件不同而不同，而且即便是同一器件，也会由于基极电路条件不同而存在差异。在晶体管产品目录中 BU_{CEO} 作为电压容量给出，但不能仅以此项指标确定晶体管实际工作时的工作电压上限。

为了防止器件在使用时因电压超过极限值而损坏，除适当选用管型外，还需考虑留有安全裕量（2～3 倍于实际电路电压最大值）及增设过电压保护措施，以确保工作安全。

此外，还有发射结电压最大额定值，它是指在集电极开路条件下发射结允许的最高反向偏置电压值，用 BU_{EBO} 表示。通常只有几伏，典型值为 8V。

2. 最大电流额定值 I_{CM}

最大电流额定值 I_{CM} 即允许流过集电极的最大电流值。为了提高 GTR 的输出功率，集电极输出电流应尽可能地大。但是集电极电流大，则要求基极注入的电流也大，这样会使 GTR 的电气性能变差，甚至于损坏器件。使用中通常只用到 I_{CM} 的（1/3～1/2），以确保使用的稳定与安全。

与此同时，基极电流也有最大额定值的规定，常用 I_{BM} 来表示。规定为内引线允许流过的最大基极电流，通常取 $I_{BM}=(1/2\sim1/6)I_{CM}$。

3. 最高结温额定值 T_{jM}

一般情况下，塑料封装的硅管结温 T_{jM} 为 125～150℃，金属封装的硅管 T_{jM} 为 150～175℃，高可靠平面管为 175～200℃。

4. 最大功耗额定值 P_{CM}

P_{CM} 指 GTR 在最高允许结温时所消耗功率，它受结温的限制，其大小由集电结工作电压和集电极电流的乘积决定。由于这部分能量将转化为热能并使 GTR 发热。因此，GTR 在使用中的散热条件是十分重要的，若散热条件不好，器件会因温度过高而损坏。在产品手册中，给出 P_{CM} 参数的同时，总是给出管壳温度 T_C，即间接地表示最高结温的参数。

参数实例　3DF20 型 GTR 的各种额定参数：

BU_{CBO}	BU_{CEO}	BU_{EBO}	I_{CEO}	U_{CES}	$P_{CM}(T_C=75℃)$	I_{CM}	β	T_{jM}
450V	300V	6V	1mA	2.3V	200W	20A	15	-55～175℃

5. GTR 的定额参数选取

假设流过 GTR 的电流峰值为 I_{CP}、承受的最高电压为 U_{TM}。在实际应用电路中一般应取 GTR 的最大电流定额 I_{CM}

$$I_{CM}>(2\sim3)I_{CP} \tag{2-2}$$

GTR 的电压定额应满足

$$BU_{CEO}>(2\sim3)U_{TM} \tag{2-3}$$

四、二次击穿特性与安全工作区

二次击穿是造成 GTR 突然损坏或早期失效的重要原因。在电感性负载和大电流开关电路中，二次击穿更是晶体管毁坏的主要因素。二次击穿已成为影响电力晶体管安全使用和可靠性的重要因素，必须引起极大的关注。

1. 二次击穿现象

当集电极电压 U_{CE}逐渐增加到某一数值时，如上述 BU_{CEO}、I_C 急剧增加，出现击穿现象。首先出现的击穿现象称为一次击穿，这种击穿是正常的雪崩击穿。这一击穿可用外接串联电阻的办法加以控制，只要适当限制晶体管的电流（或功耗），一次一般不会引起晶体管的特性变坏，也不会损坏晶体管。但是，一次击穿出现后若继续增大偏压 U_{CE}，而外接限流电阻又不变，反向电流 I_C 将继续增大。在极短的时间内，使器件内出现明显的电流集中和过热点。电流急剧增大，此现象便称为二次击穿。一旦发生二次击穿，轻者使 GTR 电压降低、特性变差，重者使集电结和发射结熔通，使晶体管受到永久性损坏。

二次击穿最终是由于器件芯片局部过热而引起的，而热点形成需要能量的积累，即需要一定的电压、电流数值和一定的时间。因此，诸如集电极电压、电流、负载特性、导通脉冲宽度、基极电路的配置、管芯材料及制造工艺等因素都对二次击穿有一定的影响。

2. 安全工作区（SOA）

GTR 能够安全运行的范围称为安全工作区（SOA）。将不同基极电流下二次击穿的临界点连接起来，就构成二次击穿的临界线，它受到 GTR 的直流极限参数 I_{CM}、P_{CM}及电压容量 BU_{CEO}等问题的限制。厂家一般把它们画在双对数坐标上，以安全工作区的综合概念提供给用户，如图 2-7 所示。

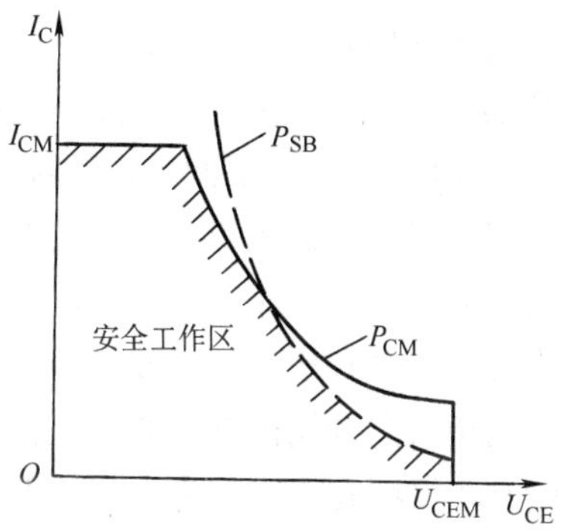

图 2-7　GTR 的安全工作区

第三节　功率场效应晶体管

功率场效应晶体管简称功率 MOSFET，它是对小功率场效应晶体管的工艺结构进行改进，在功率上有所突破的单极型半导体器件，属于电压控制型，具有驱动功率小、控制电路简单、工作频率高的特点。

一、功率场效应晶体管的结构与工作原理

1. 功率场效应晶体管的结构

由电子技术基础可知，小功率场效应晶体管的栅极 G、源极 S 和漏极 D 位于芯片的同一侧，导电沟道平行于芯片表面，是横向导电器件，这种结构限制了它的电流容量。功率场效应晶体管采取两次扩散工艺，并将漏极 D 移到芯片的另一侧表面上，使从漏极到源极的电流垂直于芯片表面流过，这样有利于减小芯片面积和提高电流密度。这种由垂直导电结构组成的场效应晶体管称为 VMOSFET。

功率场效应晶体管的导电沟道也分为 N 沟道和 P 沟道，栅偏压为零时漏源之间就存在导电沟道的称为耗尽型，栅偏压大于零（N 沟道）时才存在导电沟道的称为增强型。下面我们以 N 沟道增强型为例，说明功率场效应晶体管的结构。如图 2-8 所示的是其结构和符号，功率场效应晶体管是多元集成结构，即一个器件由多个 MOSFET 元组成，图 2-8a 表示的是一个 MOSFET 元的组成剖面图。

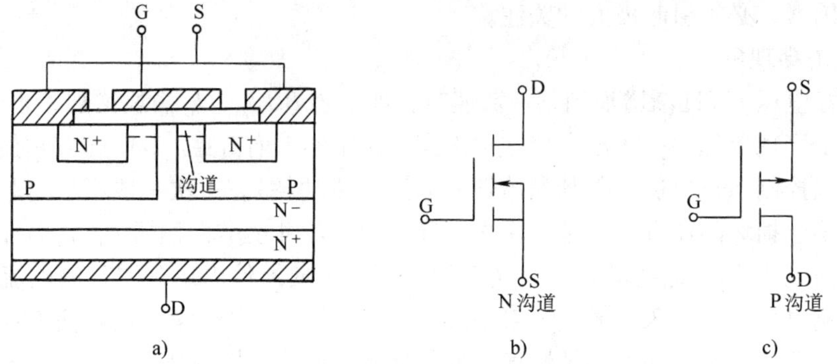

图 2-8　功率 MOSFET 的结构与符号

另外 VMOSFET 都含有一个寄生晶体管，所以功率 MOSFET 无反向阻断能力，当在器件两端加反向电压时器件导通，在使用时要引起注意。

2. 功率 MOSFET 的工作原理

当漏极接电源正极，源极接电源负极，栅源之间电压为零或为负时，P 型区和 N^- 型漂移区之间的 PN 结反向，漏源之间无电流流过。如果在栅极和源极加正向电压 U_{GS}，由于栅极是绝缘的，不会有栅流。但栅极的正电压所形成电场的感应作用却会将其下面 P 型区中的少数载流子电子吸引到栅极下面的 P 型区表面。当 U_{GS} 大于某一电压值 U_T 时，栅极下面 P 型区表面的电子浓度将超过空穴浓度，使 P 型半导体反型成 N 型半导体，沟通了漏极和源极，形成漏极电流 I_D。电压 U_T 称为开启电压，U_{GS} 超过 U_T 越多，导电能力越强。漏极电流 I_D 越大。

功率场效应晶体管的多元结构使每个 MOSFET 元的沟道长度大为缩短，而且所有 MOSFET 元的沟道并联，势必使沟道电阻大幅度减小，从而使得在同样的额定结温下，器件的通态电流大大提高。此外，沟道长度的缩短，使载流子的过渡时间减小，沟道的并联，允许更多的载流子同时过渡，使器件的开通时间极短，从而提高了工作频率，改善了器件性能。

二、功率场效应晶体管的特性

1. 转移特性

转移特性是指功率场效应晶体管的输入栅源电压 U_{GS} 与输出漏极电流 I_D 之间的关系。如图 2-9a 所示。当 $U_{GS} < U_T$ 时，I_D 近似为零，当 $U_{GS} > U_T$ 时，随着 U_{GS} 的增大 I_D 也随之增大，当 I_D 较大时，I_D 与 U_{GS} 的关系近似为线性，曲线的斜率被定义为跨导 g_m

$$g_m = \frac{\Delta I_D}{\Delta U_{GS}} \tag{2-4}$$

2. 输出特性

输出特性是指以栅源电压 U_{GS} 为参变量，漏极电流 I_D 与漏极电压 U_{DS} 之间关系的曲线族。如图 2-9b 所示。输出特性分为三个区域：可调电阻区Ⅰ、饱和区Ⅱ和雪崩区Ⅲ。

可调电阻区Ⅰ：在此期间器件的电阻值是变化的。当栅压 U_{GS} 一定时，器件内的沟道已经形成，若所加漏源电压 U_{DS} 很小时，对沟道的影响可以忽略，因而 I_D 与 U_{DS} 基本呈线性关系。但当 U_{DS} 逐渐增大时，靠近漏极一端的沟道逐渐变窄，使得 I_D 增加缓慢，相当于沟道有效电阻值逐渐增加。随着 U_{DS} 继续增加，开始进入饱和区。

饱和区Ⅱ：在此区间，当 U_{GS} 不变时，I_D 几乎不随 U_{DS} 的增加而增加，近似为一常数。

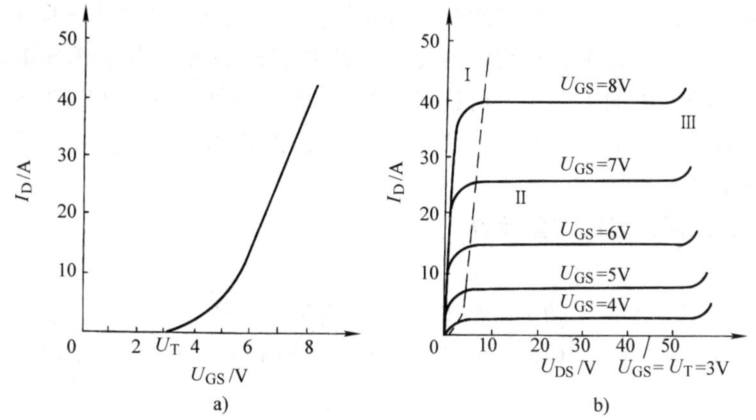

图 2-9　功率 MOSFET 的转移特性和输出特性

当功率 MOSFET 用做线性放大时，在该区工作。

雪崩区Ⅲ：当 U_{DS}增加到某一数值时，漏极 PN 结反偏电压过高，发生雪崩击穿，漏极电流 I_D 突然增加，造成器件的损坏。使用时应避免出现这种情况。

3. 开关特性

如图 2-10 所示电路可用于测试功率 MOSFET 的开关特性。图中 u_P 为栅极控制电压信号源，R_S 为信号源内阻，R_G 为栅极电阻，R_L 为漏源负载电阻，R_F 为检测漏极电流的电阻。信号源产生阶跃脉冲电压，当其前沿到来时，极间电容 C_{in}（$C_{in}=C_{GS}+C_{GD}$）充电，栅极电压 u_{GS}按指数曲线上升，如图 2-10b 所示。当 u_{GS}上升到开启电压 U_T 时，开始出现漏极电流 i_D，从 u_P 前沿到 i_D 出现这段时间称为开通延迟时间 t_d。之后，i_D 随 u_{GS}增大而上升，u_{GS}从 U_T 上升到使 i_D 达到稳态值所用的时间称为上升时间 t_r，开通时间 t_{on}表示为

$$t_{on}=t_d+t_r \tag{2-5}$$

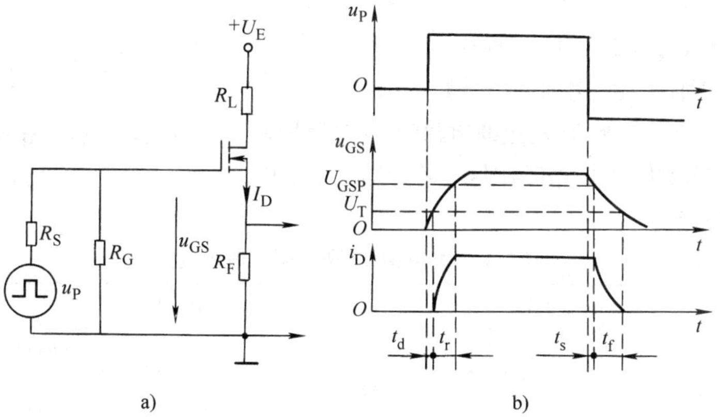

图 2-10　功率 MOSFET 的开关特性

当信号源脉冲电压 u_P 下降到零时，电容 C_{in}通过信号源内阻 R_S 和栅极电阻 R_G 开始放电，u_{GS}按指数规律下降，当下降到 U_{GSP}，i_D 才开始减小，这段时间称为延迟关断时间 t_s。此后，C_{in}继续放电，u_{GS}从 U_{GSP}继续下降，i_D 减小，到 $u_P<U_T$ 时沟道消失，i_D 下降到零。这段时间称为下降时间 t_f。关断时间 t_{off}为关断延迟时间 t_s 和下降时间 t_f 之和，即

$$t_{off}=t_s+t_f \tag{2-6}$$

由以上分析可知，功率 MOSFET 的开关时间与输入电容 C_{in}的充放电时间常数有很大关系。使用时，C_{in}大小无法改变，但可以改变信号源内阻 R_S 的值，从而缩短时间常数，提高开关速度。功率 MOSFET 的工作频率可达 100kHz 以上。尽管功率 MOSFET 的栅极绝缘，为电压控制器件，但需要提供输入电容 C_{in}的充电电流，需要驱动电路供出一定功率。开关频率越高，驱动功率越大。

三、功率场效应晶体管的主要参数

1. 漏源击穿电压 BU_{DS}

漏源击穿电压 BU_{DS}决定了功率 MOSFET 的最高工作电压，使用时注意结温的影响，结温每升高 100℃，BU_{DS}约增加 10%。这与双极型器件 SCR 及 GTR 等随结温升高而耐压降低的特性恰好相反。

2. 漏极连续电流 I_D 和漏极峰值电流 I_{DM}

在器件内部温度不超过最高工作温度时，功率 MOSFET 允许通过的最大漏极连续电流和脉冲电流称为漏极连续电流 I_D 和漏极峰值电流 I_{DM}。是功率 MOSFET 的电流定额参数。

3. 栅源击穿电压 BU_{GS}

造成栅源之间绝缘层击穿的电压称为栅源击穿电压 BU_{GS}。栅源之间绝缘层很薄，$U_{GS}>$ 20V 将发生介质击穿。

以上三项参数使用时应注意留有充分裕量。

4. 极间电容

功率 MOSFET 的极间电容包括 C_{GS}、C_{GD}和 C_{DS}，其中 C_{GS}为栅极电容，C_{GD}是栅漏电容，极间电容是由器件结构的绝缘层形成的。C_{DS}是漏源电容，是由 PN 结形成的。如图 2-11 所示为功率 MOSFET 的极间电容等效电路。

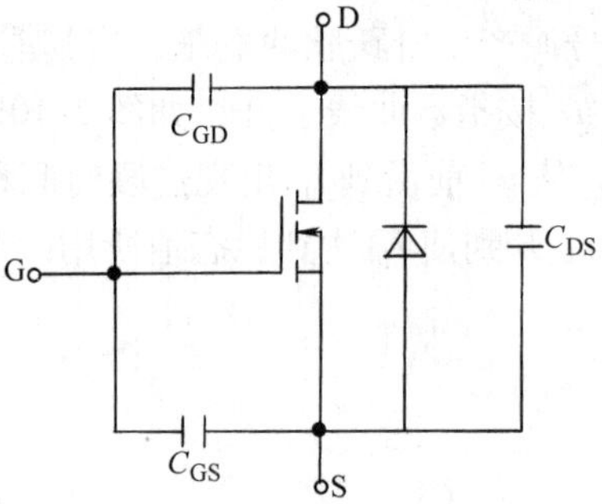

图 2-11 功率 MOSFET 极间电容的等效电路

极间电容的数值均与漏极电压 U_{DS}有关，U_{DS}越高，极间电容越小。当 $U_{DS}>25$V 时，各电容值趋于恒定。

功率 MOSFET 不存在二次击穿问题，这是它的一大优点。漏源间的耐压、漏极最大允许电流和最大耗散功率决定了功率 MOSFET 的安全工作区。在实际使用中，应注意留有适当的余地。

表 2-1 功率 MOSFET 额定值示例

参数名称、单位	器件型号	
	IFR330（N 沟道）	IFR9140（P 沟道）
漏源电压 U_{DS}/V	400	-100
漏栅电压 U_{DGR}/V	400	-100
栅源电压 U_{GS}/V	±20	±20
T_C =25℃漏极连续电流 I_D/A	5.5	-19
T_C =100℃漏极连续电流 I_D/A	3.3	-12
漏极峰值电流 I_{DM}/A	22	-75
总功耗 P_0/W	75	125
工作温度 T_J/℃	-55 ~ 150	-55 ~ 150

第四节　绝缘栅双极型晶体管

绝缘栅双极型晶体管简称为 IGBT（Insulated Gate Biopolar Transistor），是 20 世纪 80 年代中期发展起来的一种新型复合器件。IGBT 综合了 MOSFET 和 GTR 的输入阻抗高、工作速度快、通态电压低、阻断电压高、承受电流大的优点，得到了迅速发展和广泛应用。在电动机控制、中频电源、开关电源及要求快速而又低耗电的领域备受青睐，并成为当前电力半导体器件的发展方向。

目前市场出售 IGBT 产品（一单元模块）的电流电压等级达 1200A/3300V，实验室研制水平单管达 1000A/4500V；模块达 1200A/3500V；工作频率可达 50kHz 以上。

一、IGBT 的结构与工作原理

图 2-12a 所示为 IGBT 的结构剖面图。IGBT 是在功率 MOSFET 的基础上发展起来的，两者结构十分类似，不同之处是 IGBT 多了一个 P 层发射极，可形成 PN 结 J_1，使得 IGBT 导通时可由 P 注入区向 N 基区发射截流子（空穴），对漂移区电导率进行调制。因而 IGBT 具有很强的电流控制能力。

由增加的 P 区引出的电极称为集电极（C），原 VMOS 的源区电极称为发射极（E），G 仍称为栅极。如图 2-12b 所示为 N 沟道 IGBT 的符号图。从结构图可见，IGBT 相当于以 GTR 为主导元件，以 MOSFET 为驱动元件的达林顿结构。其简化模型电路如图 2-12c 所示，P 沟道 IGBT 的图形箭头方向与图 2-12c 相反。图中的电阻 R_D 是原基区 GTR 基区内的扩展电阻。

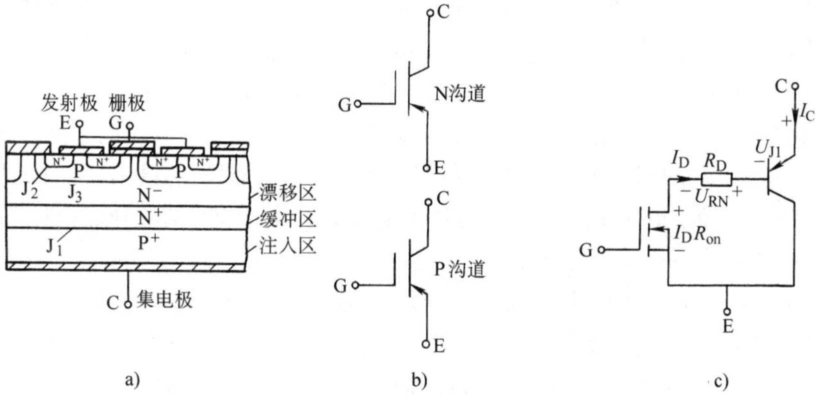

图 2-12　IGBT 示意图

a）IGBT 结构剖面图　b）图形符号　c）简化模型电路

IGBT 的开通和关断是由门极电压来控制的。门极施以正电压时，MOSFET 内形成沟道，并为 PNP 晶体管提供基极电流，从而使 IGBT 导通。在门极上施以负电压时，MOSFET 内的沟道消失，PNP 晶体管的基极电流被切断，IGBT 即为关断。

由于 IGBT 结构上的客观特征，内部寄生着一个 PNPN 4 层结构晶闸管。需防止由于寄生晶闸管通道起作用而产生的锁定效应，即 IGBT 失去了栅极控制器件关断的能力，进而引起器件产生破坏性失效。因此，除了在器件的制作工艺上采取一定措施外，在使用中还要注意防止过高的 $\Delta u/\Delta t$ 值和过大的电流（过载）值等问题。

值得提醒的是，IGBT 管的反向电压承受能力很低，只有几十伏。另外，早期的单管 IGBT 内部没有设置反并联二极管。IGBT 模块，总是将二极管同 IGBT 反并联地封装在一起。

二、IGBT 基本特性与参数

1. 静态特性

IGBT 的静态特性包括传输特性和输出特性。

（1）传输特性　IGBT 的静态传输特性描述集电极电流 I_C 与栅射电压 U_{GE} 之间的相互关系，如图 2-13a 所示，它与功率 MOSFET 的转移特性相似。

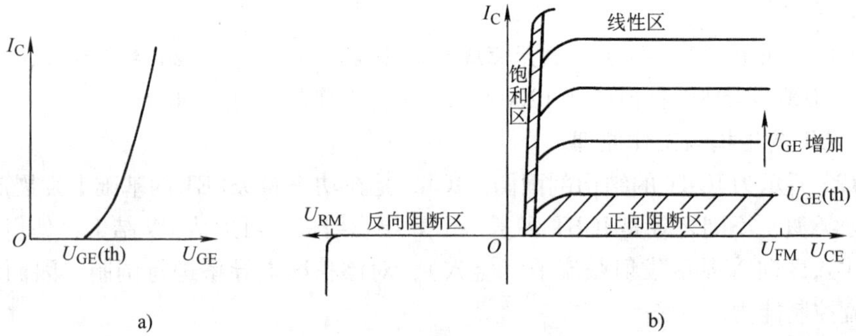

图 2-13　IGBT 的静态特性
a）传输特性　b）输出特性

U_{GE}低于开启电压 $U_{GE(th)}$ 时 IGBT 处于关断状态；U_{GE}高于开启电压 $U_{GE(th)}$ 时 IGBT 开始导通，I_C 与 U_{GE}基本是线性关系。

加于栅射之间的最佳工作电压 U_{GE}可取 15V 左右。$U_{GE(th)}$ 是 IGBT 实现电导调制（即 P^+ 区向 N^- 区注入少数载流子）导通的最低栅射电压，它随温度升高而略有下降，温度每升高 1℃，其值下降 5mV 左右。在 25℃时，IGBT 的开启电压 $U_{GE}=2\sim6V$。

（2）输出特性　IGBT 的输出特性描述以栅射电压 U_{GE}为控制变量时，集电极电流 I_C 与集射极间电压 U_{CE}之间的相互关系，如图 2-13b 所示。它与 GTR 的输出特性相似，不同的是 IGBT 的控制变量为栅射电压 U_{GE}，GTR 为基极电流 I_B；由于 PN 结的开启电压不为零，引起 IGBT 的输出特性曲线不始于坐标原点。

IGBT 的输出特性分为正向阻断区、有源区、饱和区。当 $U_{CE}<0$ 时，IGBT 为反向阻断工作状态，P^+N^+结（J_1 结）处于反偏，无集电极电流出现。IGBT 较 VDMOS 多了一个 J_1 结而获得反向电压阻断能力，能够承受的最高反向阻断电压 U_{RM}取决于 J_1 结的雪崩击穿电压。

当 $U_{CE}>0$ 而 $U_{GE}<U_{GE(th)}$ 时，IGBT 为正向阻断工作状态，J_2 结处于反偏，VDMOS 的沟道体区内没有形成沟道，IGBT 只有很小的集电极漏电流 I_{CES}流过。IGBT 能够承受的最高正向阻断电压 U_{FM}取决于 J_2 的雪崩击穿电压。当 $U_{CE}>0$、$U_{GE}>U_{GE(th)}$ 时，VDMOS 的沟道体区内形成导电沟道，IGBT 进入正向导通状态。随着 U_{GE} 的升高，向 N 基区提供电子的导电沟道加宽，集电极电流 I_C 增大。在正向导通的大部分区域内，I_C 与 U_{GE}呈线性关系，而与 U_{CE} 无关，这部分区域为线性区。IGBT 的这种工作状态称为线性工作状态。作为开关状态工作的 IGBT 同样要避开此区，否则功耗将会很大。

饱和区指输出特性比较明显弯曲的部分，此时集电极电流 I_C 与栅射极电压 U_{GE}不再是线性关系。

与功率 MOSFET 相比，IGBT 的通态压降小得多，1000V 的 IGBT 约有 2～5V 的通态压降，这是因为 IGBT 中 N^- 漂移区存在电导调制效应的缘故。

2. IGBT 的参数特点

有关 IGBT 的参数，各国厂家给出并不完全一样。以国际整流器公司单管 IGBT 器件为例，它的简化名称代号如图 2-14 所示。

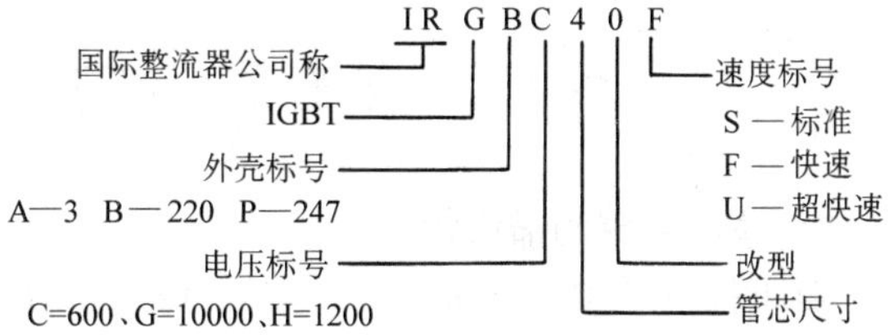

图 2-14 IR 公司出售的 IGBT 器件的简化名称代号

有许多商品化 IGBT 器件产品根据不同用途的需要，制成各种模块式产品。具体可参考附表 2-2 至附表 2-4 给出的 IR 公司部分不同型号的 IGBT 常用电气参数及极限参数。

从总的方面看，IGBT 具有以下特点：

1）IGBT 的开关速度快、损耗小，据统计，电压为 1000V 以上的 IGBT 开关损耗仅为 GTR 的 1/10，与 VDMOS 相当，通态压降也比 VDMOS 低，特别是在大电流高电压应用时。但是，IGBT 的开关损耗与温度有关，尽管它的开通损耗较低，但会随温度升高而增大。

2）IGBT 的通态压降在 1/2 或 1/3 额定电流以下区段具有负温度系数，以上区段有正温度系数，因此 IGBT 在并联使用时具有电流调节的能力，即有易于并联使用的特点。

3）安全工作区比 GTR 宽，具有耐脉冲电流冲击的性能；与 VDMOS 和 GTR 相比，耐压、电流等参数可以继续做得更高，同时保持工作频率高的特点。

3. IGBT 的电压、电流额定值选择

根据有关资料介绍，现以逆变器[⊖]中 IGBT 的选择为例，给出其额定电压和额定电流的经验估算方法。如图 2-15 所示为用 6 只 IGBT 组成的三相桥式逆变器，所带负载为三相异步电动机，其额定功率 $P_N = 3.7\text{kW}$、额定电压 $U_N = 220\text{V}$。IGBT 的主要参数选取如下：

（1）IGBT 额定电压 U_{CE}

交流电网电压/V	180～220	380～440	480～575
器件额定电压/V	600	1000～1200	1400

（2）IGBT 额定电流 I_C　实际应用中考虑到一些因素的影响，I_C 的取值需留有余地。如考虑逆变器的逆变效率（$\eta = 75\%$）；逆变输出电压脉动率（$\lambda = 20\%$）；以及安全过载余量（2 倍左右）。流过 IGBT 的电流额定值 I_C 可按下式估算

$$I_C = 2 \times \frac{P_N}{\sqrt{3}\eta U_N} \times (1 + 20\%) \times \sqrt{2} \qquad (2\text{-}7)$$

即

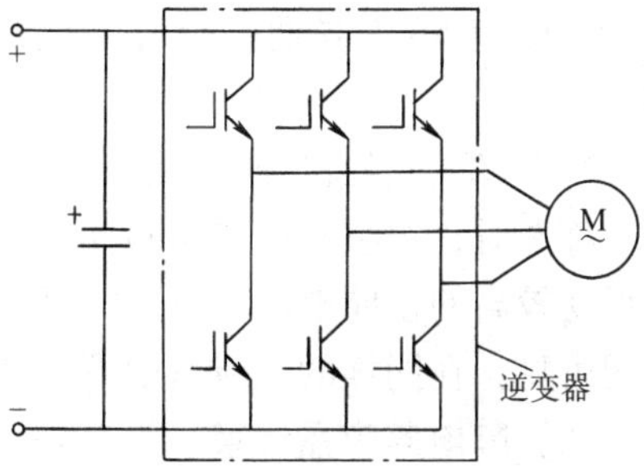

图 2-15 IGBT 组成的逆变器

⊖ 在第八章中专题讨论。

$$I_C = 2 \times \frac{3.7 \times 10^3}{\sqrt{3} \times 0.75 \times 220} \times (1 + 0.2) \times \sqrt{2}\text{A} \approx 45\text{A}$$

所以，应选用 600V、50A 的 6 只或者 6 管封装的 IGBT 模块。

第五节　新型电力电子器件

一、MCT 控制晶闸管

MCT 控制晶闸管（MCT —— Mos Controlled Thyristor）是一种单极型和双极型组合而成的复合器件，输入侧为 MOSFET 结构，因而输入阻抗高，驱动功率小，工作频率高；而输出侧为晶闸管结构，能够承受高电压，通过大电流。这是一种很有发展前途的器件。目前，MCT 的制造水平为：阻断电压 3000V，峰值电流 1000A，$\Delta i/\Delta t$ 达 2000A/μs，$\Delta u/\Delta t$ 达 20000V/μs，关断时间为 2μs。

1. MCT 的结构与工作原理

MCT 是在晶闸管结构基础上又制作了两只 MOSFET，其中用于控制 MCT 导通的那只 MOSFET 称为开通场效应晶体管（ON－FET），用于控制阻断的那只 MOSFET 称为关断场效应晶体管（OFF－FET）。根据开通场效应晶体管的沟道类型不同，可分为 P－MCT 和 N－MCT。

MCT 采用多胞元集成工艺制成，一个 MCT 约含有 10 万个单胞。如图 2-16 所示为 P—MCT 一个单胞的电路及图形符号。

如果是 N－MCT，其图形符号阳极的箭头方向应相反。由图 2-16 可见，MCT 的电极和晶闸管一样也是阳极 A、阴极 K 和门极 G，但 MCT 是电压控制器件；晶闸管的控制信号加在门极与阴极两端，而 MCT 控制信号是加在门极与阳极两端。

当门极 G 相对于阳极 A 加负电压脉冲时，ON－FET 导通，ON－FET 的漏极电流作为 NPN 晶体管基极电流，经 NPN 管放大 β_2 倍后的集电极电流又作为 PNP 晶体管的基极电流，PNP 管又放大 β_1 倍重新送入 NPN 管的基极，如此循环形成强烈的正反馈，并使 MCT 进入导通状态。

当门极相对于阳极加正电压脉冲时，OFF－FET 导通，PNP 晶体管的基极电流经 OFF－FET 流向阳极，使 PNP 管截止，从而破坏了晶闸管的正反馈，使 MCT 关断。

一般使 MCT 导通的负脉冲电压为 －5 ～ －15V，使 MCT 关断的正脉冲电压为 10 ～ 20V。

2. MCT 的静态正向特性

静态时，担负开通和关断控制的内部 MOSFET 不起作用，MCT 相当于晶闸管，阻断时能承受较高的正向电压，导通时具有很低的通态压降。图 2-17 示出了几种器件的正向特性。由图可见，在同样的电流密度下，MCT 具有最低的通态压降。

二、静电感应晶体管

静电感应晶体管是一种电压型控制器件，具有工作频率高、输入阻抗大、输出功率大、放大线性度好、无二次击穿现象、热稳定度好等优点，广泛应用于超声波功率放大、雷达通信、开关电源和高频感应加热等方面。SIT 单管耗散功率已做到几千瓦，工作频率已做到 10MHz，电压、电流容量已分别达 2000V/300A 水平。

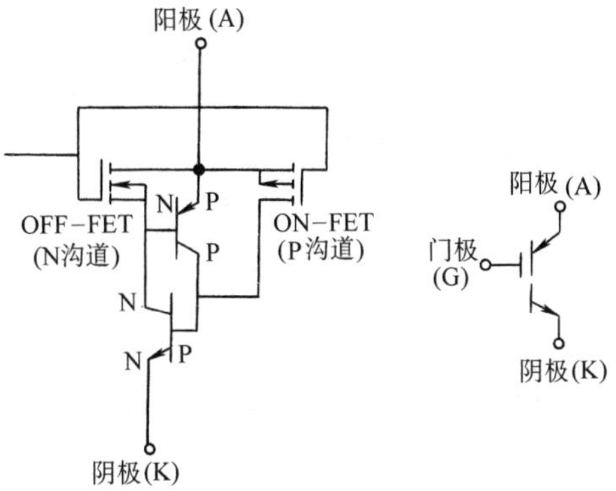

图 2-16　P－MCT 的等效电路及图形符号

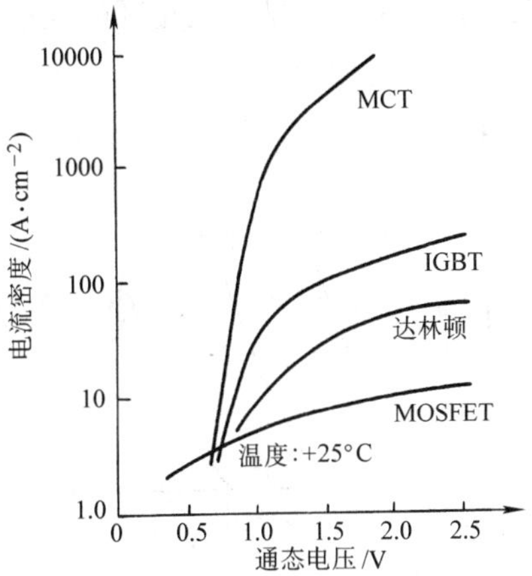

图 2-17　几种（600V）功率器件的正向特性

1. SIT 的基本结构和工作原理

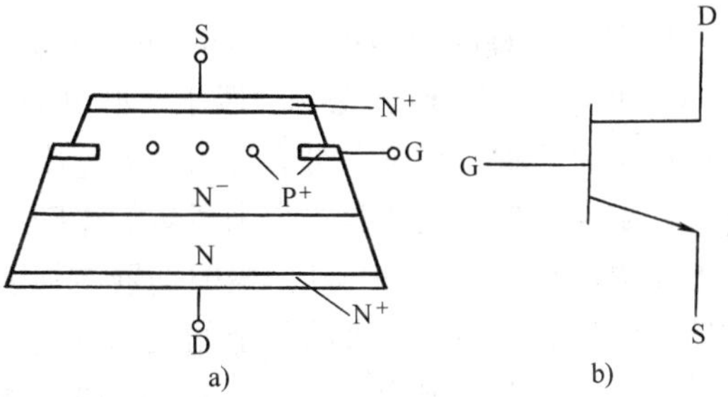

图 2-18　SIT 的基本结构与图形符号

SIT 的基本结构与电路图形符号如图 2-18 所示。在 N^+ 型衬底上外延高阻 N^- 层，然后在 N^- 高阻外延层内扩散若干个 P^+ 区，再在其顶部另外扩散一个 N^+ 层。从衬底上引出的电极叫漏极 D，将 P^+ 区连在一起后引出的电极叫栅极 G，从扩散的 N^+ 层上引出的电极称为源极 S。SIT 也是采用垂直导电形式的多胞集成结构。

SIT 的工作原理如下：当栅源和漏源之间都不加电压时，相邻两个 P^+ 区间存在电中性区沟道，这时若在漏源两端加正向电压，则有电流流过沟道，漏源电压越高，沟道电流越大，相当于器件处于导通状态。SIT 工作时，是在栅源间加负偏压，使得 PN 结的空间电荷区变厚，沟道变窄，形成电子势垒变大。进一步的分析表明，电子势垒的大小，不仅与负栅偏压 U_{GS} 有关，而且与正的漏源电压 U_{DS} 有关。当负栅偏压 U_{GS} 的绝对值越大，电子势垒越高；正漏源电压 U_{DS} 越大，电子势垒越低。因此，可以通过改变 U_{GS} 和 U_{DS} 的大小，控制沟道的电位分布与势垒高度，从而控制漏源电流的大小。由于 SIT 的沟道电位分布与势垒高度是由 U_{GS} 与 U_{DS} 的静电场形成的，因而将该器件命名为静电感应晶体管。

2. SIT 的特性

（1）伏安特性　是指 SIT 的漏源电压 U_{DS} 与漏极电流 I_D 之间的关系。SIT 是电压控制器件，其沟道势垒是由栅源电压 U_{GS} 与漏源电压 U_{DS} 共同决定的，沟道势垒的高度决定了漏源电流的大小。图 2-19 表示了 SIT 的典型伏安特性。图中栅源电压 U_{GS} 为参变量，转折电压 U_{DSS} 是 $U_{GS}=-U$ 的伏安特性与横轴的交点所对应的栅源电压。

当栅源负电压 U_{GS} 绝对值越大，建立的势垒越高，要克服这一势垒形成电流，需要较大的 U_{DS}，所以相应的 I_D 和 U_{DS} 曲线越向右移动。

（2）开关特性　当栅源电压 $U_{GS}=0$ 时，漏源之间只有极小的电阻，SIT 处于导通状态；

当栅源电压足够大，且漏源电压不超过一定范围，SIT 就处于截止状态。图 2-20 示出了 SIT 的开关特性。由图可见，截止区的大小随栅源负偏压的大小而变。

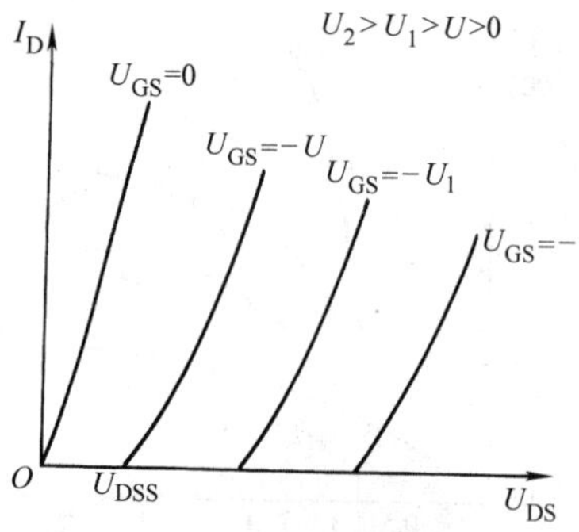

图 2-19 SIT 的典型伏安特性

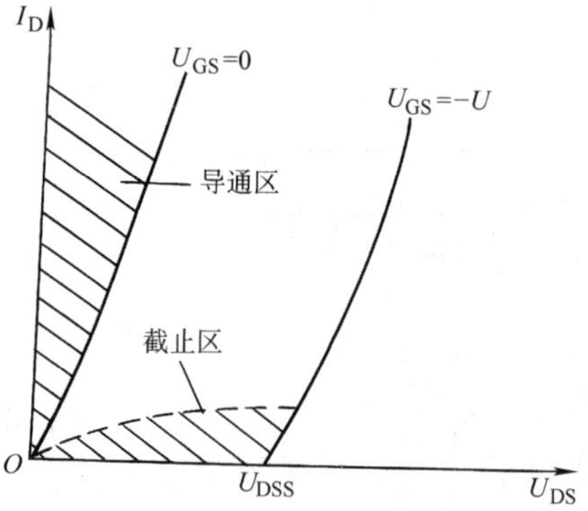

图 2-20 SIT 的导通区与截止区

三、集成门极换向晶闸管（IGCT）

IGCT（Integrated Gate－Commutated Thyristor）是带有集成门极驱动的 GCT（Gate —— Commutated Thyristor)，是一种用于巨型电力电子成套装置中的新型电力半导体器件。它的应用使交流装置在功率、可靠性、开关速度、效率、成本、重量和体积等方面都取得了巨大进展，给电力电子成套装置带来了新的飞跃。IGCT 是将 GTO 芯片与反并联二极管和门极驱动电路集成在一起，再与其门极驱动器在外围以低电感方式连接，结合了晶体管和晶闸管两种器件的优点，即晶体管的稳定的关断能力和晶闸管的低通态损耗的一种新型器件。IGCT 在导通期间发挥晶闸管的性能，关断阶段呈类似晶体管的特性。IGCT 具有电流大、电压高、开关频率高、可靠性高、结构紧凑、损耗低的特点。此外，IGCT 还像 GTO 一样，具有制造成本低和成品率高的特点，有极好的应用前景。

IGCT 的关键是将改进结构的 GTO 和极低电感的门极驱动器结合起来。与包含许多不同部件的 IGBT（例如 1200A/3300V 的 IGBT 有 60 个芯片加上 450 条连线）相比，门极换向晶闸管（GCT）只有几个机械部件，即：硅片（对于逆导型 IGCT，硅片分为 GCT 部分和二极管部分)、门极环（它允许门极端子到硅片上门极条之间有很低的电感接触)、钢片、阳极和阴极、门极环端子。

IGCT 是 GCT 和集成门极驱动电路的总称，所以其工作原理主要取决于 GCT 的工作过程。当 GCT 工作在导通状态时，是一个像晶闸管一样的正反馈开关，其特点是携带电流能力强和通态压降低。在关断状态下，GCT 门－阴极 PN 结提前进入反向偏置，并有效地退出工作，整个器件呈晶体管方式工作，该器件在这两种状态下的等效电路如图 2-21 所示。

图 2-21 还表明，在导通和阻断状态下，GCT 和 GTO 有明显不同，即 GCT 可瞬时从图 2-21a 转换到图 2-21b 所示状态，而 GTO 必须经过由一个既非导通又非阻断的中间不定状态进行转换。IGCT 能消除“GTO 区”的影响，其容量与 GTO 相当，但开关速度比 GTO 快 10 倍以上。

四、功率模块与功率集成电路

20 世纪 70 年代末，为了解决电力电子设备中多个电力半导体器件因电路结构不同，其功率及（如晶闸管的阳极－阴极；对 GTR 的集电极－发射极……）电位不等而不能共用同

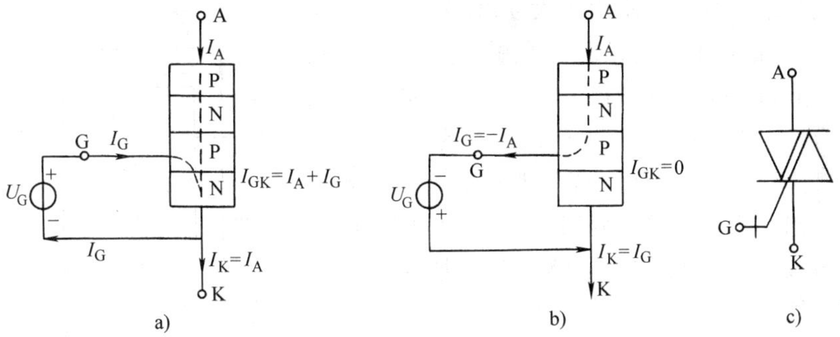

图 2-21　IGCT 的导通、阻断状态示意图及电路符号图

a）导通状态　b）阻断状态　c）电路符号图

一散热器、体积较大、安装不便等问题，促使各种电力电子器件功率模块及组件飞速发展。

1. 功率模块

把各种电力电子器件的管芯按一定的电路连接，并封装在一个外壳内，如 GTR 模块，其大部分管芯和外壳底板（一般为金属）在电气上相互绝缘，但传热效果良好。由于模块具有体积小、重量轻、结构紧凑、可靠、通用性强、便于维修等特点，多个模块可以同时安装在装置接地的外壳上或安装在接地的同一散热器上，从而大大简化了电路的结构，缩小了装置的体积，因此受到重视与应用，目前除有商品化的 GTR 模块外，还有整流管（SR）、普通晶闸管（SCR）、双向晶闸管（Triac）、绝缘栅双极晶体管（IGBT）、功率 MOSFET 等功率模块。

2. 功率集成电路

如果将电力电子器件按一定的电路结构并与逻辑、控制、保护、传感、检测、自诊断等信息电子电路制作在同一芯片上，则称其为功率集成电路（Power Inteqrated Circuit —— PIC）也称为功率组件。与功率集成电路类似的还有许多名称，但实际上各自有所侧重。高压集成电路（High Voltage IC —— HVIC）一般指横向高压器件与逻辑或模拟控制电路的单片集成。智能功率集成电路（Smart Power IC —— SPIC）一般指纵向功率器件与逻辑或模拟控制电路的单片集成。而智能功率模块（Intelligent Power Module —— IPM）则专指 IGBT 及其辅助器件与其保护和驱动电路的单片集成，也称智能 IGBT（Intelligent IGBT）。

在电力电子变流电路中，电力电子器件必须有驱动电路、控制电路和保护电路的配合，才能实现电力控制功能。智能电力模块（IPM）是将电力电子器件与配套控制电路集成在一个芯片上形成的功率集成电路。由于高度集成化，结构十分紧凑，避免了由于分布参数、保护延迟等因素带来的技术难题，适应于电力电子技术高频化发展的需要。

IPM 将主开关器件，续流二极管，驱动电路，电流、电压、温度检测元件及保护信号生成与传送电路，接口电路集成在一起，形成了所谓混合式电力集成电路，形成了“智能”和“灵巧”的特色。

高低压电路之间的绝缘问题以及温升和散热的有效处理，一度是功率集成电路的主要技术难点。因此，以前功率集成电路的开发和研究主要在中小功率应用场合，如家用电器、办公设备电源、汽车电器等等。智能功率模块则在一定程度上回避了这两个难点，只将保护和驱动电路与 IGBT 器件集成在一起，因而最近几年获得了迅速发展。目前最新的智能功率模块产品已用于高速子弹列车牵引等大功率场合。

功率集成电路实现了电能和信息的集成，成为机电一体化的理想接口，具有广阔的应用前景。如图2-22所示为德国IXYS公司生产的IPM的电路结构示意图。这种IMP模块，内含输入逻辑、隔离、驱动和保护电路，输入级与功率级隔离电压达3000V，可实现最优的栅极驱动，并可进行短路及欠电压保护，其保护可与数字信号电路接口。

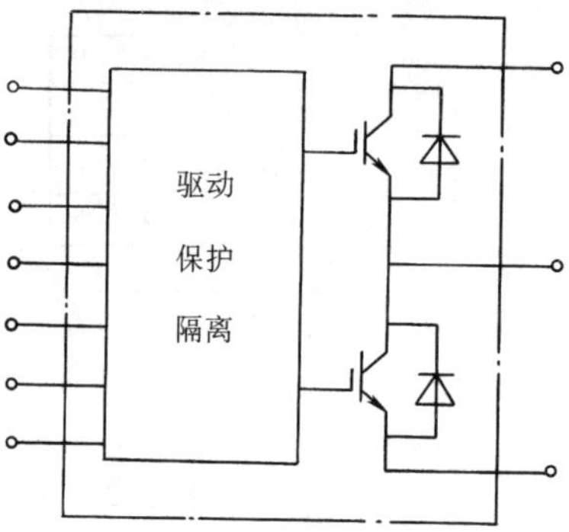

图2-22　德国IXYS公司生产的IPM的电路结构

3. 散热器及其安装

电力电子器件的性能与温度有密切的关系。为了保证器件正常工作，必须规定最高允许结温。当器件流过较大的电流时，在芯片上产生相应的功率损耗，引起芯片温度增加，与最高结温对应的器件耗散功率即是器件的最大允许耗散功率。器件正常工作时不应超过最高结温和耗散功率的最大允许值，否则，器件特性和参数将要发生变化，甚至导致器件产生永久性的损毁。为了便于散热，电力电子器件需加散热器以降低结温。

散热器是以对流和辐射的方式将热能传递到环境中去的。散热器热阻与散热器的材质、结构、表面颜色、冷却方式以及安装位置有关。散热器有平板型散热器、叉指型散热器和型材型散热器等，如图2-23所示。散热器表面应涂黑色漆或钝化，借以提高辐射系数，一般黑色散热器比光面无色散热器可减少10%～15%的热阻。由于热气流相对密度小，自然向上流动，散热器应垂直安装，以便形成“烟囱”效应，便于散热。垂直位置安装的热阻比水平位置安装的热阻要降低15%～20%。

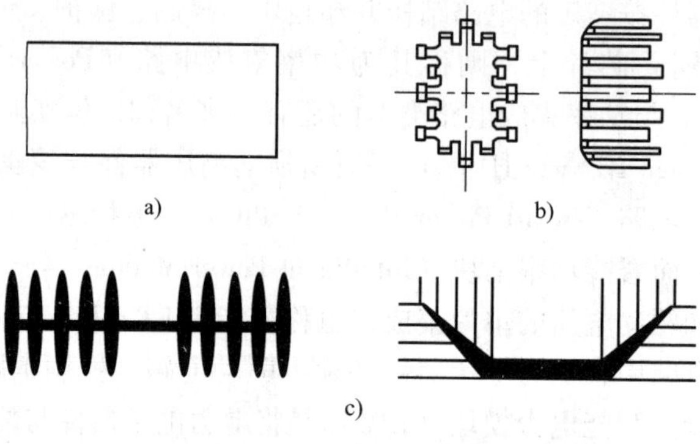

图2-23　散热器外形图
a）平板型　b）叉指型　c）型材型

常用的散热器冷却方式有：自冷、风冷、水冷和沸腾冷4种。

自冷是利用空气的自然对流及辐射作用将热量带走的散热方式，结构简单，无噪声，不需要维护，但散热效率低。

风冷是采用强制通风，加强对流的散热方式，一般为自冷散热效率的2～4倍，其不足之处是噪声大。

水冷方式散热效率高，其对流换热系数可达空气自然换热系数的150倍以上，冷却介质除水外，还可以采用变压器油等，但此类设备复杂，占地面积大，投资高。

沸腾冷是将冷却介质放在密闭容器中，通过媒质物相的变化进行冷却，效率高，装置体积小，但造价昂贵。

功率电力电子器件的正常运行，在很大程度上取决于散热器的合理选配，以及器件与散热器之间的装配质量。

器件直接安装在散热器上时，由于器件的封装形式不同，接触热阻也不同。接触热阻还与器件和散热器之间是否有垫圈，是否涂有硅油等情况有关。当接触面涂有硅油时，热阻明显下降。器件管壳与散热器两平面接触时总是点接触，随压力加大，接触面积加大，接触热阻减小，因此，要求接触面尽量光滑、平整，无划痕、凹坑、凸瘤或异物，必要时还应抛光或加镀层。

本 章 小 结

本章所讨论的电力电子器件，通过控制信号既可以控制其导通，也可以控制其关断，故称它们为全控型电力电子器件。与半控型器件相比，全控型电力电子器件可以由控制信号控制其关断，因此又称为自关断器件。这类器件品种很多，本章介绍了部分全控型电力电子器件的基本结构、工作原理、基本特性及主要参数等内容。

20 世纪 90 年代中期以来，逐渐形成了以 IGBT 为主体的局面。至今，IGBT 已发展到第四代产品，制造水平达到了 3.3kV/1.2kA。在兆瓦以下的电力电子器件的市场中，IGBT 已成为首选。而在兆瓦以上的大功率场合，GTO 仍然是首选器件，其制造水平达到了 6kV/6kA。IGBT 仍在发展，正在与 IGCT 以及其他新型器件激烈竞争，并试图最终取代 GTO 在大功率场合的位置。

在表 2-2 中将本章所讨论的几种全控型电力电子器件的主要特性作一比较。

表 2-2　自关断电力电子器件特点比较及近期达到的容量范围

类别	名　　称	主要特点及性能	容量及主要参数
双极型	门极关断晶闸管（GTO）	三极（阳极、阴极、门极）结构，电流控制器件，正脉冲触发导通，负脉冲控制关断，对门极电路性能要求较严	6000A/6500V，5000A/4500V $\Delta v/\Delta t \geqslant 1000\text{V}/\mu\text{s}$ $\Delta i/\Delta t \geqslant 100 \sim 300\text{A}/\mu\text{s}$ $t_{off} \leqslant 10 \sim 40\mu\text{s}$
	电力晶体管（GTR）	电流控制器件，最高工作频率 50kHz 以下，工业应用中常用达林顿结构，开关频率 2kHz 以下，存在二次击穿现象	1000A/1800V $t_{off} \leqslant 5\mu\text{s}$，$h_{fe} \leqslant 100$
单极型	金属氧化物半导体场效应晶体管（MOSFET）	高速开关型电压控制三端（栅极 G、源极 S、漏极 D）器件，驱动功率较小，工作频率高，难于同时控制大电流和高电压，存在导通压降较大、栅极击穿等问题	150A/1000V 30A/1500V $t_{off} \leqslant 0.3\mu\text{s}$ $f \approx 2\text{MHz}$
	静电感应晶体管（SIT）	是一种结型场效应晶体管。SIT 是一种多子导电的器件，其工作频率、功率容量与电力 MOSFET 相比有过之而无不及	250A/2000V $f_T = 20\text{Hz} \sim 20\text{MHz}$

（续）

类别	名　　称	主要特点及性能	容量及主要参数
复合型	绝缘栅双极型晶体管（IGBT 或 IGT）	为三极（栅极 G、发射极 E、集电极 C）器件，电压控制器件，兼有 GTR 及 MOSFET 的优点，控制功率小、开关速度快、电流处理能力强和饱和压降低等特点	1000A/4500V（单管） 1200A/3500V（模块） $t_{off}≤0.5 \sim 1\mu s$ $f≈50kHz$
	MOS 控制晶闸管（MCT）	MCT 是电压控制器件，它将 MOS 门极易控和晶闸管的高电压大电流、导通压降低的优点组合，高输入阻抗、低驱动功率、开关速度高，$\Delta i/\Delta t$、$\Delta v/\Delta t$ 耐量高，通态压降低	50A/1000V $\Delta v/\Delta t≥20000V/\mu s$ $\Delta i/\Delta t≥2000A/\mu s$ $t_{off}≤1\mu s$
	集成门极换流晶闸管（IGCT）	IGCT 是将 IGBT 与 GTO 的优点结合起来，其容量与 GTO 相当，开关速度比 GTO 快 10 倍，而且缓冲电路简单，但驱动功率仍然很大	U_{DRM}、$U_{RRM}≥4500V$，$t_{off}≤3 \sim 4\mu s$ $I_{TGQM}≥4000V$ （I_{TGQM}最大不重复关断电流）

自 测 题

1. 说明 GTO 的开通和关断原理。与普通晶闸管相比较有何不同？

*2. 什么是 GTO 的关断损耗？过大的关断损耗对 GTO 会产生什么影响？如何减少关断损耗？

3. GTO 有哪些主要参数？其中哪些参数与普通晶闸管相同？哪些不同？

4. 简要说明大功率晶体管 GTR 与小信号晶体管的异同点。

5. 可能导致 GTR 二次击穿的因素有哪些？可采取什么措施加以防范？

6. 图 2-24 所示为 NPN 型功率晶体管，在以下偏置条件下，GTR 分别工作于输出特性曲线的哪个区间？

a）$U_{BE}=-1V$，$U_{CB}≈20V$，$U_{CE}=20V$。

b）$U_{BE}=1V$，$U_{CB}≈-20V$，$U_{CE}=10V$。

c）$U_{BE}=1V$，$U_{CB}=-1V$，$U_{CE}=1V$。

d）$U_{BE}=1V$，$U_{CB}=-1V$，$U_{CE}<1V$。

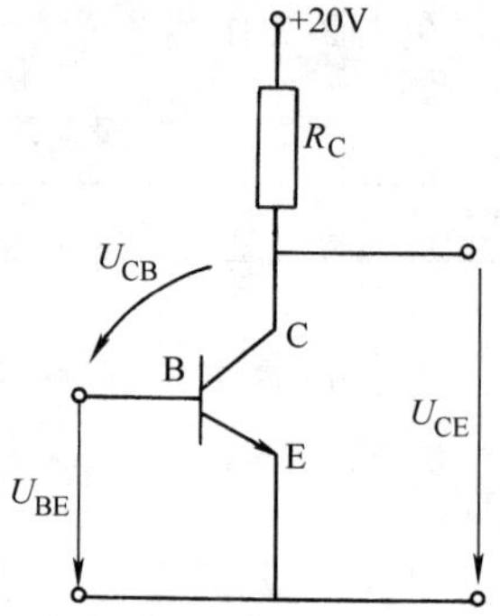

图 2-24　题 6 图

7. 达林顿 GTR 管与单管 GTR 的主要差别是什么？

8. 富士 FVR—G5 型逆变器中，使用型号为 6DI50C—050（500V/50A）的大功率晶体模块，试分析每管允许的工作电压及流过的电流大小？

9. 说明功率场效应晶体管的结构特点，它是如何解决高电压大电流问题的？

*10. 什么叫安全工作区？功率 MOSFET 的安全工作区有哪三种情况？试分别加以说明。

11. 功率 MOSFET 的极间电容包括哪些？输入电容、输出电容和反馈电容与极间电容存在什么关系？

12. “功率 MOSFET 的栅极绝缘，为电压控制器件，其栅极驱动功率为零”。这一说法是否正确？为什么？

13. MCT 管结构上有什么特点？为什么说它是一种很有发展前途的器件？

14. SIT 管的结构特点和工作原理是什么？

15. PIC 一般具有什么功能？它的结构主要有哪些类型？

第三章　全控型器件的驱动

半控型和全控型电力电子器件组成各种变流电路时，还需要合适的驱动、缓冲与保护电路等加以配合。有关晶闸管的触发电路将在第五章专门讨论，本章着重讲述典型全控型器件驱动及电力电子器件。

第一节　全控型电力电子器件的驱动

电力电子器件的驱动电路是电力电子主电路与控制电路之间的接口，是电力电子装置的重要环节，对整个装置的性能有很大的影响。采用性能良好的驱动电路，可使电力电子器件工作在较理想的开关状态，缩短开关时间、减小开关损耗，对装置的运行效率、可靠性和安全性都有重要的意义。另外，对电力电子器件或整个装置的一些保护措施也往往就近设在驱动电路中，或者通过驱动电路来实现，这使得驱动电路的设计更为重要。

驱动电路的基本任务，就是将信息电子电路传来的信号按照其控制目标的要求，转换为加在电力电子器件控制端和公共端之间，可以使其开通或关断的信号。对半控型器件只需提供开通控制信号，对全控型器件则既要提供开通控制信号，又要提供关断控制信号，以保证器件按要求可靠导通或关断。

按照驱动电路加在电力电子器件控制端和公共端之间信号的性质，可以将电力电子器件分为电流驱动型和电压驱动型两类。对典型的全控型器件 GTO、GTR、电力 MOSFET 和 IGBT 来说，将按电流驱动型和电压驱动型分别讨论。

应该说明的是，驱动电路的具体形式可以是由不同分立元件构成的驱动电路，但目前的趋势是直接采用专用的集成驱动电路，包括双列直插式集成电路，以及将光耦隔离电路也集成在内的混合集成电路，而且为达到参数最佳配合，应首先选择所用电力电子器件的生产厂家专门为该器件开发的集成驱动电路。

在驱动电路中，还要提供控制电路与主电路之间的电气隔离环节。一般采用光隔离或磁隔离。光隔离一般采用由发光二极管和光敏晶体管组成的光耦合器。其类型有普通、高速和高传输比三种，内部电路和基本接法分别如图 3-1a、b、c 所示。普通型光耦合器的输出特

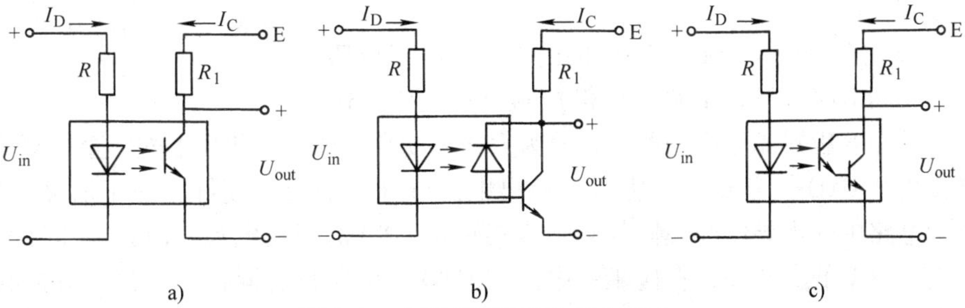

图 3-1　光耦合器类型和基本接法

a）普通型　b）高速型　c）高传输比型

性和晶体管相似，只是其电流传输比 I_C/I_D 比晶体管的电流放大倍数 β 小得多，一般只有 0.1～0.3。高传输比光耦合器的 I_C/I_D 要大得多。普通型光耦合器的响应时间约为 10μs 左右。高速光耦合器的光敏 GTO 二极管流过的是反向电流，其响应时间小于 1.5μs。磁隔离的元件通常是脉冲变压器。

一、电流驱动型器件的驱动电路

GTO 及 GTR 属电流驱动型器件。

1. GTO 的驱动

GTO 的触发导通过程与普通晶闸管相似，关断则完全不同，门极控制技术关键在于关断。影响关断的因素主要有：被关断的阳极电流、负载阻抗的性质、工作频率、缓冲电路、关断控制信号波形及温度等。阳极电流越大关断越困难，电感性负载难以关断，工作频率高也难以关断，结温越高越难关断，关断信号波形要符合特殊的要求。

GTO 的门极控制电路包括开通电路、关断电路和反偏电路。如图 3-2 所示。

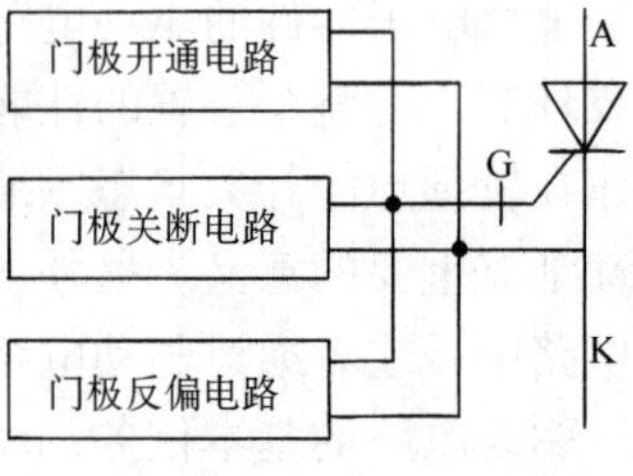

图 3-2　门极控制电路结构示意图

（1）开通控制　开通控制要求门极电流脉冲的前沿陡、幅度高、宽度大及后沿缓。这是因为组成整体元件的各 GTO 元具有特性的分散性，如果门极正向电流上升沿不陡，就会引起先导通的 GTO 元的电流密度过大。门极电流脉冲上升沿陡峭，可以使所有的 GTO 元几乎同时导通，电流分布趋于均匀。如果门极正向电压脉冲的幅度和宽度不足，可能会使部分 GTO 元尚未达到擎住电流时，门极脉冲已经结束，致使部分导电的 GTO 元承担全部的阳极电流而过热损坏。后沿则应尽量缓，后沿过陡会产生振荡。

（2）关断控制　GTO 的关断控制是靠门极驱动电路从门极抽出 P_2 基区的存储电荷，门极负电压越大，关断的越快。门极负电压一般要达到或接近门－阴极间雪崩击穿电压值，并要求保持较长时间，以保证 GTO 可靠关断。有时甚至在 GTO 下一次导通之前，门极负电压都不衰减到零，以防止 GTO 误导通。门极关断电流脉冲的幅度取（1/3～1/5）阳极电流值，关断脉冲电流的陡度需达 50A/μs。门极关断负脉冲宽度约为 100μs，且强负脉冲宽度应有 30μs，即保证使 GTO 可靠关断。图 3-3 所示为推荐的较理想的门极控制信号波形。

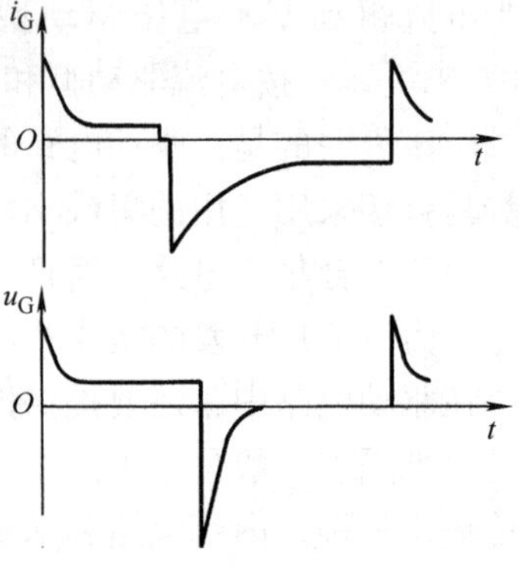

图 3-3　推荐的 GTO 门极控制信号波形

（3）GTO 的门极驱动电路　GTO 的门极控制电路包括开通电路、关断电路和反偏电路。门极控制驱动电路按输出是否通过脉冲变压器或光耦合器件，分为直接驱动和间接驱动两种形式。直接驱动指门极驱动电路直接和 GTO 门极相连，优点是输出电流脉冲的前沿陡度好，易于消除寄生振荡；缺点是驱动电路中的半导体开关器件必须直接承担 GTO 的门极电流，故开关器件的电流较大，功耗大，效率低。此外，直接驱动电路与 GTO 主电路具有同样的电位，对控制系统来说不太安全。

间接驱动是驱动电路通过脉冲变压器与 GTO 门极相连，其优点是：GTO 主电路与门极控制电路之间由脉冲变压器或光耦合器件实现电气隔离，控制系统较为安全；脉冲变压器有变换阻抗的作用，可使驱动电路的脉冲功率放大器件电流大幅度减小。缺点是：输出变压器的漏感使输出电流脉冲前沿陡度受到限制，输出变压器的寄生电感和电容易产生寄生振荡，影响 GTO 的正确开通和关断。此外，隔离器件本身的响应速度将影响驱动信号的快速性。

图 3-4 所示是一个典型的直接耦合式 GTO 驱动电路，该电路的电源由高频电源经二极管整流后提供，二极管 VD_1 和电容 C_1 提供 +5V 电压，VD_2、VD_3 和 C_2、C_3 构成倍压整流电路提供 +15V 电压，VD_4 和电容 C_4 提供 -15V 电压。场效应晶体管 VF_1 开通时，输出正强脉冲；VF_2 开通时输出正脉冲平顶部分；VF_2 关断而 VF_3 开通时输出负脉冲；VF_3 关断后电阻 R_3 和 R_4 提供门极负偏压。

2. GTR 的驱动

（1）对 GTR 驱动电路的要求　使 GTR 开通的基极驱动电流应使其处于准饱和导通状态，使之不进入放大区和深饱和区。关断 GTR 时，施加一定的负基极电流有利于减小关断时间和关断损耗，关断后同样应在基射极之间施加一定幅值（6V 左右）的负偏压。GTR 驱动电流的前沿上升时间应小于 1μs，以保证它能快速开通和关断。理想的 GTR 基极驱动电流波形如图 3-5 所示。

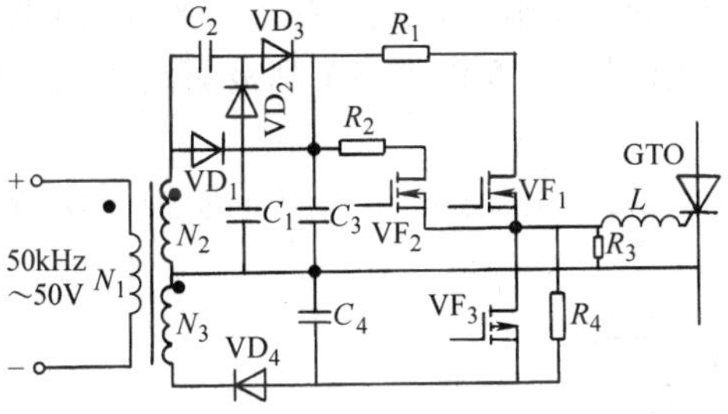

图 3-4　典型的直接耦合式 GTO 驱动电路

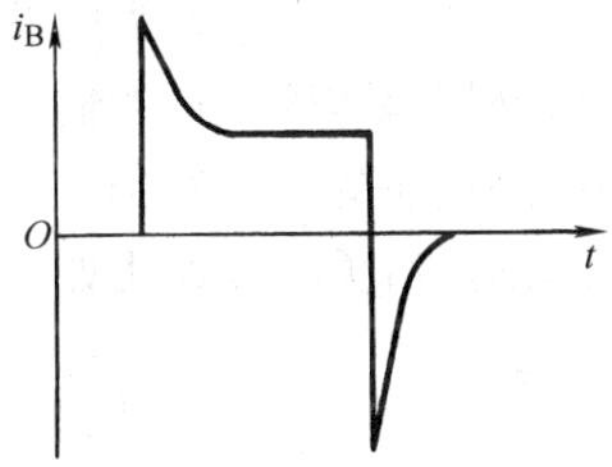

图 3-5　理想的 GTR 基极驱动电流波形

GTR 的热容量小，过载能力低，过载或短路产生的功耗可能在若干微秒的时间内使结温超过最大允许值而导致器件损坏。为此 GTR 的驱动电路既要及时准确地测得故障状态，又要快速自动实现保护，在故障状态下迅速地自动切除基极驱动信号，避免 GTR 损坏。

（2）GTR 的基极驱动电路　图 3-6 所示为抗饱和恒流驱动电路的基本形式，它属直接驱动方式亦称贝克钳位电路，它使 GTR 始终工作于准饱和状态，有利于提高器件的开关速度。因此，它成为一种被广泛应用的基本电路。

图中 VD_1、VD_2 为抗饱和二极管，VD_3 为反向基极电流提供回路。在轻载情况下，GTR 饱和深度加剧使 U_{CE} 减小，A 点电位高于集电极电位，二极管 VD_2 导通，使流过二极管 VD_1 的基极电流 I_B 减小，从而减小了 GTR 的饱和深度。抗饱和基极驱动电路使 GTR 在不同的集电极电流情况下，集电结处于零偏或轻微正向偏置的准饱和状态，以缩短存储时间。在不同负载情况下以及在应用离散性较大的 GTR 时，存储时间趋向一致。应当注意的是，VD_2 为钳位二极管，它必须是快速恢复二极管，该二极管的耐压也必须和 GTR 的

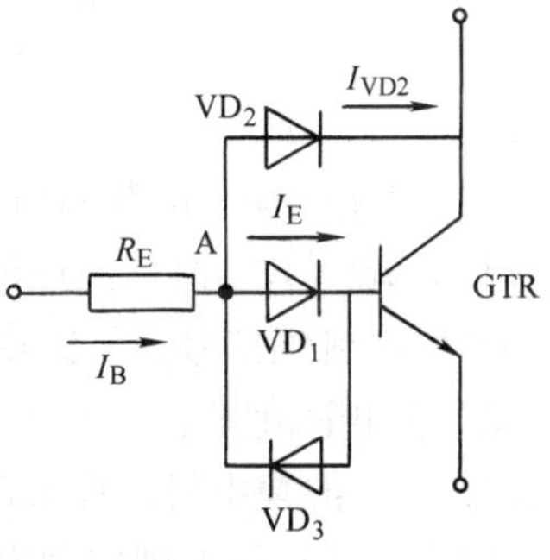

图 3-6　抗饱和电路

耐压相当。因电路工作于准饱和状态，其正向压降增加，也增大了导通损耗。

GTR 驱动电路模块也有多种系列，如日本富士公司 ESB356—359、三菱公司的 M57917L、国内所研制的 HL202 等系列厚膜驱动动模块（也称混合微膜组件驱动模块）。

图 3-7 所示为法国 THOMSON 公司生产的专用集成化基极驱动电路芯片 UAA4002 原理框图。

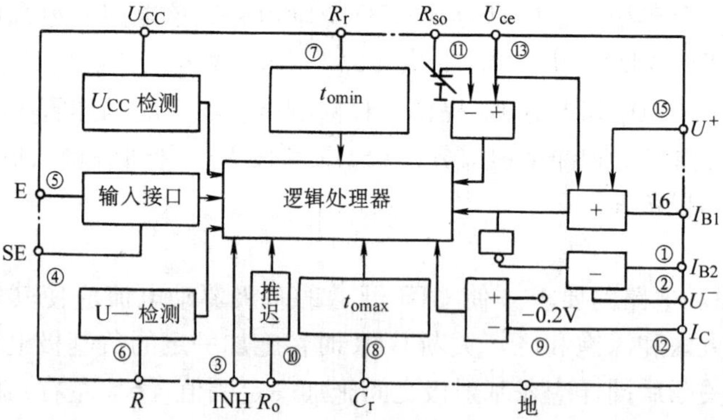

图 3-7　UAA4002 芯片

基极驱动的集成化模块输入信号的方式由设置端 SE（4 脚）的电平决定：SE 端高电平时为电平输入方式；低电平时为脉冲输入方式。其输出为 +0.5A、-3A 基极驱动电流，根据用户需要可外接晶体管以扩大输出能力。

该驱动电路模块的突出特点是具有丰富的保护功能。图 3-8 所示为用于实现 8A/400V 开关电路原理图。有关功能说明如下：

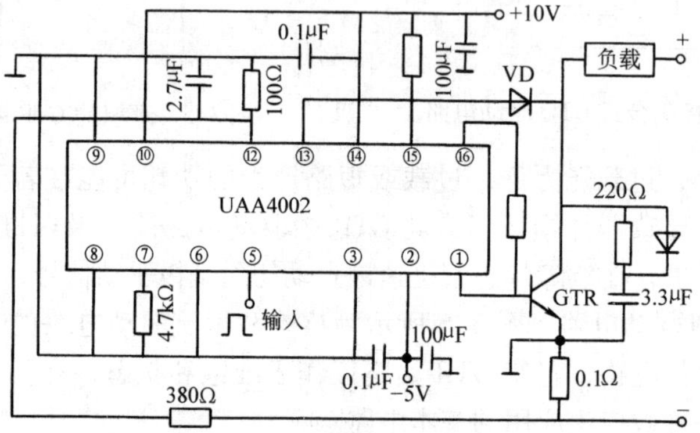

图 3-8　UAA4002 应用接线图

1）限流：在负电源回路中串入 0.1Ω 电阻，用以检测 GTR 的集极电流，并将该信号引入芯片 I_C 端（12 脚），当该信号电压低于 -0.2V 时，比较器状态发生变化，由逻辑处理器检测并发出封锁信号，封锁输出脉冲使 GTR 关断。

2）防止减饱和：GTR 的集电极电压由二极管 VD 来检测，其正极接芯片 U_{CE}（13 脚），负极接 GTR 的集电极，在 GTR 开通时比较器检测 U_{CE} 端的电压，若高于 R_{SD} 端（11 脚）上的设定电压，比较器则向逻辑处理器发出信号，处理器封锁控制输入，可防止 GTR 因基极电流不足或集电极电流过载引起减饱和的可能性。

3）导通时间间隔控制：逻辑处理器保证输出脉冲有一最小脉宽 t_{onmin}，其数值由 R_T 端（7 脚）的电阻 4.7kΩ 来决定；G_T 端（8 脚）的外接电容可调整最大导通时间 t_{onmax}，以限制电路的输送功率或防止脉冲控制方式因传输信号中断造成持续导通。

4）电源电压监测：U_{CC}端（14 脚）检测正电源电压的大小，当电源电压小于 7V 时确保芯片无输出信号。负电压的检测可在 U^-端（2 脚）与 R^-端（6 脚）间外接电阻来实现。

此外，还有延时功能、热保护及删除功能等。UAA4002 集成基极驱动模块得到经常应用。

二、电压驱动型器件的驱动电路

电力 MOSFET 和 IGBT 是电压驱动型器件。

1. 对电压驱动型器件驱动电路的要求

1）驱动脉冲要有足够快的上升和下降速度，即脉冲的前后沿要求陡峭。

2）开通时以低电阻对栅极电容充电，关断时为栅极电荷提供低电阻放电回路，以提高开关速度。电力 MOSFET 的栅源极之间和 IGBT 的栅射极之间都有数千皮法左右的极间电容，为快速建立驱动电压，要求驱动电路具有较小的输出电阻。

3）为了器件可靠导通，开通脉冲电压的幅度应高于管子的开启电压；为了防止误导通，在器件截止时提供负的栅－源或栅－射极电压。一般使电力 MOSFET 开通的栅源极间驱动电压取 10～15V，使 IGBT 开通的栅射极间驱动电压取 15～20V，关断时的负驱动电压取 −5～−15V。

4）电力 MOSFET 和 IGBT 开关时所需驱动电流为栅极电容的充放电电流，极间电容越大，所需的驱动电流也越大。

2. 专用集成驱动电路芯片

图 3-9 给出了电力 MOSFET 的一种驱动电路，它也包括电气隔离和晶体管放大电路两部分。当无输入信号时，高速放大器 A 输出负电平，V_3 导通输出负驱动电压；当有输入信号时，A 输出正电平，V_2 导通输出正驱动电压。

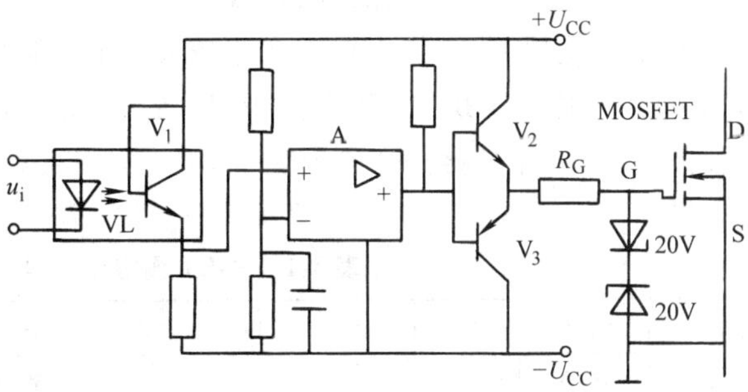

图 3-9　电力 MOSFET 的一种驱动电路

常见的专为驱动电力 MOSFET 而设计的混合集成电路有三菱公司的 M57918L，其输入信号电流幅值为 16mA，输出最大脉冲电流为 +2A 和 −3A，输出驱动电压 +15V 和 −10V。

IGBT 的驱动多采用专用的混合集成驱动器。常用的有三菱公司的 M579 系列（如 M57962L 和 M57959L）和富士公司的 EXB 系列（如 EXB840、EXB841、EXB850 和 EXB851）。同系列不同型号的驱动器其引脚和接线基本相同，只是适用被驱动器件的容量和开关频率及输入电流幅值等参数不同。

图 3-10 所示为 EXB841 驱动器原理框图。该电路具有隔离强度高、反应速度快、一致性和稳定性较好以及可以对 IGBT 实施过电流保护等优点。

控制信号从 EXB841 的⑭、⑮端输入，当控制信号为高电平时，从③端输出脉冲控制 IGBT 导通；②端和⑨端分别接电源电压的正负极；⑥端经外接快速恢复二极管 VD 与被驱

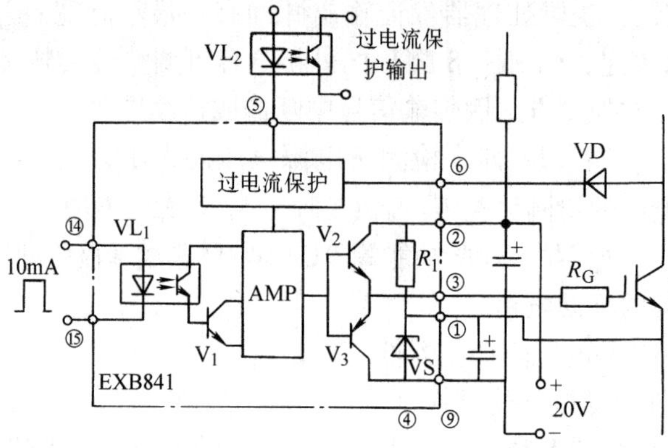

图 3-10　采用 EXB841 的 IGBT 驱动器

动的 IGBT 集电极连接，相当于过电流检测信号的输入端；④、⑤为过电流保护输出端。驱动器电源通过 R_1 和 VD 分为 +15V 及 5V 两部分。当来自控制电路的控制脉冲进入光耦合器 V_1 后，放大器使 V_3 导通，IGBT 栅极即得到一个 +15V 的驱动信号并导通。当控制信号消失后，VS 导通，此时 IGBT 即得到一个 −5V 的栅射极电压并截止。IGBT 在导通期间过电流时，会脱离饱和状态，使集射极间电压 U_{CE} 升高。驱动器内的保护电路通过 VD 检测到这一状态后，一方面在 10μs 内逐步降低栅压，使 IGBT 进入软关断状态，另一方面通过光耦 VL_2 向控制电路发出过电流信号。

使用 IGBT 专用驱动电路时应注意下列几点：

1）驱动电路与 IGBT 栅射极接线长度应小于 1m，并使用双绞线，以提高抗干扰能力。

2）如果发现 IGBT 集电极上产生较大的电压脉冲，应增加栅极串接电阻 R_G 的阻值。表 3-1 所列为不同的 IGBT 时栅极串接电阻 R_G 的参考值。

3）图 3-10 中外接两个电容为 47μF，是用来吸收电源接线阻抗变化引起的电源电压波动。

表 3-1　IGBT 栅极串接电阻 R_G 的参考值

IGBT 额定值/A	500V	10	15	30	50	100	150	200	300	400	
	1000V		5	15	25	50	75	100	150	200	300
R_G/Ω		250	150	82	50	25	15	12	8.2	5	3.3

第二节　电力电子器件的保护

在电力电子电路中，为确保变流电路正常工作，除了适当选择电力电子器件参数、设计良好的驱动电路外，还要采用必要的保护措施，即过电压保护、过电流保护、$\Delta u/\Delta t$ 及 $\Delta i/\Delta t$ 的限制。

一、过电压保护

1. 过电压产生原因及分类

过电压产生的原因主要是供给的电功率或系统的储能发生了激烈的变化，使得系统能量来不及转换，或者系统中原来积聚的电磁能量不能及时消散而造成的。

过电压主要表现为两种类型：一是开关的闭合、断开引起的冲击过电压（也称为操作过电压）；二是雷击或其他外来冲击过电压，这两种均为外因过电压，除此之外，还有内因过电压。内因过电压主要来自电力电子装置内部器件的开关过程，包括：

1）换相过电压：由于晶闸管或者与全控型器件反并联的续流二极管在换相结束后不能立刻恢复阻断能力，因而有较大的反向电流流过，使残存的载流子恢复。而当其恢复了阻断能力时，反向电流急剧减小，这样的电流突变会因线路电感而在晶闸管阴阳极之间或与续流二极管反并联的全控型器件两端产生过电压。其值与换相结束后的反向电压有关，反向电压越高，则过电压值越大，可达到工作电压峰值的 5 ~6 倍，其表现为图 3-11 所示的尖峰电压。

2）关断过电压：全控型器件在较高频率下工作，当器件关断时，因正向电流的迅速降低而由线路电感在器件两端感应出的过电压。

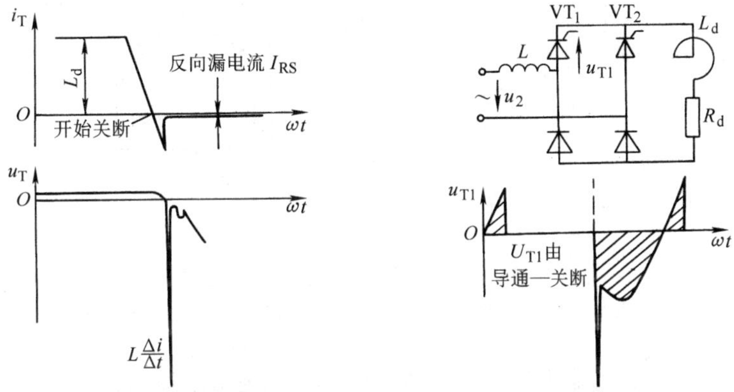

图 3-11　电力电子器件换相（关断）时的尖峰过电压波形

2. 过电压保护措施

（1）操作过电压的保护　针对形成过电压的不同原因，可以采取不同的抑制方法，如减少过电压源，使过电压幅值衰减；抑制过电压能量上升的速率，延缓已产生的能量消散速度，并增加其消散的途径；采用电子线路进行保护，最常用的是在回路中接入吸收能量的元件，称吸收回路或缓冲回路。

图 3-12 所示的阻容元件是用于吸收晶闸管关断时的过电压，图中 L 为回路漏感，电容 C 起主要的吸收尖峰过电压能量的作用，为了防止 LC 串联谐振时在电容两端产生更高的谐振电压，在电容回路中串入阻尼电阻 R。

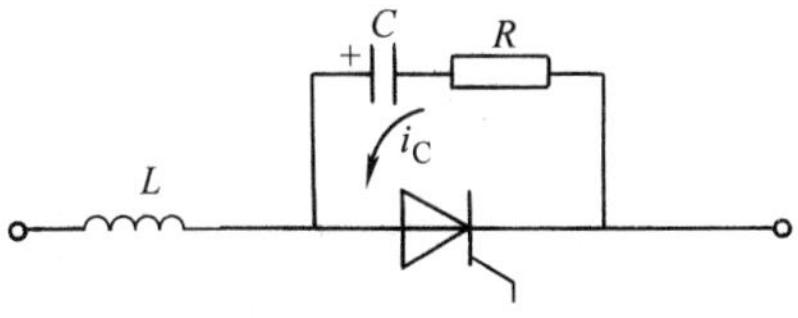

图 3-12　吸收关断过电压的电路

抑制过电压的 RC 吸收回路在交流侧的几种不同接法如图 3-13 所示。

（2）浪涌（雷击）过电压的保护　上述阻容吸收电路的时间常数是固定的，有时对雷击或从电网窜入的时间短、峰值高、能量大的过电压来不及放电，抑制过电压的效果较差，需要在变流装置的进、出线端并接压敏电阻等非线性元件。

压敏电阻是以氧化锌为基体的金属氧化物非线性电阻，其结构为两个电极，电极之间填充有氧化铋等晶粒界层。在正常电压作用下晶粒界层呈高阻态，仅有小于 100μA 的漏电流；

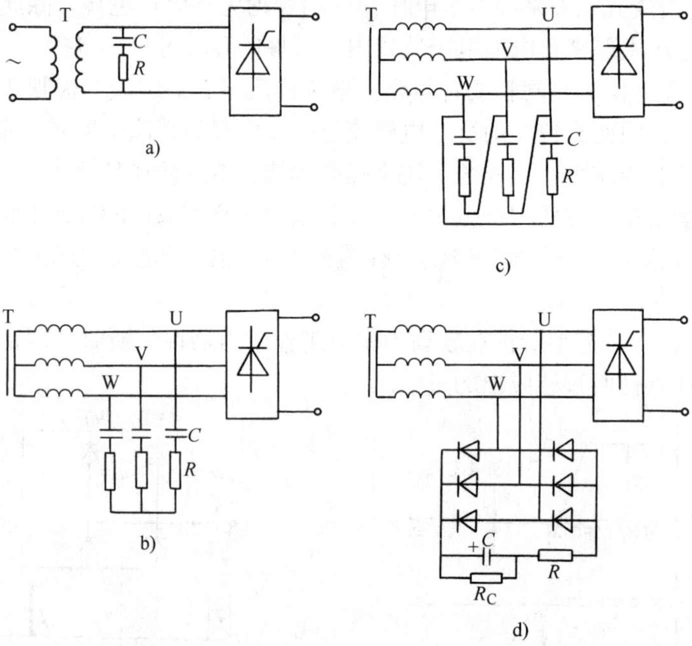

图 3-13　交流侧阻容吸收电路的几种接法

a）单相联结　b）三相星形联结　c）三相三角形联结　d）三相整流联结

过电压时引起电子雪崩，晶粒界层迅速变成低阻抗，使电流迅速增大，而泄漏能量抑制过电压，起到保护晶闸管的作用。

如图 3-14 所示，将压敏电阻接于交流输入侧的单相联结或三相星形联结。实用中还可将压敏电阻与桥臂功率电子元器件并联、三相交流输入侧三角形联结及并联于整流输出端作为直流侧过电压保护。压敏电阻通流容量大，残压低，抑制过电压能力强，平时漏电流小，放电后不会有续流，元件的标称电压数值广，便于用户选择，伏安特性对称，对于交、直流或正、负浪涌电压均有较好的吸收效果，因此用途广泛。

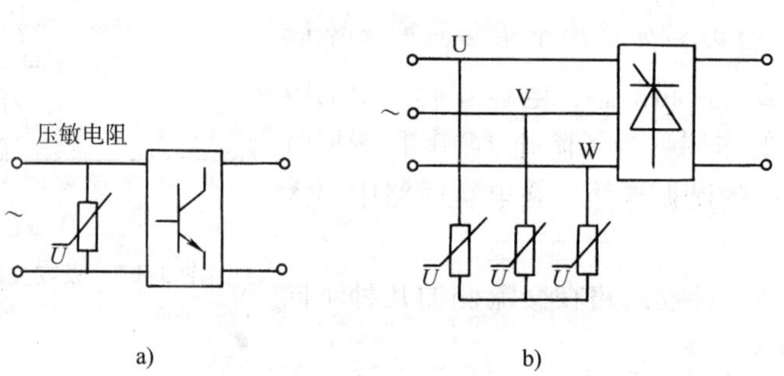

图 3-14　压敏电阻的接法

a）单相联结　b）三相星形联结

图 3-15 示出了各种过电压保护措施及其配置位置，各电力电子装置可视具体情况只采用其中的几种。其中 RC_3 和 RCD 为抑制内因过电压的措施，其功能已属于缓冲电路的范畴。

在抑制外因过电压的措施中，采用 RC 过电压抑制电路是最为常见的，RC 过电压抑制电路可接于供电变压器的两侧或电力电子电路的直流侧。对大容量的电力电子装置，可采用图 3-15 所示的反向阻断式 RC 电路。有关保护电路的参数计算可参考相关的工程手册。

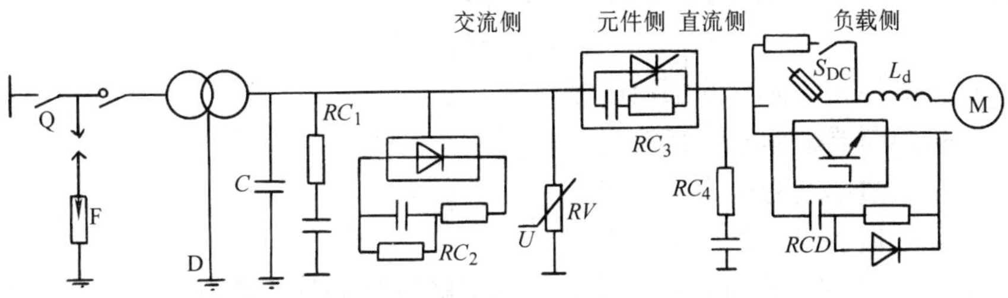

图 3-15　过电压抑制措施及配置位置示意图

F—避雷器　D—变压器静电屏蔽层　C—静电感应过电压抑制电容

RC_1—阀侧浪涌过电压抑制　RC_2—阀侧反向阻断式浪涌过电压抑制　RV—压敏电阻过电压抑制

RC_3—阀器件换相过电压抑制　RC_4—直流侧抑制　RCD—阀器件关断过电压抑制

二、过电流保护

由于电力电子器件管芯体积小、热容量小，特别是在高电压、大电流应用时，结温必须受到严格的控制，当晶闸管中流过大于额定值的电流时，热量来不及散发，使得结温迅速升高，最终将导致结层被烧毁。

产生过电流的原因有多种多样，如变流装置本身功率器件损坏、驱动电路发生故障、控制系统发生故障；交流电压过高、过低或者缺相；负载过载或短路及相邻设备故障影响等，都是导致电力电子器件过电流的因素。

过电流保护方法较常用的有以下几种：

1. 快速熔断器保护

快速熔断器保护是最简单有效的过电流保护元件。快速熔断器的熔体是由银质熔丝埋于石英砂内。它与普通熔断器相比，具有快速熔断的特性，在通常的短路过电流时，熔断时间小于 20ms，可在晶闸管损坏之前快熔，切断短路故障。

快速熔断器的使用一般有图 3-16 所示的三种接法，其中在桥臂中串接熔断器的保护效果最好，但使用的熔断器较多。图 3-16c 所示，在直流侧接一只熔断器，它只能保护负载的故障情况，当晶闸管本身短路时则无法起保护作用。

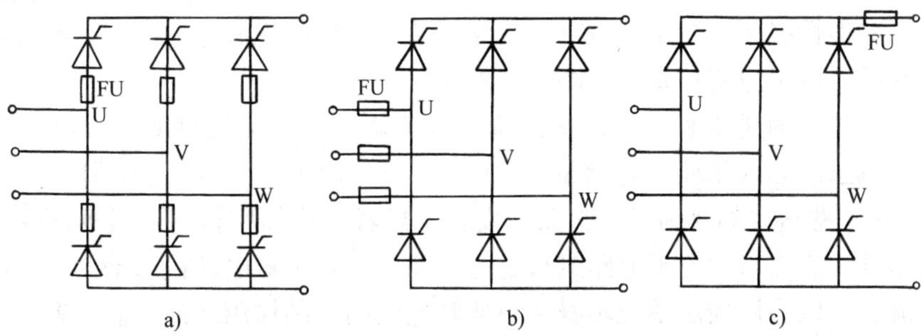

图 3-16　快速熔断器保护的接法

a）串于桥臂中　b）串于交流侧　c）串于直流侧

选择快速熔断器时要注意：

1）快速熔断器的额定电压应大于线路正常工作电压有效值。

2）快速熔断器额定电流应大于或等于熔体的额定电流，如图3-16a所示。串于桥臂中的快速熔断器熔体的额定电流有效值可按下式求取

$$1.57I_{T(AV)} \geqslant I_{FU} \geqslant I_{TM}$$

式中 $I_{T(AV)}$——被保护晶闸管的额定电流；

I_{FU}——熔断器熔体电流有效值；

I_{TM}——流过晶闸管电流有效值。

2. 电子线路控制的过流保护

如图3-17所示电路，它可在过电流时实现对触发脉冲移相控制，也可在过电流时切断主电路电源，达到保护目的。其过程是：通过电流互感器T检测主回路的电流大小，一旦出现过电流时，电流反馈电压U_{fi}增大，稳压管VS_1被击穿，晶体管V_1导通。一方面由于V_1导通，集电极变为低电位，VS_2截止输出高电平去控制触发电路，使触发脉冲迅速往α增大的方向移动，使主电路输出电压迅速下降，负载电流也迅速减小，达到限制电流的目的。另一方面，由于V_1导通使灵敏继电器KA得电并自锁，断开主电路接触器KM，切断交流电源，实现过流保护；调节电位器RP，可调节被限制的电流大小；HL为过电流指示灯，在过电流故障排除后，按下SB按钮，使保护电路恢复等待状态。

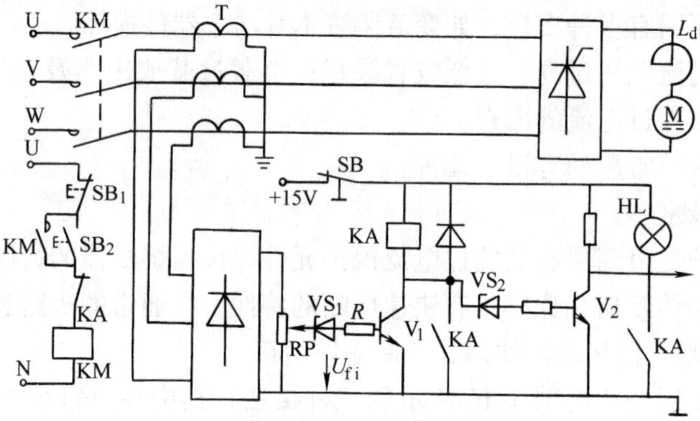

图3-17 电子控制的过流保护电路

在大容量的电力变流系统中，通常将电子过流保护装置、快速熔断器及其他继电保护措施同时使用。一般情况下，总是让电子过流保护装置等措施先起保护作用，而快速熔断器作为最后一道保护，以尽量避免直接烧断快速熔断器。

除了上述所讨论的过压和过流保护措施之外，通常还在交流侧或整流电路的每个桥臂中，串入空心电感或套入磁环（电感量为20~30μH）用于限制电压变化率$\Delta u/\Delta t$、电流变化率$\Delta i/\Delta t$。对一些重要的且易发生短路的设备，或者工作频率较高、很难用快速熔断器保护的全控型器件，需要采用电子电路进行过电流保护。除了对电动机起动的冲击电流等变化较慢的过电流，可以利用控制系统本身调节器对电流的限制作用之外，需设置专门的过电流保护电子电路，检测到过流之后直接调节触发或驱动电路，或关断被保护器件。图3-18示出了各种过电流保护措施及其配置位置，各电力电子装置可视具体情况只采用其中的几种。

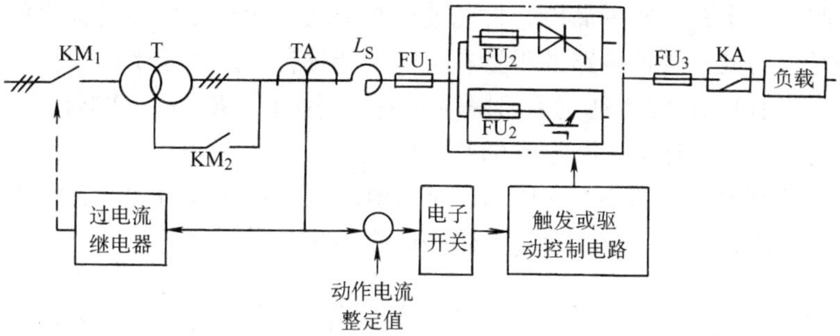

图 3-18　过电流抑制措施及配置位置

KM—接触器、短路器　T—变压器　TA—电流互感器

L_S—空心电感　FU—快速熔断器　KA—快速继电器

此外，常在全控型器件的驱动电路中设置或与驱动电路配合设置过电流保护环节，这对器件过电流的响应是最快的。图 3-19 为采用集电极电压识别方法的电路。它将集电极电压与门极驱动信号相“与”后输出过电流信号，如图 3-19a 所示，这一过电流信号反馈到主控电路，以切断栅极驱动信号，达到过电流保护的目的。过电流保护的基本原理如下。

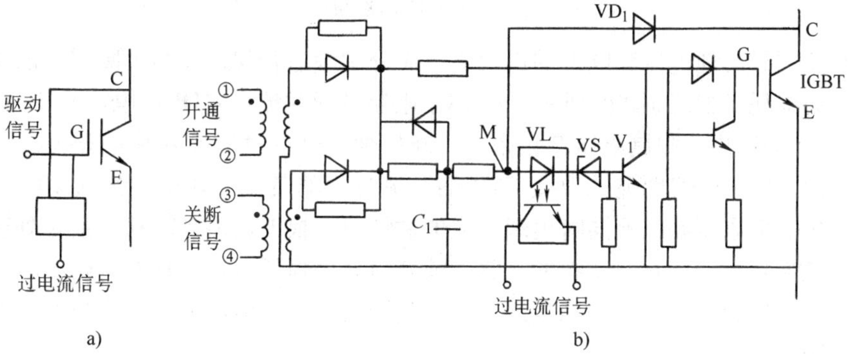

图 3-19　经集电极电压识别的 IGBT 过电流保护电路

脉冲变压器①、②端为输入开通驱动脉冲；③、④端输入关断信号脉冲，IGBT 正常导通时，C 点电位很低，并通过 VD_1 的钳位作用，U_M 只能低电平，V_1 管总是截止状态。一旦发生过电流现象，IGBT 的管压降 U_{CE} 升高，这时 VD_1 反向关断，阻止主回路高压窜入控制电路，于是电压 U_M 随 C_1 充电电压上升而增加。当过流现象持续一定时间时，U_M 达到稳压管 VS 的阈值，使稳压管导通，V_1 管也立即导通，栅极驱动信号被封锁，同时光耦合器 VL 发出过电流信号。

第三节　电力电子器件的缓冲电路

缓冲电路也称为吸收电路，它是指在电力电子器件电极上附加的电路，通常由电阻、电容、电感及二极管组成，如图 3-20b 所示。其目的在于降低浪涌电压、减少器件的开关损耗、避免器件二次击穿、抑制电磁干扰、减小 $\Delta u/\Delta t$、$\Delta i/\Delta t$ 的影响以及提高电路的可靠性。电力电子器件的可靠性与它在电路中承受的各种应力（电的、热的）有关，所承受的应力越低工作可靠性越高。电力电子器件在开通时流过很大电流，阻断时承受很高的电压，在开关转换的瞬间，电路中各种储能元件的能量释放还将导致器件经受很大的冲击，有可能造成器件的损坏。为此，缓冲电路的设置在电力半导体器件运用技术中十分重要。

在图 3-20 中假设元件参数选定后所对应开关周期 $T \geqslant L/R = \tau$，且器件开通时间 t_{on} 与关断时间 t_{off} 均小于 τ。在开通与关断过程的某一时刻，会出现集电极电压 u_C 和集电极电流 i_C 同时达到最大值的情况，如图 3-20a 所示，这时瞬时开关损耗也最大。其开关过程的负载线轨迹如图的虚线所示，如图 3-20c 中右上侧的曲线均超过了安全工作区界限。

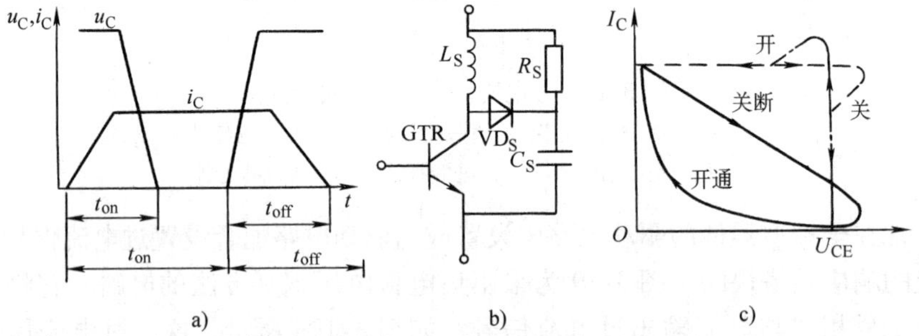

图 3-20　GTR 的开关波形与缓冲电路

a）开关波形　b）缓冲电路　c）负载轨迹

为了避免同时出现电压和电流的最大值，应分别考虑开起缓冲与关断缓冲的设置，以减少器件的开关损耗。如图 3-20b 所示，L_S 用于限制开通时流过 GTR 的电流变化率 di/dt 及开通损耗，C_S 及 VD_S 用于限制电压变化率及关断损耗。这一过程实际是把开关损耗由器件本身转移到缓冲电路内，将明显地改变 GTR 的开关过程的负载线轨迹如图 3-20c 中的实线所示，避免了集电极电压和电流同时出现最大值的情况。根据这些被转移的能量处理与消耗方法，引出了耗能式与馈能式两类缓冲电路。前者将开关损耗能量消耗在电阻上，这种电路简单，但效率低，后者将开关损耗能量以适当方式回馈给供电电源或者再提供给用电负载，其效率高但电路复杂。

一、耗能式缓冲电路

1. 关断缓冲电路

图 3-21a 所示为典型的耗能式关断缓冲电路。当 IGBT 关断时，负载电流经二极管 VD_S 给电容器 C_S 充电，根据电容两端电压不能突变的原理，IGBT 集电极与发射极两端的电压上升率 $\Delta u/\Delta t$ 受到限制，电容越大，$\Delta u/\Delta t$ 越小。由于集电极电压被电容电压牵制，因此，不会再出现集电极电压与集电极电流同时为最大的情况，因而也不会出现最大瞬时尖峰功耗。图 3-21b、c 分别为不接缓冲电容和接有缓冲电容情况下集电极电流和电压波形。由图可见，在没有缓冲电容时，集电极电压上升时间极短，可以忽略，其关断过程只考虑集电极电流的变化，在关断初期将会出现极大的瞬时关断损耗；当缓冲电容加入后，情况发生变化，集电极电压缓慢上升。如果缓冲电容较大则 τ 较大，当集电极电流下降到零以后，集电极电压才逐渐上升至电源电压，如图 3-21c 中虚线所示；若缓冲电容较小，则 τ 较小，集电极电压上升较快。两种情况的瞬时关断损耗是不同的，缓冲电容越大瞬时关断损耗越小。

加入缓冲电容后，IGBT 的功率损耗确实下降了，但缓冲电路的功耗增加，因为在 IGBT 关断之后，缓冲电容 C_S 的端电压将充至电源电压 U_{CC}，并存储 $C_S U_{CC}^2/2$ 的能量，当下一次 IGBT 开通时，电容 C_S 将经电阻 R_S 和 IGBT 放电，电容 C_S 上储存的能量基本上消耗在电阻

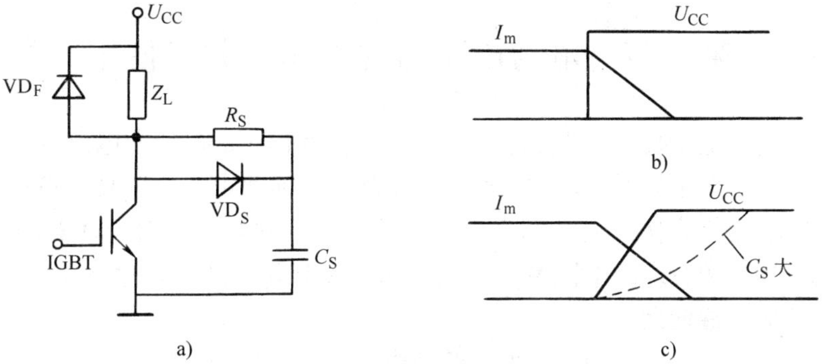

图 3-21　耗能式缓冲电路及波形

a）关断缓冲电路　b）无缓冲电容　c）有缓冲电容

R_S 上，故称耗能式关断缓冲电路。图中 VD_F 为负载 Z_L 提供续流通路。

2. 开通缓冲电路

开通时的关键因素是 $\Delta i/\Delta t$，稳态电流值越大，开通时间越短，则 $\Delta i/\Delta t$ 影响越严重，为了限制 $\Delta i/\Delta t$ 的大小，常采用串联电感的方法进行缓冲，典型的开通缓冲电路及相应的GTR 电流、电压开通波形示于图 3-22 中。开通缓冲电路由电感 L_S、二极管 VD_S 与 GTR 集电极串联组成，如图 3-22a 所示。在 GTR 开通过程中，在集电极电压下降期间，电感 L_S 限制了电流的上升率 $\Delta i/\Delta t$；当 GTR 关断时，存储在电感 L_S 中的能量 $L_S I_m^2/2$ 通过二极管 VD_S 的续流作用而消耗在 VD_S 和电感本身的电阻上。

图 3-22b 表示无缓冲电路时的电流、电压开通波形。在开通的瞬间集电极电流达最大稳态值 I_m，而集电极电压则以线性速度下降，故在开通瞬间出现较大的开通尖峰功耗。图 3-22c为加入缓冲电路后的情况，其集电极电流 i_C 的上升时间变长。电感量越大，上升速度越慢，即电流上升率 $\Delta i/\Delta t$ 越小，如图 3-22c 中的虚线所示，当集电极电压已降为零时，集电极电流仍然较小，对应的开通损耗也就较小。电流上升时间常数 $\tau \approx L_S/R_S$。

3. 复合缓冲电路

在实用中，总是将关断缓冲电路与开通缓冲电路结合在一起的，称为复合缓冲电路，如图 3-23 所示。在 GTR 开通时，缓冲电容经 C_S、R_S、L_S 回路放电，减少了 GTR 承受的电流上升率 $\Delta i/\Delta t$，电感 L_S 还可限制续流二极管 VD_F 的反向恢复电流，其余作用如上述。

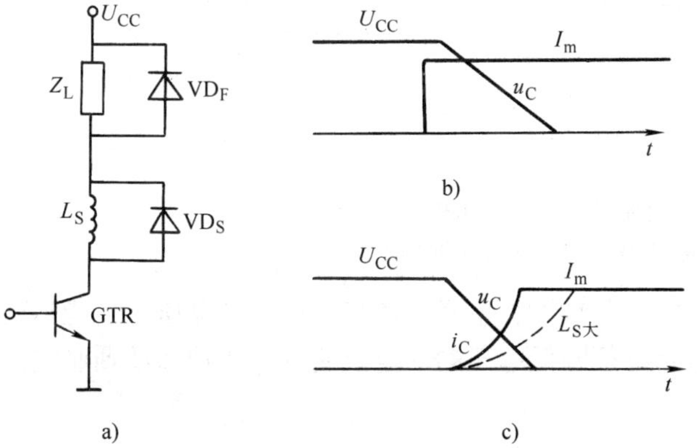

图 3-22　开通缓冲电路及波形

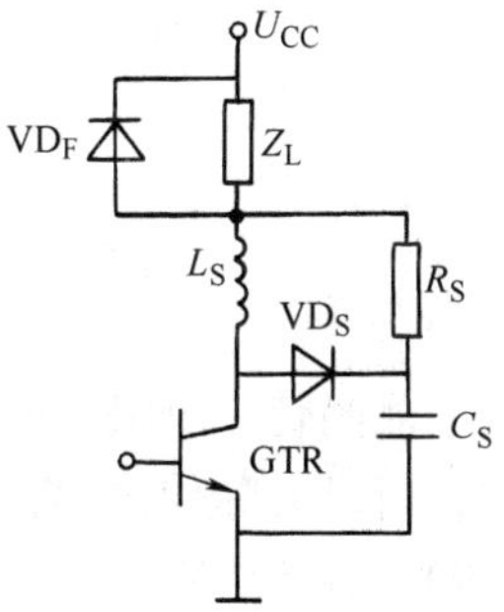

图 3-23　复合缓冲电路

第四节　电力电子器件的串、并联使用

对较大型的电力电子装置，当单个电力电子器件及模块的电压或电流定额不能满足要求时，往往需要将电力电子器件串联或并联起来工作，或者将电力电子装置串联或并联起来工作。本节将先以晶闸管为例简要介绍电力电子器件串、并联应用时应注意的问题和处理措施，然后概要介绍应用较多的电力 MOSFET 并联以及 IGBT 并联的一些特点。

一、晶闸管的串联使用

由于串联器件的开关特性的分散性、驱动电路的触发信号传递滞后、时间分散性等因素的存在，即使挑选同一型号管子，都会造成串联元件上的分压不均。如图 3-24a 所示，曲线①、②分别为晶闸管 VT_1 和 VT_2 的阳极反向伏安特性曲线。若将它们串联使用，流过的反向漏电流虽然一样，但分配的反向电压不一样：VT_1 管小、VT_2 管大。存在着明显的分压不均现象，严重时会造成 VT_2 因反向过压而先被击穿损坏，VT_1 随之也被击穿损坏的连锁现象。为此在实际应用中，除了要挑选相同型号规格的元件外，还要采取均压措施。

如图 3-24b 所示，在串联元件上并联阻值相等的电阻 R_j，R_j 称之为均压电阻。由于 R_j 阻值比管子的漏电阻小得多，所以并联 R_j 后元件两端的电阻值基本相等，因而在正反向阻断状态时所承受的电压也基本相等，这种均压也称为静态均压。

并联均压电阻 R_j 后，使直流电压或缓慢变化的电压均匀分配在各串联元件上。对于晶闸管导通与关断过程中的均压问题，被称为动态均压。通常在元件两端并联 R、C 阻容吸收回路，如图 3-24b 所示。它既可起过电压保护作用，又可利用电容电压不能突变而减慢元件上的电压变化，以实现动态均压的目的。

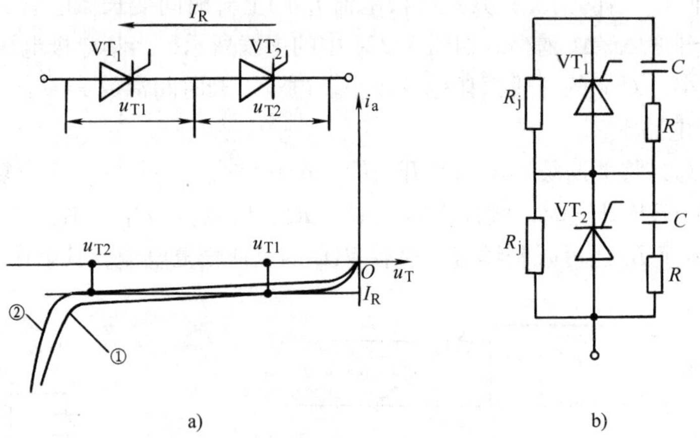

图 3-24　晶闸管串联与均压措施

a）反向电压分配不均　b）均压措施

由于晶闸管、电阻、电容等元件参数的分散性，串联元件实际承受的电压还不能达到完全均匀，所以实际使用中，串联的晶闸管必须降低电压的额定值使用，通常降低到额定值的 80%～90%。

二、晶闸管的并联使用

采用相同型号规格的晶闸管并联，可以增大变流装置的输出电流。由于并联元件的正向特性不一致，就会造成电流分配的不均匀，如图 3-25a 所示。为使并联元件的电流均匀分配，除了选择特性比较一致的元件外，还应采取均流措施。

1. 电阻均流法

图 3-25b 为串联电阻均流电路。均流电阻 R_j 的数值选择原则是以元件最大工作电流时，电阻压降 U_{Rj} 为元件正向压降 $U_{T(AV)}$ 的 1 ~2 倍。50A 的元件均流电阻为 0.04Ω。由于电阻功耗较大，所以它只适用于小电流晶闸管。

图 3-25c 为串联电抗器均流电路。其均流原理是利用电抗器上感应电动势的作用，使管子的电压分配发生变化，原来电流大的管子管压降降下来；电流分配小的管子管压降升上去。以迫使并联管中电流分配基本一致。

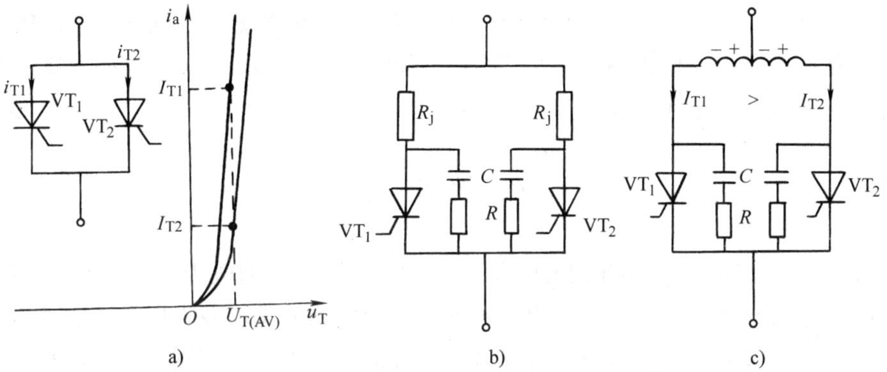

图 3-25　晶闸管并联与均流措施

a）电流分配不均　b）电阻均流　c）电抗均流

2. 电抗均流法

同样，虽然采用了均流措施，并联管中电流分配仍然不可能完全一样，故在选择每个管的电流定额时，还必须适当放大电流的余量。

在大电流高电压设备中，还广泛采用如图 3-26 所示的整流变压器二次侧分组整流，然后再成组串联或并联的办法。这样一来，每个单组就不必设置均压与均流措施，使电路更为

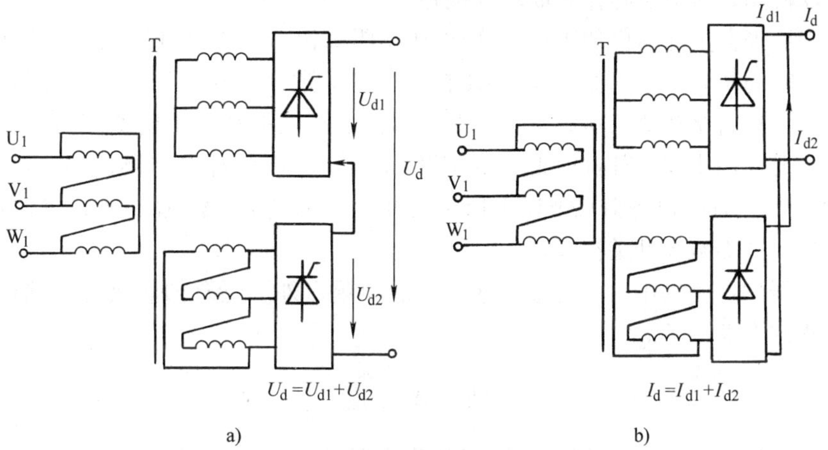

图 3-26　变流装置的成组串联和并联

a）成组串联　b）成组并联

简化。变压器的两组二次绕组，通常是一组接成星形，而另一组接成三角形。两组输出电压 U_{d1}、U_{d2}的波头相位差为30°，使输出电压每周12脉波，进一步减少脉动与纹波，使整流指标更好。

三、电力MOSFET和IGBT并联运行的特点

电力MOSFET的通态电阻 R_{on}具有正的温度系数，并联使用时具有电流自动均衡的能力，因而并联使用比较容易，但也要注意选用通态电阻 R_{on}、开启电压 U_T、跨导 G_{fS}和输入电容 C_{iss}尽量相近的器件；电路走线和布局应尽量做到对称；为了更好地动态均流，有时可以在源极电路中串入小电感，起到均流电抗器的作用。

IGBT的通态压降在1/2或1/3额定电流以下的区段具有负的温度系数，在1/2或1/3额定电流以上的区段则具有正的温度系数，因而IGBT在并联使用时也具有电流的自动均衡能力，与电力MOSFET类似，易于并联使用。当然，实际并联时，在器件参数选择、电路布局和走线等方面也应尽量一致。

本章小结

本章以GTO、GTR、功率MOSFET、IGBT为常用的全控型电力电子器件为例，按电流控制型和电压控制型两类型器件，介绍了各自对驱动电路的基本要求以及各驱动电路的自身特点。相应的驱动电路形式多样，本章仅以典型又常用的电路，特别是常用的集成驱动芯片作一点介绍。

保护与缓冲措施在半控型及全控型电力电子电路中都被广泛采用，器件的工作频率不同，选用的外接元件参数也就不同。在普通晶闸管的应用中，也有开通和关断缓冲电路，SCR开通时，为防止 $\Delta i/\Delta t$ 过量而烧坏器件，有时在SCR主电路中串入一个电感以便限制 $\Delta i/\Delta t$ 的过量，所串电感及其配件组成了所谓开通缓冲电路。由于该电感与开关元件串联使用，所以也称串联缓冲电路。SCR关断时，为了抑制瞬时过电压和防止因 $\Delta u/\Delta t$ 过量而引起SCR的误触发，可在SCR两端并联一个 RC 网络，构成关断缓冲电路。由于该 RC 网络与开关元件并联使用，所以也称作并联缓冲电路。

GTR、GTO等自关断器件的工作频率比SCR要高得多，因此开通与关断损耗是影响开关器件正常运行的重要因素。尤其是GTR在动态开关过程中易产生二次击穿的现象，这种现象又与开关损耗直接相关，所以减少自关断器件的开关损耗是正确使用器件的必备措施，缓冲电路的主要作用也正是如此。此外对GTO来说，关断缓冲电路还起着抑制 $\Delta u/\Delta t$、防止误触发的作用。GTR和功率MOSFET使用缓冲电路抑制 $\Delta i/\Delta t$ 和 $\Delta u/\Delta t$ 主要是为改变器件的开关轨迹，进而减少开关损耗。

电力电子器件在使用中除了上述一些共性的问题之外，还有如散热等问题未提出讨论，也有待读者查阅有关专著。

自 测 题

1. 说明GTO门极控制电路基本结构。关断控制受到哪些电路参数的影响？
2. 画出GTO门极控制信号的推荐波形，采用这样的波形对GTO的开通与关断控制有什么好处？
3. GTO的门极驱动型式分为哪两类？分别说明其电路的基本组成。

4. 对于开通和关断状态下的 GTR 的驱动电路一般应满足哪些要求？

5. “功率 MOSFET、IGBT 的栅极绝缘，为电压控制器件，其栅极驱动功率为零。”这一说法是否正确？为什么？

6. 功率 MOSFET 对栅极驱动电路有哪些要求？

7. 功率 MOSFET 的栅极驱动电路有哪两种主要形式？各画出一个电路加以说明。

8. 导致晶闸管过电压、过电流原因各有哪些？分别应采取什么样的保护措施？

9. 为什么要对功率 MOSFET 进行静电保护？静电保护措施有哪些？

10. 功率 MOSFET 元件运行时应采取什么保护措施？

11. GTR 缓冲电路的作用是什么？有哪些缓冲电路形式？

12. GTO 为什么要设置缓冲电路？说明缓冲电路的工作原理。

13. 晶闸管在串联、并联使用中分别应注意些什么？

第四章　可控整流电路

可控整流电路是应用广泛的电能变换电路，它的作用是将交流电变换成大小可以调节的直流电，为直流用电设备（要求电压可调）供电，如电炉的温度控制、直流电动机的转速控制、同步发电机的励磁调节控制、电镀及电解电源控制等设备或装置。

可控整流电路的结构形式视用电负载容量大小不同而定，通常小容量（4kW 以下）的负载供电采用单相可控整流，它具有电路简单、投资省、维护方便等优点；对于容量较大的负载，采用三相可控整流电路可满足负载对高电压大电流的需求，同时也保证负载上的直流电压脉动小，供电的交流电网三相平衡。

第一节　单相半波可控整流电路

用晶闸管组成的可控整流电路有多种形式，电路的负载有电阻、电感及反电动势等。负载不同，电路形式不同，可控整流电路的工作情况也不一样。

一、电阻性负载

电炉、电焊机及白炽灯等均属于电阻性负载之列。电阻性负载的特点是：负载两端电压波形和流过的电流波形相同，大小成比例，电流、电压均允许突变。

图 4-1a 所示为单相半波电阻性负载可控整流电路，它由晶闸管 VT、负载电阻 R_d 及单相整流变压器 T 组成。T 用来变换电压，u_2 为二次侧正弦电压瞬时值；u_d、i_d 为整流输出电压和负载电流的瞬时值；u_T、i_T 分别为晶闸管两端电压和流过晶闸管电流的瞬时值；i_1、i_2 分别为流过整流变压器一次绕组和二次绕组电流的瞬时值；U_1、U_2 分别为一、二次电压有效值。

交流电压 u_2 通过 R_d 施加到晶闸管的阳极和阴极两端，在 $0\sim\pi$ 区间的 ωt_1 之前，晶闸管虽然承受正向电压，但因触发电路尚未向门极送出触发脉冲，所以晶闸管仍保持阻断状态，无直流电压输出。

在 ωt_1 时刻，触发电路向门极送出触发脉冲 u_g，晶闸管被触发导通。若不计管压降影响，则负载电阻 R_d 两端的电压波形 u_d 就是变压器二次电压 u_2 的波形，流过负载的电流 i_d 波形与 u_d 相似。由于二次绕组、晶闸管以及负载电阻是串联的，故 i_d 波形也就是流过晶闸管的电流 i_T 及流过整流变压器二次电流 i_2 的波形，如图 4-1b 所示。

在 $\omega t=\pi$ 时，u_2 下降到零，晶闸管因阳极电流也下降到零而被关断，电路无输出。在 u_2 的负半周即 $\pi\sim2\pi$ 区间，由于晶闸管承受反向电压而处于反向阻断状态，负载两端电压 u_d 为零。u_2 的下一个周期情况与上所述相同，循环往复。

在单相半波可控整流电路中，从晶闸管开始承受正向电压，到触发脉冲出现之间的电角度称为触发延迟角（亦称移相角）用 α 表示。晶闸管在一周期内导通的电角度称为导通角用 θ 表示，如图 4-1b 所示。

在单相半波可控整流电阻性负载电路中，触发延迟角 α 的控制范围为 $0\sim\pi$，对应的导通

角 θ 的可变范围是 $\pi \sim 0$，两者关系为 $\alpha + \theta = \pi$。从图 4-1b 波形可知，改变触发延迟角 α，输出整流电压 u_d 波形和输出直流电压平均值 U_d 大小也随之改变，α 减小，U_d 就增大，反之 U_d 就减小。

定量计算公式如下：

1. 负载上直流平均电压 U_d 与平均电流 I_d

负载上直流平均电压 U_d 与平均电流 I_d 根据平均值定义，u_d 波形的平均值 U_d 为

$$U_d = 0.45U_2 \frac{1 + \cos\alpha}{2} \tag{4-1}$$

$$\frac{U_d}{U_2} = 0.45 \frac{1 + \cos\alpha}{2} \tag{4-2}$$

$$I_d = \frac{U_d}{R_d} \tag{4-3}$$

由式（4-1）可知，输出直流电压平均值 U_d 与整流变压器二次侧交流电压 U_2 和触发延迟角 α 有关。当 U_2 给定后，U_d 仅与 α 有关，当 $\alpha = 0$ 时，则 $U_{d0} = 0.45U_2$ 为最大输出直流平均值电压。当 $\alpha = \pi$ 时，$U_d = 0$。只要控制触发脉冲送出的时刻，U_d 就可以在 $0 \sim 0.45U_2$ 之间连续可调。

2. 负载上电压有效值 U 与电流有效值 I

在计算选择变压器容量、晶闸管额定电流、熔断器以及负载电阻的有功功率等参量时均须按有效值计算。根据有效值的定义，U 应是 U_d 波形的方均根值，即

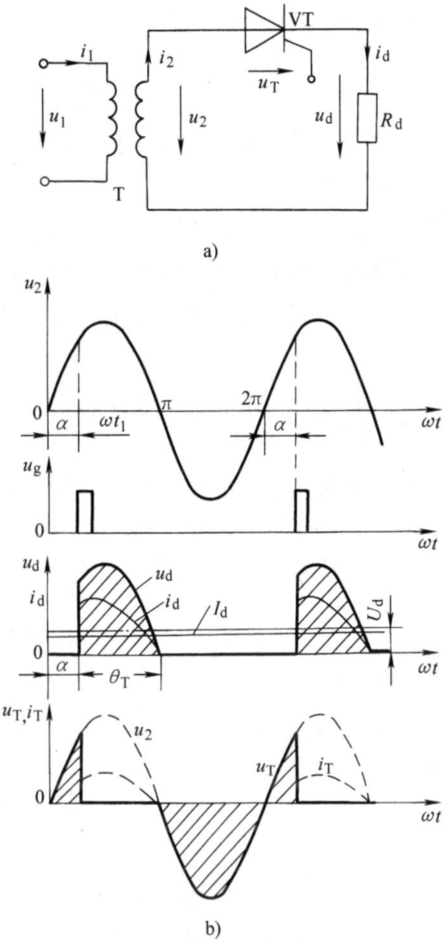

图 4-1　单相半波可控整流电路及波形
a）电阻性负载电路　b）波形图

$$U = U_2 \sqrt{\frac{\pi - \alpha}{2\pi} + \frac{\sin 2\alpha}{4\pi}} \tag{4-4}$$

而有效值电流为

$$I = U/R_d \tag{4-5}$$

3. 晶闸管电流有效值 I_t 与管子两端可能承受的最大正反向电压 U_{TM}

在单相半波可控整流电路中，晶闸管与负载串联，所以负载电流的有效值也就是流过晶闸管电流的有效值，其关系为

$$I_T = I = \frac{U}{R_d} \tag{4-6}$$

晶闸管可能承受的正反向峰值电压为

$$U_{TM} = \sqrt{2}U_2 \tag{4-7}$$

由式（4-3）与式（4-6）可得

$$\frac{I_T}{I_d} = \frac{I}{I_d} = \frac{I_2}{I_d} = \frac{\sqrt{\pi\sin 2\alpha + 2\pi(\pi - \alpha)}}{\sqrt{2}(1 + \cos\alpha)} \tag{4-8}$$

4. 功率因数 $\cos\varphi$

$$\cos\varphi = \frac{P}{S} = \frac{UI}{U_2 I} = \sqrt{\frac{1}{4\pi}\sin 2\alpha + \frac{\pi - \alpha}{2\pi}} \tag{4-9}$$

从式（4-9）看出，$\cos\varphi$ 是 α 的函数，$\alpha=0$ 时 $\cos\varphi$ 最大为 0.707。可见，单相半波可控整流电路中，即使是电阻性负载，由于存在谐波电流，变压器最大利用率也仅有 70%。α 愈大，$\cos\varphi$ 愈小，说明设备利用率就愈差。

例 4-1 单相半波可控整流电路，电阻性负载。要求输出的直流平均电压为 50 ~ 92V 之间连续可调，最大输出直流平均值电流为 30A，由交流电网 220V 供电。

试求：

1）触发延迟角 α 应有的可调范围。

2）最大的功率因数。

3）选择晶闸管型号规格（安全余量取 2 倍）。

解 1）由式（4-1）可得

当 $U_d = 50V$ 时，

$$\cos\alpha = \frac{20 \times 50}{0.45 \times 220} - 1 \approx 0$$

$$\alpha = 90°$$

当 $U_d = 92V$ 时，

$$\cos\alpha = \frac{20 \times 92}{0.45 \times 220} - 1 \approx 0.87$$

$$\alpha = 30°$$

2）当 $\alpha = 30°$时，输出直流电压平均值最大为 92V，这时负载消耗的有功功率也最大。当 $\alpha = 30°$时，由式（4-8）可得

$$I = 1.66 \times I_d = 1.66 \times 30A = 50A$$

$$\cos\varphi \approx 0.693$$

$$P = I^2 R = 50^2 \times \frac{92}{30} W = 7667W$$

3）当 $\alpha = 30°$时，流过晶闸管的电流有效值最大为 50A，额定电流为

$$I_{T(AV)} = 2 \times \frac{I_{Tm}}{1.57} = 2 \times \frac{50}{1.57} A = 64A$$

晶闸管的额定电压为

$$U_{Tn} = 2U_{TM} = 2\sqrt{2} \times 220V = 624V$$

取 $I_{T(AV)} = 100A$、$U_{Tn} = 700V$ 的晶闸管，型号为 KP100—7C。

二、电感性负载

工业应用中如直流电动机的励磁线圈、滑差电动机电磁离合器的励磁线圈以及输出串接平波电抗器的负载等，均属于电感性负载。为了便于分析，通常电阻与电感分开，视为电阻串电感形式的负载，如图 4-2 所示。

1. 无续流二极管时

电感线圈是储能元件，当电流流过线圈时，该线圈就储存磁场能量，流过的电流愈大，

线圈储存的磁场能量也就愈大。当 i_d 减小时，电感线圈将所储存的磁场能量释放出来，试图维持原有方向的电流，因而流过电感中的电流是不能突变的。当流过电感线圈的电流变化时，电感两端产生感应电动势 $u_L = -L_d\Delta i_d/\Delta t$，其方向总是阻止电流的变化。

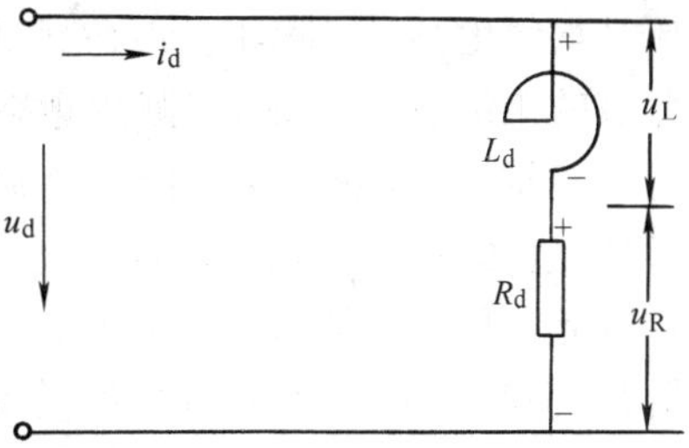

图 4-2 电阻串电感负载

电感线圈既是储能元件，又是电流的滤波元件，它使负载电流波形平滑。

图 4-3 为单相半波可控整流电感性负载电路。在 $0 \leqslant \omega t < \omega t_1$ 区间，u_2 虽然为正，但晶闸管无触发脉冲而不导通，负载上的电压 u_d、电流 i_d 均为零。晶闸管承受的电压为电源电压 u_2，其波形如图 4-3b 所示。

当 $\omega t = \omega t_1 = \alpha$ 时，晶闸管被触发导通，电源电压 u_2 突加在负载上，由于电感性负载中的电流不能突变，电路须经一段过渡过程，此时电路电压瞬时值方程如下

$$u_2 = u_L + u_R = L_d\frac{\Delta i_d}{\Delta t} + i_d R_d$$

在 $\omega t_1 < \omega t \leqslant \omega t_2$ 区间，晶闸管被触发导通后，由于 L_d 作用，电流 i_d 只能从零逐渐增大。到 ωt_2 时，i_d 已上升到最大值，$\Delta i_d/\Delta t = 0$。所以 $u_L = 0$，$u_2 = i_d R_d = u_R$。这期间电源 u_2 不仅要向负载 R_d 供给有功功率，而且还要向电感线圈 L_d 供给磁场能量的无功功率。

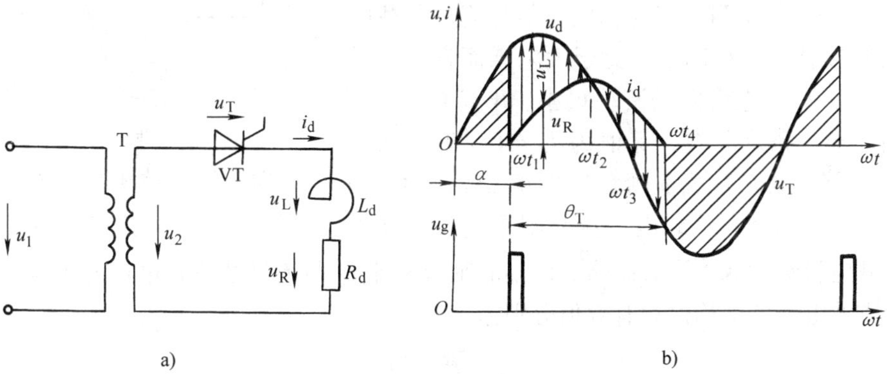

图 4-3 单相半波可控整流电感负载电路

a）电路 b）波形

在 $\omega t_2 < \omega t \leqslant \omega t_3$ 区间，由于 u_2 继续减小，i_d 也逐渐减小，在电感线圈 L_d 作用下 i_d 的减小要滞后于 u_2 的减小。这期间 L_d 两端感生的电动势方向阻碍 i_d 的减小，如图 4-3b 所示。负载 R_d 所消耗的能量，除由电源电压 u_2 供给外，还有部分是由电感线圈 L_d 所释放的能量供给。

在 $\omega t_3 < \omega t \leqslant \omega t_4$ 区间，u_2 过零开始变负，对晶闸管是反向电压，但是，由于 i_d 的减小在 L_d 两端所感生的电动势 u_L 极性对晶闸管是正向电压，故只要 u_L 略大于 u_2，晶闸管仍然承受着正向电压而继续导通，直至 i_d 减小到零才被关断。在此区间内，L_d 不断释放出磁场能量，除部分继续向负载电阻 R_d 提供消耗能量外，其余就回馈给交流电网 u_2。

当 $\omega t = \omega t_4$ 时，$i_d = 0$，即 L_d 磁场能量已释放完毕，晶闸管被关断，此后，周而复始。

由图 4-3b 可见，由于电感的存在，使负载电压 u_d 波形出现部分负值，导致负载上直流

电压平均值电压 U_d 减小。电感愈大，u_d 波形的负值部分占的比例愈大，使 U_d 减少愈多。当电感 L_d 足够大时（一般指 $X_L \geqslant 10R_d$ 时），负载上得到的电压 u_d 波形的正负面积接近相等，直流电压平均值 U_d 几乎为零。因此，单相半波可控整流电路用于大电感负载时，不管如何调节控制角 α，U_d 值总是很小，平均电流 $I_d = U_d/R_d$ 也很小，没有实用价值。

2. 接续流二极管时

为了使 u_2 过零变负时能及时地关断晶闸管，u_d 波形不出现负值，又能给电感线圈 L_d 提供续流的旁路，可以在整流输出端并联二极管，如图 4-4a 所示。由于该二极管是为电感负载在晶闸管关断时提供续流回路，故将此二极管简称为续流管，用 VD 表示。

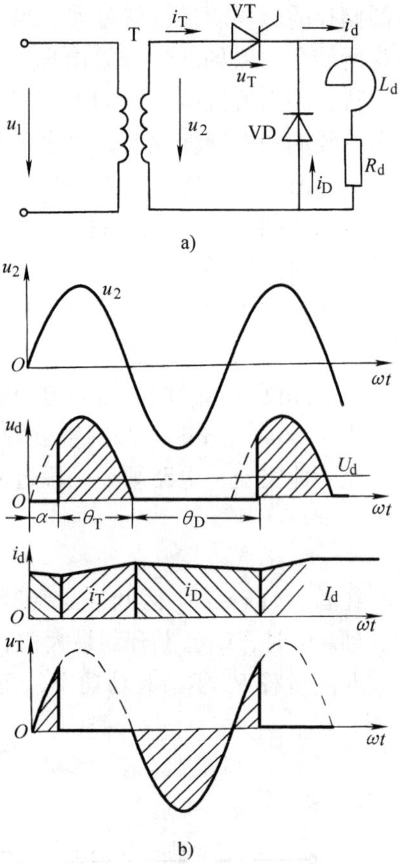

图 4-4　有续流管的单相半波可控整流电路及波形

在接有续流管的感性负载单相半波可控整流电路中，当 u_2 过零变负时，续流管承受正向电压而导通，晶闸管因承受反向电压而关断，i_d 就改经续流管而继续流通。续流期间续流管的管压降可忽略不计，所以负载电压 u_d 波形与电阻负载时相同。但是流过负载的电流 i_d 的波形就大不相同了，对于大电感而言，流过负载的电流 i_d 不但连续而且波动很小。电感愈大，i_d 波形愈接近于一条水平线，其值为 $I_d = U_d/R_d$，如图 4-4b 所示。负载电流 I_d 由晶闸管和续流二极管共同分担：晶闸管导通期间，负载电流从晶闸管流过；续流期间，负载电流经续流管形成回路。流过晶闸管电流 i_T 与流过续流管电流 i_D 的波形均近似为方波，方波电流的平均值和有效值分别为

$$I_{dT} = \frac{\pi - \alpha}{2\pi} I_d \tag{4-10}$$

$$I_T = \sqrt{\frac{\pi - \alpha}{2\pi}} I_d \tag{4-11}$$

$$I_{dD} = \frac{\pi + \alpha}{2\pi} I_d \tag{4-12}$$

$$I_D = \sqrt{\frac{\pi + \alpha}{2\pi}} I_d \tag{4-13}$$

式中　$I_d = U_d/R_d$，而 $U_d = 0.45U_2 \dfrac{1+\cos\alpha}{2}$。

晶闸管和续流二极管可能承受的最大正反向电压为 $\sqrt{2}U_2$，移相范围与阻性负载相同，即为 $0 \sim \pi$。

由于电感性负载中的电流不能突变，当晶闸管被触发导通后，阳极电流上升较缓慢，故要求触发脉冲的宽度要宽些（>20°），以免阳极电流尚未升到晶闸管擎住电流时，触发脉

冲已消失，从而导致晶闸管无法导通。

例 4-2 图 4-5 所示是中、小型发电机采用的单相半波自励稳压可控整流电路，当发电机满负载运行时，相电压为 220V，要求的励磁电压为 40V，已知励磁线圈的电阻为 2Ω，电感量为 0.1H。试求：晶闸管及续流管的电流平均值和有效值各是多少？晶闸管与续流管可能承受的最大电压各是多少？并选择晶闸管与续流管的型号。

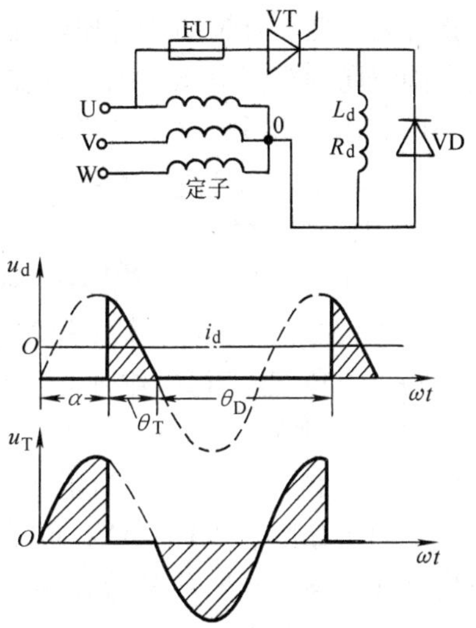

图 4-5 中小型发电机采用晶闸管自激稳压电路及波形

解 先求控制角 α

$$U_d = 0.45U_2\frac{1+\cos\alpha}{2}$$

$$\cos\alpha = \frac{2}{0.45}\times\frac{40}{220}-1 = -0.192$$

得 $$\alpha \approx 100°$$

则 $\theta_T = \pi - \alpha = 180° - 100° = 80°$

$$\theta_D = \pi + \alpha = 180° + 100° = 280°$$

由于 $\omega L_d = 2\pi f L_d = 2\times3.14\times50\times0.1\Omega = 31.4\Omega$，所以为大电感负载，各电量分别计算如下

$$I_d = \frac{U_d}{R_d} = \frac{40}{2}\text{A} = 20\text{A}$$

$$I_{dT} = \frac{180° - \alpha}{360°}\times I_d = \frac{180° - 100°}{360°}\times 20\text{A} = 4.4\text{A}$$

$$I_T = \sqrt{\frac{180° - \alpha}{360°}}\times I_d = \sqrt{\frac{180° - 100°}{360°}}\times 20\text{A} = 9.4\text{A}$$

$$I_{dD} = \frac{180° + \alpha}{360°}\times I_d = \frac{180° + 100°}{360°}\times 20\text{A} = 15.6\text{A}$$

$$I_D = \sqrt{\frac{180° - \alpha}{360°}}\times I_d = \sqrt{\frac{180° - 100°}{360°}}\times 20\text{A} = 17.6\text{A}$$

$$U_{TM} = \sqrt{2}U_2 = 1.42\times220\text{V} = 312\text{V}$$

根据以上计算选择晶闸管和续流二极管型号

$$U_{Tn} = (2\sim3)U_{TM} = (2\sim3)\times312\text{V} = 624\sim936\text{V}$$

$$I_{T(AV)} = (1.5\sim2)\frac{I_T}{1.57} = (1.5\sim2)\times\frac{9.4}{1.57}\text{A} = 9\sim12\text{A}$$

取 $U_{Tn} = 700\text{V}$，$I_{T(AV)} = 10\text{A}$；选晶闸管型号为 KP10—7。

$$U_{Dn} = (2\sim3)U_{DM} = (2\sim3)\times312\text{V} = 624\sim936\text{V}$$

$$I_{D(AV)} = (1.5\sim2)\frac{I_D}{1.57} = (1.5\sim2)\times\frac{17.6}{1.57}\text{A} = 16.8\sim22\text{A}$$

取 $U_{dn} = 700\text{V}$，$I_{D(AV)} = 20\text{A}$；选续流二极管型号为 ZP20—7。

第二节 单相桥式可控整流电路

单相半波可控整流电路，虽具有电路简单、投资小及调试方便等优点，但同时存在着电源电压仅半周工作、整流输出直流电压脉动大及设备利用率不高等缺点，一般仅适用于对整流指标要求低、容量小的可控整流装置。为了使交流电源电压 u_2 的另一半周期也能向负载输出同方向的直流电压，既减少输出电压 u_d 波形的脉动，又能提高输出直流电压平均值，常采用下述单相桥式整流电路。

一、单相桥式全控整流电路

1. 电阻性负载

（1）电路工作原理　图4-6为单相桥式全控整流电路，电路由4只晶闸管 VT_1、VT_3 和 VT_2、VT_4 两对桥臂、电源变压器T及负载电阻 R_d 组成。变压器二次电压 u_2 接在桥臂的中点a、b端。

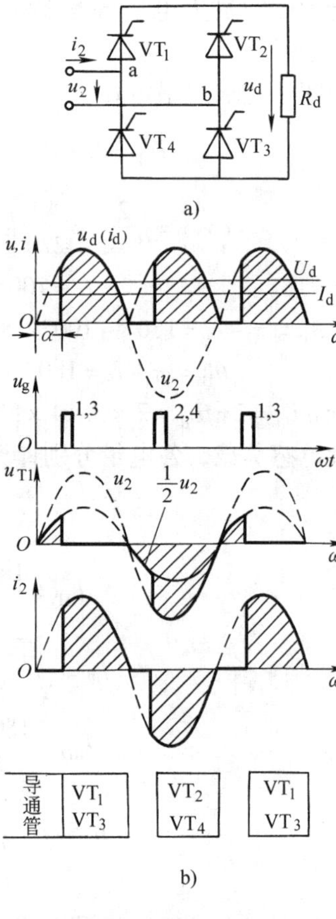

图4-6　单相全控桥电阻性负载

a）电路　b）波形

当变压器二次电压 u_2 为正半周时，a端电位高于b端电位，两个晶闸管 VT_1、VT_3 同时承受正向电压，如果此时门极无触发信号则两晶闸管均处于正向阻断状态。忽略晶闸管的正向漏电流，电源电压 u_2 将全部加在 VT_1、VT_3 上。当 $\omega t=\alpha$ 时，给 VT_1、VT_3 同时加触发脉冲，两只晶闸管立即被触发导通，电源电压 u_2 将通过 VT_1、VT_3 加在负载电阻 R_d 上，负载电流 i_d 从电源a端经 VT_1、电阻 R_d、VT_3 回到电源的b端。在 u_2 正半周期，VT_2、VT_4 均承受反向电压而处于阻断状态。由于设晶闸管导通时管压降为零，则负载 R_d 两端的整流电压 u_d 与电源电压 u_2 正半周的波形相同。当电源电压 u_2 降到零时，电流 i_d 也降为零，VT_1 和 VT_3 关断。

在 u_2 的负半周，b端电位高于a端电位，VT_2、VT_4 承受正向电压，当 $\omega t=\pi+\alpha$ 时，同时给 VT_2、VT_4 加触发脉冲使其导通，电流从b端经 VT_2、负载电阻 R_d 和 VT_4 回到电源a端，在负载 R_d 两端获得与 u_2 正半周相同波形的整流电压和电流，这期间 VT_1 和 VT_3 均承受反向电压而处于阻断状态。当 u_2 过零重新变正时，VT_2、VT_4 关断，u_d、i_d 又降为零。此后 VT_1、VT_3 又承受正向电压，并在相应时刻 $\omega t=2\pi+\alpha$ 被触发导通。如此循环工作，输出整流电压 u_d、电流 i_d 及晶闸管两端电压 u_T 的波形如图4-6b所示。

由以上电路工作原理可知，在交流电源电压 u_2 的正负半周里，VT_1、VT_3 和 VT_2、VT_4 两组晶闸管轮流被触发导通，将交流电转变成脉动的直流电。改变α角的大小，负载电压 u_d、负载电流 i_d 的波形及整流输出直流电压平均值均相应改变。晶闸管 VT_1 两端承受的电压 u_{T1} 的波形如图4-6b所示，晶闸管在导通段管压降 $u_{T1}\approx 0$（即 $\omega t=\alpha\sim\pi$ 期间），故其波形是与横轴重合的直线段，晶闸管承受的最高反向电压为 $-\sqrt{2}U_2$。假定两晶闸管漏电阻相等，当晶闸管都处在未被触发导通期间，每个元件承受的电压等于 $\pm\sqrt{2}U_2/2$，如图4-6b中 u_T 波形的 $0\sim\alpha$ 区间。

（2）基本数量关系

1）输出直流电压平均值 U_d 及有效值 U

$$U_d = 2 \times 0.45U_2 \frac{1+\cos\alpha}{2} = 0.9U_2 \frac{1+\cos\alpha}{2} \tag{4-14}$$

输出电压有效值是单相半波电阻性负载时的$\sqrt{2}$倍，即

$$U = U_2 \sqrt{\frac{1}{2\pi}\sin 2\alpha + \frac{\pi-\alpha}{\pi}} \tag{4-15}$$

由式（4-14）知，直流平均电压 U_d 是控制角 α 的函数，是单相半波时的两倍。当 $\alpha = 0°$时，$U_d = 0.9U_2$ 为最大值；$\alpha = \pi$ 时，$U_d = 0$，故 α 移相范围为 180°。

2）输出直流电流平均值 I_d

$$I_d = U_d / R_d$$

3）晶闸管电流平均值 I_{dT}和有效值 I_T

两组晶闸管 VT_1、VT_3 和 VT_2、VT_4 在一个周期中轮流导通，故流过每个晶闸管的平均电流为负载平均电流 I_d 的一半。

$$I_{dT} = \frac{1}{2}I_d = 0.45\frac{U_2}{R_d}\frac{1+\cos\alpha}{2} \tag{4-16}$$

流过晶闸管的电流有效值

$$I_T = \frac{1}{\sqrt{2}}I_d = \frac{1}{\sqrt{2}}\frac{U_2}{R_d}\sqrt{\frac{\sin 2\alpha}{2\pi} + \frac{\pi-\alpha}{\pi}} \tag{4-17}$$

4）变压器二次绕组电流有效值 I_2 和负载电流有效值 I

两组晶闸管轮流导通，变压器二次绕组在电源电压的正负半周均有电流流过，变压器二次绕组电流有效值与负载电流有效值相等。

$$I_2 = I = U/R_d = \sqrt{2}I_T \tag{4-18}$$

5）功率因数 $\cos\varphi$

$$\cos\varphi = \sqrt{\frac{1}{2\pi}\sin 2\alpha + \frac{\pi-\alpha}{\pi}} \tag{4-19}$$

电路要求的移相范围为 $0 \sim \pi$，与单相半波相同。而触发脉冲间隔为 π，不同于单相半波。

2. 大电感负载

（1）不接续流二极管　在单相半波可控整流带大电感负载电路中，如果不并接续流二极管，无论如何调节移相角 α，输出整流电压 u_d 波形的正负面积几乎相等，负载直流平均电压 U_d 均接近于零。单相全控桥式整流带大电感负载的电路情况就截然不同，如图 4-7b 所示，在 $0 \leqslant \alpha < 90°$范围内，虽然 u_d 波形也会出现负面积，但正面积总是大于负面积。当 $\alpha = 0°$时，u_d 波形不出现负面积，为单相不可控桥式整流电路输出电压波形，其平均值为 $0.9U_2$。在这区间输出电压平均值 U_d 与控制角 α 的关系为

$$U_d = 0.9U_2\cos\alpha$$

输出电流 i_d 为脉动很小的直流，其算式为

$$i_d \approx I_d = U_d / R_d$$

晶闸管的电流平均值、有效值以及管子可能承受到的最大电压分别为

$$I_{dT} = \frac{1}{2}I_d$$

$$I_{\mathrm{T}} = \sqrt{\frac{1}{2}} I_{\mathrm{d}}$$

$$U_{\mathrm{TM}} = \pm\sqrt{2}U_2$$

当 $\alpha = 90°$时，晶闸管被触发导通，一直要持续到下半周接近于 90°时才被关断，负载两端 u_{d} 波形正负面积接近相等，平均值 u_{d} 近似为零，其输出电流波形是一条幅度很小的脉动直流。在 $\alpha > 90°$时，出现的 u_{d} 波形和单相半波大电感负载相似，无论如何调节 α，u_{d} 波形正负面积都相等，且波形断续，此时输出电压平均值为零。可见，不接续流管时，α 的有效移相范围只能是 $0 \sim \pi/2$。

（2）接入续流二极管　为了扩大移相范围，不让 u_{d} 波形出现负值以及使输出电流更加平稳，可在负载两端并接续流二极管，如图 4-8a 电路所示。接续流管后，α 的移相范围可扩大到 $0 \sim \pi$。α 在这区间内变化，只要电感量足够大，输出电流 i_{d} 就可保持连续且平稳。在电源电压 u_2 过零变负时，续流管承受正向电压而导通，晶闸管承受反向电压被关断。这样 u_{d} 波形与电阻性负载相同，如图 4-8b 所示。负载电流 i_{d} 是由晶闸管 $\mathrm{VT_1}$ 和 $\mathrm{VT_3}$、$\mathrm{VT_2}$ 和 $\mathrm{VT_4}$、续流管 VD 相继轮流导通而形成的。u_{T} 波形与电阻负载相同。所以，单相全控桥大电

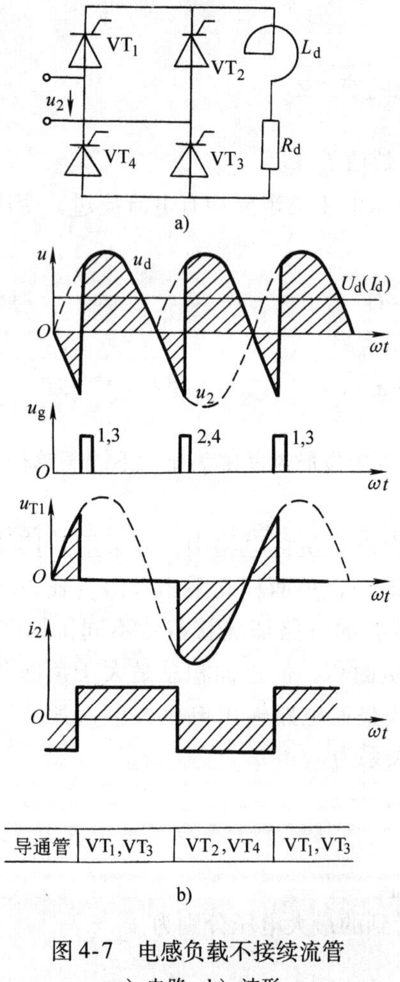

图 4-7　电感负载不接续流管

a）电路　b）波形

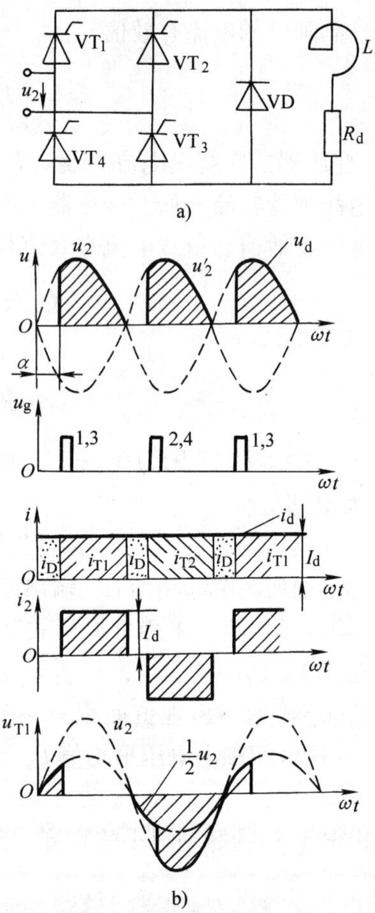

图 4-8　电感负载接续流管

a）电路　b）波形

感负载接续流管的电路各电量计算式如下

$$U_d = 0.9U_2 \frac{1+\cos\alpha}{2} \qquad I_d = \frac{U_d}{R_d}$$

$$I_{dT} = \frac{\pi - \alpha}{2\pi} I_d \qquad I_T = \sqrt{\frac{\pi - \alpha}{2\pi}} I_d$$

$$I_{dD} = \frac{\alpha}{\pi} I_d \qquad I_D = \sqrt{\frac{\alpha}{\pi}} I_d$$

$$U_{TM} = U_{DM} = \sqrt{2}U_2$$

3. 反电动势负载

被充电的蓄电池、正在运行的直流电动机的电枢（忽略电枢电感）等负载本身是一个直流电源，对于可控整流电路来说，它们是反电动势负载，其等效电路用电动势 E 和负载回路电阻 R_d（电枢电阻）表示，负载电动势的极性如图 4-9a 所示。

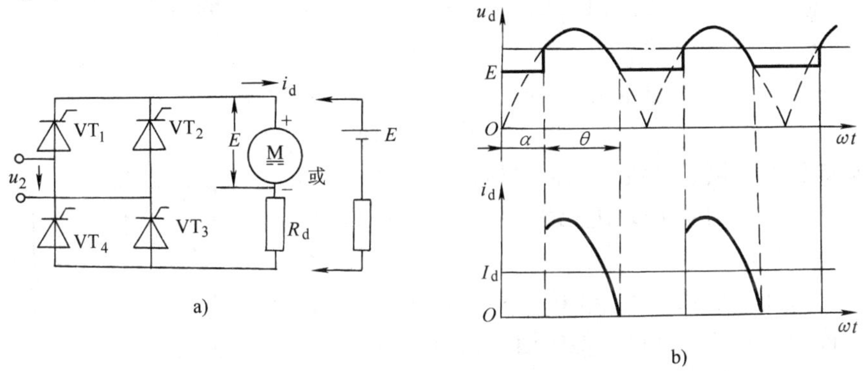

图 4-9　单相全控桥反电动势负载电路与波形图

a）电路图　b）波形图

整流电路接有反电动势负载时，只有当电源电压 u_2 大于反电动势 E 时，晶闸管才能被触发导通；$u_2 < E$ 时，晶闸管承受反压关断，如图 4-9b 所示。在晶闸管导通期间，输出整流电压 $u_d = E + i_d R_d$，在晶闸管关断期间，负载端电压保持原有电动势，故整流输出电压平均值较电感性负载时为大，这一点在实际应用电路中可容易地测得。导通角 $\theta < \pi$，整流电流波形出现断续。

负载电流平均值为

$$I_d = \frac{U_d - E}{R_d} \tag{4-20}$$

当整流输出直接带反电动势负载时，由于导通角 θ 小，电流断续。负载回路中的电阻小，若要求输出同样的平均值电流，则峰值电流变大，因而电流有效值将比平均值大许多倍。对于直流电动机负载来说，由于电流断续，随着 I_d 的增大，转速 n（反电动势 E）降落较大，相当于整流电源的内阻增大，较大的峰值电流在电动机换向时易产生火花；对于交流电源来说，因电流有效值大，要求电源的容量大，使功率因数变低。因此，在反电动势负载回路中一般串联一平波电抗器，如图 4-10a 所示的 L_d。

串入 L_d 之后，减小了电流的脉动和延长了晶闸管导通的时间，输出电压中交流分量降落在电抗器上，输出电流波形连续平直。与感性负载时的情况相似，当电感量足够大时，输出电流波形近似为一直线，大大地改善了整流装置及电动机的工作条件。波形如图 4-10b 所示。

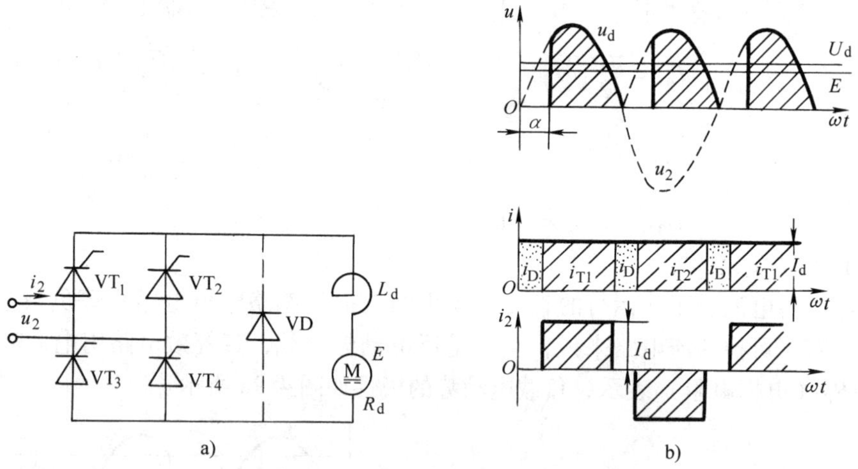

图 4-10　反电动势负载串平波电抗器的情况

a）电路图　b）波形图

反电动势负载串接了平波电抗器之后，通常并接一续流二极管，如图 4-10a 中虚线所示。其分析方法与感性负载相同。

电路各参量计算公式除 $I_d=(U_d-E)/R_d$（R_d 包含平波电抗器内阻及电动机电枢电阻）之外，其他均与感性负载情况相同。

单相桥式全控整流电路，具有输出电压脉动小、平均值电压大、整流变压器没有直流磁化及利用率高等优点，但使用的晶闸管元件较多，工作时要求桥臂两管同时导通，脉冲变压器二次侧要求有 3～4 个绕组，绕组间要承受 u_2 电压，绝缘要求较高。单相全控桥式整流电路较适合于逆变电路中应用。

二、单相桥式半控整流电路

将单相全控桥电路中一对晶闸管换成两个整流二极管，就构成单相桥式半控整流电路。如图 4-11a所示。它与单相全控桥相比，较为经济，触发装置也相应简单一些，在中小容量的可控整流装置中得到广泛应用。

单相桥式半控整流电路的工作特点是：晶闸管需触发才导通；整流二极管自然换相导通。在接电阻性负载时，其工作情况与单相全控桥电路相同，输出电压、电流的波形及元件参数的计算公式也都

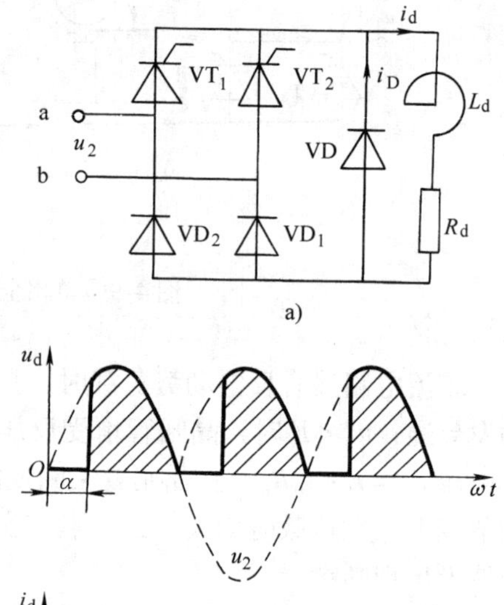

图 4-11　单相半控桥带电感性负载

a）电路图　b）波形图

一样，下面只着重分析接电感性负载的工作情况。

1. 电路工作原理

假设负载中电感量足够大，负载电流 i_d 连续，其波形近似为一直线。在 u_2 的正半周，$\omega t=\alpha$ 时触发晶闸管 VT_1，则 VT_1、VD_1 导通，电流从电源 a 端经 VT_1、负载、VD_1 回到电源 b 端，负载两端整流电压 $u_d=u_2$，当 u_2 过零进入负半周时，电感上的感应电势将使 VT_1 承受正向电压而继续保持导通，而此时由于 b 端电位较 a 端高，二极管 VD_2 承受正偏电压而导通，VD_1 承受反偏电压而截止，电流从 VD_1 转换到 VD_2，负载电流 i_d 经 VD_2、VT_1 构成回路而继续导通，不经过变压器自然续流。在续流期间，忽略 VT_1、VD_2 管压降，负载上的整流电压 $u_d=0$，当 $\omega t=\pi+\alpha$ 时，触发 VT_2 使其导通，VT_1 承受反向电压而关断，电流从电源 b 端经 VT_2、负载、VD_2 回到 a 端，负载上得到相同的整流电压 u_d。同样，当 u_2 过 2π 变正时，VD_1 自然换相导通，VD_2 截止，VT_2、VD_1 自然续流。如此循环工作，电源电压 u_2 的过零点 0、π、2π……就是整流二极管的自然换相点，也就是该电路中控制角 α 的起点。

整流输出电压 U_d、负载电流 i_d 及各元件流过的电流波形如图 4-11b 所示。α 移相范围 180°，晶闸管导通角 $\theta=\pi-\alpha$。

由于电路波形与全控桥大电感负载接续流管电路相似，所以计算式也相同，输出直流电压、电流平均值分别为

$$U_d=0.9U_2\frac{1+\cos\alpha}{2}$$

$$I_d=\frac{U_d}{R_d}$$

晶闸管中流过的电流平均值、有效值及可能承受的最高电压分别为

$$I_{dT}=\frac{\pi-\alpha}{2\pi}I_d$$

$$I_T=\sqrt{\frac{\pi-\alpha}{2\pi}}I_d$$

$$U_{TM}=\sqrt{2}U_2$$

流过续流管的电流平均值、有效值及可能承受的最高电压分别为

$$I_{dD}=\frac{\alpha}{\pi}I_d$$

$$I_D=\sqrt{\frac{\alpha}{\pi}}I_d$$

$$U_{DM}=\sqrt{2}U_2$$

2. 大电感负载不带续流二极管时的情况

（1）失控现象　从上述工作原理可知，共阴极连接的晶闸管 VT_1、VT_2 被触发后才导通；VD_1、VD_2 自然换相导通；改变控制角 α 即可改变整流输出电压平均值 U_d 的大小。电路似乎可以不必接续流二极管就能正常工作，但实际运行中，该电路在接大电感负载的情况下，若突然关断触发脉冲或迅速将 α 移到 180°，在没有接入续流二极管 VD 时，可能出现一个晶体管直通，两个整流管交替导通的失控现象。如在 u_2 正半周当 VT_1 触发导通后，如欲

停止工作而停发触发脉冲（或因故障造成丢失脉冲），此后 VT_2 无触发脉冲而处于阻断状态，在 u_2 过零进入负半周后，电流从 VD_1 换到 VD_2。由于电感上感生电动势的作用，电流 i_d 经 VT_1、VD_2 继续流通，如图 4-12a 中虚线所示。如果电感量很大，晶闸管 VT_1 将维持导通到电源电压 u_2 进入下一个周期的正半周，VT_1 承受正向电压继续导通，电流又从 VD_2 自动换流到 VD_1，依此循环工作下去，出现 VT_1 直通，VD_1、VD_2 轮流导通现象，电路失去控制。输出变成为单相半波不可控整流电压波形，晶闸管 VT_1 也会过热而损坏。其失控电压波形如图 4-12b 所示。

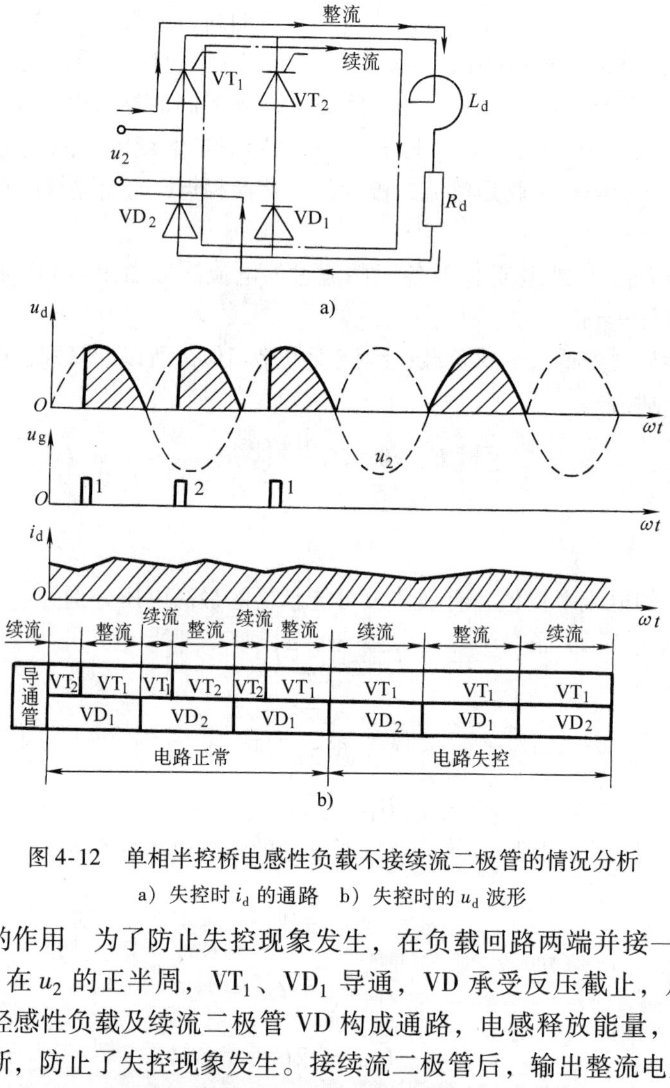

图 4-12　单相半控桥电感性负载不接续流二极管的情况分析

a）失控时 i_d 的通路　b）失控时的 u_d 波形

（2）续流管的作用　为了防止失控现象发生，在负载回路两端并接一续流二极管 VD，如图 4-11a 所示。在 u_2 的正半周，VT_1、VD_1 导通，VD 承受反压截止，从 u_2 过零变为负时，负载电流 i_d 经感性负载及续流二极管 VD 构成通路，电感释放能量，晶闸管 VT_1 将随 u_2 过零而恢复阻断，防止了失控现象发生。接续流二极管后，输出整流电压 u_d 的波形与不接续流二极管时相同，但流过晶闸管和整流管的波形则因二者导通角不同而不一样。如图 4-11b 所示，为单相半控桥带续流二极管电路的电压、电流波形。

对于单相半控桥带反电动势负载的分析，除了注意串接平波电抗器后的失控问题外，其他与单相全控桥带反电势负载时情况相同，在此不再重复讨论。

例 4-3　某电感性负载采用带续流管的单相半控桥电路供电，如图 4-11a 所示。已知：电感线圈的内阻 $R_d=5\Omega$，输入交流电压 $U_2=220V$，控制角 $\alpha=60°$。试求晶闸管与续流管的电流平均值及有效值，并选择整流电路中的功率电子器件。

解 首先求整流输出电压平均值

$$U_{\mathrm{d}}=0.9U_2\frac{1+\cos\alpha}{2}=0.9\times220\times\frac{1+\cos60^\circ}{2}\mathrm{V}$$

求负载电流平均值

$$I_{\mathrm{d}}=U_{\mathrm{d}}/R_{\mathrm{d}}=\frac{149}{5}\mathrm{A}=30\mathrm{A}$$

流过晶闸管与整流二极管的电流平均值与有效值

$$I_{\mathrm{dT}}=\frac{180^\circ-\alpha}{360^\circ}I_{\mathrm{d}}=\frac{180^\circ-60^\circ}{360^\circ}\times30\mathrm{A}=10\mathrm{A}$$

$$I_{\mathrm{T}}=\sqrt{\frac{180^\circ-\alpha}{360^\circ}}I_{\mathrm{d}}=\sqrt{\frac{180^\circ-60^\circ}{360^\circ}}\times30\mathrm{A}=17.3\mathrm{A}$$

流过续流二极管的电流平均值与有效值

$$I_{\mathrm{dD}}=\frac{\alpha}{\pi}I_{\mathrm{d}}=\frac{60^\circ}{180^\circ}\times30\mathrm{A}=10\mathrm{A}$$

$$I_{\mathrm{D}}=\sqrt{\frac{\alpha}{\pi}}I_{\mathrm{d}}=\sqrt{\frac{60^\circ}{180^\circ}}\times30\mathrm{A}=17.3\mathrm{A}$$

确定晶闸管定额 $U_{\mathrm{Tn}}=(2\sim3)U_{\mathrm{TM}}=(2\sim3)\times\sqrt{2}\times220\mathrm{V}=625\sim936\mathrm{V}$

$$I_{\mathrm{T(AV)}}=(1.5\sim2)\frac{I_{\mathrm{T}}}{1.57}=(1.5\sim2)\times\frac{17.3}{1.57}\mathrm{A}=16.5\sim22\mathrm{A}$$

取系列值 $I_{\mathrm{T(AV)}}=20\mathrm{A}$；$U_{\mathrm{Tn}}=700\mathrm{V}$。

选择晶闸管型号为 KP20—7。

整流管及续流管型号为 KZ20—7。

第三节　三相半波可控整流电路

单相可控整流电路元件少，线路简单，调整方便，但输出电压的脉动较大，当所带的负载较重时，会因单相供电而引起三相电网不平衡，故只适用于小容量的设备中，当容量较大、输出电压脉动要求较小、对控制的快速性有要求时，则多采用三相可控整流电路。三相可控整流电路的形式有三相半波、三相全控桥、三相半控桥、双反星型电路及适合于较大功率应用的十二相整流电路等。多相可控整流电路形式多样，最基本的是三相半波可控整流电路，其他类型可视为三相半波电路以不同方式串联或并联而成。

一、电阻性负载

三相半波可控整流电路，如图 4-13a 所示。T 为三相整流变压器，晶闸管 VT_1、VT_3、VT_5 分别与变压器的 U、V、W 三相相连，三只晶闸管的阴极接在一起，经负载电阻 R_{d} 与变压器的中线相连，它们组成共阴极接法电路。

1. 电路工作原理与波形分析

整流变压器的二次侧相电压有效值为 U_2，三相电压波形如图 4-13b 所示，表示为

$$u_{\mathrm{U}}=\sqrt{2}U_2\sin\omega t$$

$$u_{\mathrm{V}}=\sqrt{2}U_2\sin\left(\omega t-\frac{2\pi}{3}\right)$$

$$u_W=\sqrt{2}U_2\sin(\omega t+\frac{2\pi}{3})$$

电源电压是不断变化的，三相中哪一相所接的晶闸管可被触发导通呢？依据晶闸管的单向导电原则，取决于三只晶闸管各自所接的 u_U、u_V、u_W 中哪一相电压瞬时值最高，则该相所接晶闸管可被触发导通，而另外两管则承受反向电压而阻断。

下面分析当控制角 α 不同时，整流电路的工作原理。

（1）控制角 $\alpha=0°$时　当 $\alpha=0°$时，晶闸管 VT_1、VT_3、VT_5 相当于三个整流二极管，有如图 4-14c 所示的负载电压波形：$\omega t_1\sim\omega t_3$ 期间，u_U 瞬时值最高，U 相所接的晶闸管 VT_1 可被触发导通，输出电压 $u_d=u_U$，V 相和 W 相所接 VT_3、VT_5 承受反向线电压而阻断；$\omega t_3\sim\omega t_5$ 期间，u_V 瞬时值最高，VT_3 可被触发导通，输出电压 $u_d=u_V$，VT_1、VT_5 承受反向线电压而阻断；在 $\omega t_3\sim\omega t_5$ 期间，u_W 瞬时值最高，VT_5 导通，输出电压 $u_d=u_W$，VT_1、VT_3 承受反向线电压而阻断。依次循环，每管导通 120°，三相电源轮流向负载供电，负载电压 u_d 为三相电源电压正半周包络线。脉动频率为 3×50Hz=150Hz。

ωt_1、ωt_3、ωt_5 时刻所对应的 1、2、3 三个点，称为自然换相点，分别是三只晶闸管轮换导通的起始点。自然换相点也是各相所接晶闸管可能被触发导通的最早时刻，在此之前由于晶闸管承受反向电压，不可能导通，因此把自然换相点作为计算控制角 α 的起点，即该点 $\alpha=0°$，对应于 $\omega t=30°$。

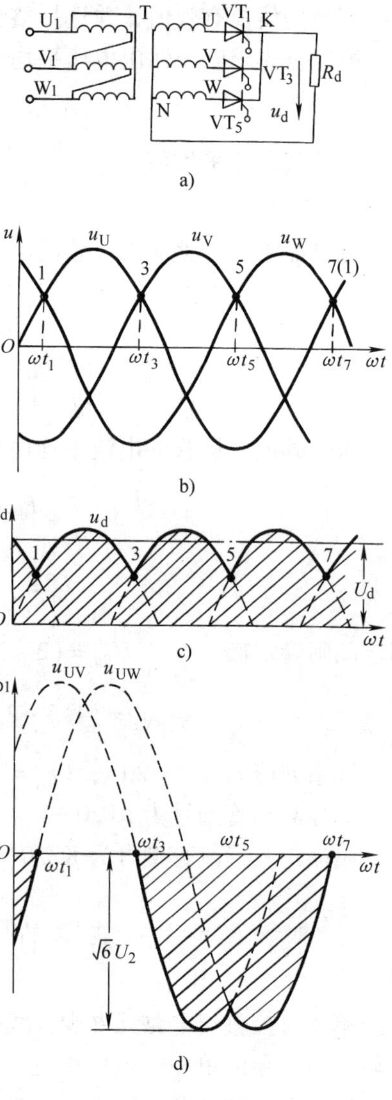

图 4-13　三相半波可控整流电路及 $\alpha=0°$时电压波形

当 $\alpha=0°$时，晶闸管 VT_1 上的电压波形如图 4-13d所示，在 $\omega t_1\sim\omega t_3$ 期间导通，管压降为零；$\omega t_3\sim\omega t_5$ 期间由于 VT_3 导通，VT_1 承受反向线电压 u_{UV}；$\omega t_5\sim\omega t_7$ 期间，VT_5 导通，VT_1 承受反向线电压 u_{UW}。依此类推 120°和 240°，可画出晶闸管 VT_3、VT_5 的电压波形。

（2）控制角 $\alpha=30°$　图 4-14 为当触发脉冲后移到 $\alpha=30°$时的波形。假设电路已在工作，W 相所接的晶闸管 VT_5 导通，经过自然换相点“1”时，由于 U 相所接晶闸管 VT_1 的触发脉冲尚未送到，故无法导通。于是 VT_5 管仍承受 u_W 正向电压继续导通，直到过 U 相自然换相“1”点 30°，即 $\alpha=30°$时，晶闸管 VT_1 被触发导通，输出直流电压波形由 u_W 换成为 u_U，如图 4-14a 波形所示。VT_1 的导通使晶闸管 VT_5 承受 u_{UW}反向电压而被强迫关断，负载电流 i_d 从 W 相换到 U 相。依此类推，其他两相也依次轮流导通与关断。负载电流 i_d 波型与 u_d 波型相似，而流过晶闸管 VT_1 的电流 i_{T1}波形是 i_d 波形的三分之一区间，如图4-14c所示。$\alpha=30°$时，晶闸管 VT_1 两端的电压 u_{T1}波形如图 4-14d 所示，它可分成三部分：晶闸管

VT_1 本身导通，$u_{T1}=0V$；VT_3 导通时，VT_1 管将承受线电压 u_{UV}；VT_5 导通时，VT_1 管将承受线电压 u_{UW}。其他两相晶闸管两端所承受的电压与 u_{T1} 相同，但相位依次相差 120°。

（3）控制角 $\alpha=60°$　图 4-15 为当触发脉冲后移到 $\alpha=60°$ 时的波形，其输出电压 u_d 波形及负载电流 i_d 波形均已断续，三只晶闸管都在此相电源电压过零时自行关断。晶闸管的导通角显然小于 120°，仅为 $\theta_T=90°$。晶闸管 VT_1 两端电压 u_{T1} 如图 4-15d 所示，元件本身导通时，$u_{T1}=0$；相邻元件导通时，要承受电源线电压，即 $u_{T1}=u_{UV}$ 与 $u_{T1}=u_{UW}$；当三只晶闸管均不导通时，VT_1 承受本身 U 相电源电压，即 $u_{T1}=u_U$。

显然，当触发脉冲后移到 $\alpha=150°$ 时，由于晶闸管已不再承受正向电压而无法导通，$U_d=0V$。所以，三相半波可控整流电路带电阻性负载时，其移相角 α 的可调范围是 0°～150°。

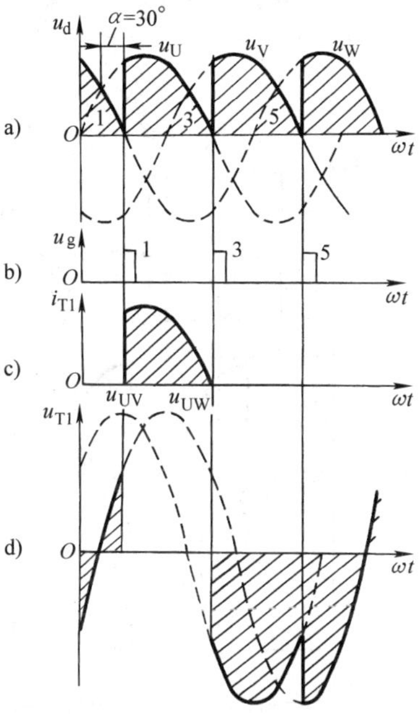

图 4-14　电阻性负载 $\alpha=30°$ 时波形

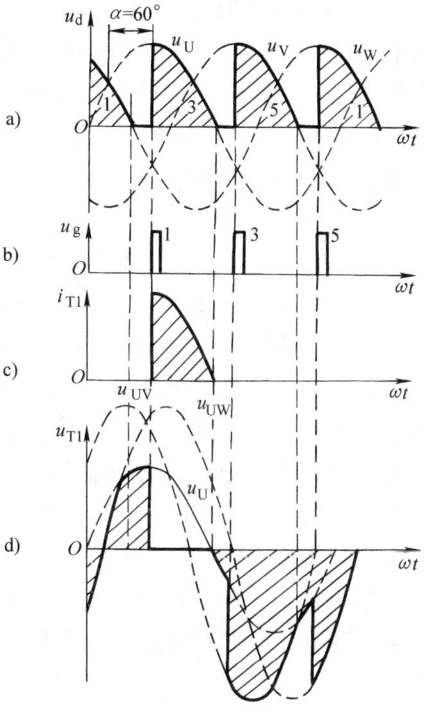

图 4-15　电阻性负载 $\alpha=60°$ 时波形

2. 定量计算

（1）直流平均电压 U_d 及负载电流 I_d　根据电路工作原理，u_d 波形在 $0°\leqslant\alpha\leqslant30°$ 区间是连续的，而在 $30°<\alpha\leqslant150°$ 区间是断续的。故求它的直流平均电压要分别计算

1）$0°\leqslant\alpha\leqslant30°$ 时（如图 4-14a 所示），

$$U_d=1.17U_2\cos\alpha=U_{d0}\cos\alpha \tag{4-21}$$

式中　$U_{d0}=1.17U_2$，是指 $\alpha=0°$ 时输出的直流平均电压。

2）$30°<\alpha\leqslant150°$ 时（如图 4-15a 所示），并当 u_d 波形断续时，一周期有三块相同波形，U_d 值可套用单相半波可控整流计算式，即

$$U_d=3\times0.45U_2\left[1+\cos\left(\frac{\pi}{6}+\alpha\right)\right]/2$$

$$=0.675U_2\left[1+\cos\left(\frac{\pi}{6}+\alpha\right)\right] \tag{4-22}$$

由于 i_d 波形与 u_d 波形相似，数值上相差 R_d 倍，即负载电流平均值为

$$I_d = U_d / R_d$$

（2）流过晶闸管的电流平均值为

$$I_{dT} = \frac{1}{3} I_d \tag{4-23}$$

（3）晶闸管承受的最高电压为

$$U_{TM} = \sqrt{6} U_2 \tag{4-24}$$

二、大电感负载

1. 工作原理及波形分析

大电感负载的三相半波可控整流电路，如图 4-16a 所示。由于负载是大电感，所以只要输出电压平均值 U_d 不为零，晶闸管导通角均为 120°，与控制角 α 无关。其电流波形近似为方波，如图 4-16c、e 所示。

图 4-16b、d 分别为 $\alpha = 20°$（$0° \leqslant \alpha \leqslant 30°$ 区间）、$\alpha = 60°$（$30° < \alpha \leqslant 90°$ 区间）时的 u_d 波形。由于电感 L_d 的作用，当 $\alpha > 30°$ 后 u_d 波形出现负值，如图 4-16d 所示。当负载电流从大变小时，即使电源电压过零变负，在电动势的作用下，晶闸管仍承受正向电压而维持导通。只有电感量足够大，晶闸管导通才能维持到下一相晶闸管被触发导通为止，使之承受反向线电压而被强迫关断。尽管 $\alpha > 30°$ 后，u_d 波形出现负面积，但只要正面积能大于负面积，其整流输出电压平均值总是大于零，电流 i_d 可连续平稳。

显然，当触发脉冲后移到 $\alpha \geqslant 90°$ 后，u_d 波形的正负面积相等，其输出电压平均值 U_d 为零。所以大电感负载不接续流管时，其有效的移相范围只能为 $\alpha = 0° \sim 90°$。

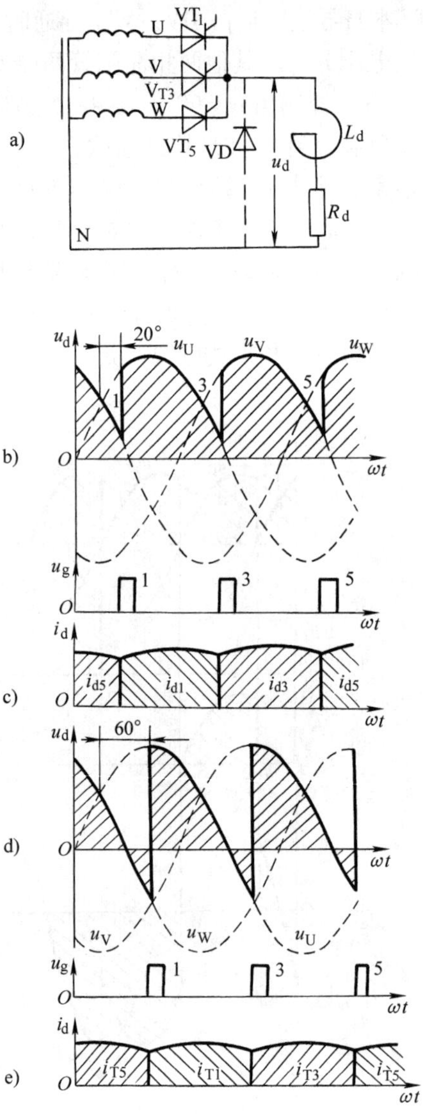

图 4-16　三相半波可控整流大电感负载电路及波形

晶闸管两端电压波形与电阻性负载分析方法相同。

2. 各电量计算

（1）输出电压平均值 U_d

$$U_d = 1.17 U_2 \cos\alpha = U_{do} \cos\alpha$$

当 $0 \leqslant \alpha < 90°$ 范围内 U_d 均可用此式计算。由上式看出，大电感负载的 U_d 计算式与电阻性负载在 $0° \leqslant \alpha \leqslant 30°$ 时的 U_d 公式相同，在 $\alpha > 30°$ 以后，大电感负载的 U_d 波形出现负值，在同一 α 角时，U_d 值将比电阻负载时小。

（2）负载电流平均值

$$I_d = \frac{U_d}{R_d}$$

(3) 流过晶闸管的电流平均值 I_{dT}、有效值 I_T 以及承受的最高电压 U_{TM} 分别为

$$I_{dT} = \frac{1}{3} I_d$$

$$I_T = \sqrt{\frac{1}{3}} I_d$$

$$U_{TM} = \sqrt{6} U_2$$

3. 大电感负载接续流管

为了扩大移相范围并使负载电流 i_d 平稳，可在电感负载两端并接续流二极管，如图 4-16a 的 VD。由于续流管的作用，u_d 波形已不出现负值，与电阻性负载 u_d 波形相同。

图 4-17 为接入续流管后，α 分别为 30°和 60°时的电压、电流波形。由图可见，在 $0° \leqslant \alpha \leqslant 30°$ 区间，电源电压均为正值，u_d 波形连续，续流管不起作用；在 $30° < \alpha \leqslant 150°$ 区间，电源电压出现过零变负时，续流管及时导通为负载电流提供续流回路，晶闸管承受反向电源相电压而关断，这样 u_d 波形断续但不出现负值。续流管 VD 起作用时，晶闸管与续流管的导通角分别为

$$\theta_T = 150° - \alpha$$

$$\theta_D = 3(\alpha - 30°)$$

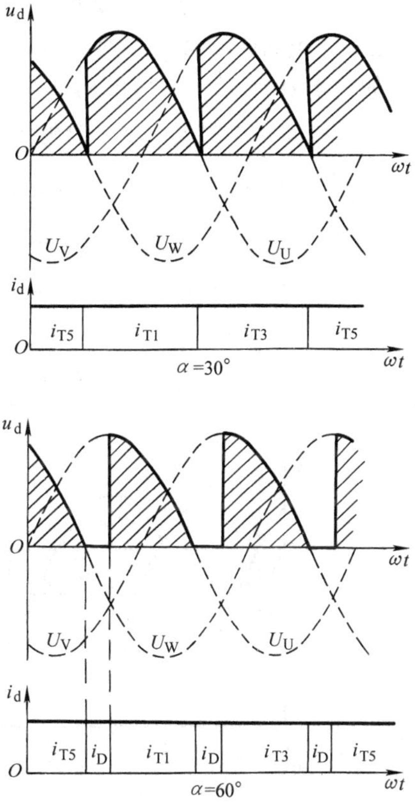

图 4-17 大电感负载接续流管后的波形

这样，三相半波大电感接续流管电路的各电量计算式分别为

(1) 负载电压平均值 U_d 和电流平均值 I_d

1) $0° \leqslant \alpha \leqslant 30°$ 时，

$$U_d = 1.17 U_2 \cos\alpha = U_{do} \cos\alpha$$

2) $30° < \alpha \leqslant 150°$ 时，

$$U_d = 3 \times 0.45 U_2 \left[1 + \cos\left(\frac{\pi}{6} + \alpha\right)\right] \times \frac{1}{2} = 0.675 U_2 \left[1 + \cos\left(\frac{\pi}{6} + \alpha\right)\right]$$

3) 负载电流 $I_d = U_d / R_d$

(2) 晶闸管电流平均值 I_{dT}、有效值 I_T 及晶闸管承受的最高电压值 U_{TM}

1) $0° \leqslant \alpha \leqslant 30°$ 时，

$$I_{dT} = \frac{1}{3} I_d$$

$$I_T = \sqrt{\frac{1}{3}} I_d$$

$$U_{TM} = \sqrt{6} U_2$$

2) $30° < \alpha \leqslant 150°$ 时，

$$I_{dT}=\frac{150°-\alpha}{360°}I_d$$

$$I_T=\sqrt{\frac{150°-\alpha}{360°}}I_d \qquad U_{TM}=\sqrt{6}U_2$$

（3）续流管平均电流 I_{dD}、有效值 I_D 及承受的最高电压 U_{DM}（$30°<\alpha\leqslant150°$）

$$I_{dD}=\frac{\alpha-30°}{120°}I_d \qquad I_D=\sqrt{\frac{\alpha-30°}{120°}}I_d \qquad U_{DM}=\sqrt{6}U_2$$

三、反电动势负载

如图 4-18 所示，它与单相全控桥反电动势负载情况相似，为了使电枢电流 i_d 连续平稳，在电枢回路中串入电感量足够大的平波电抗器 L_d。这样三相半波电路所带负载是含有反

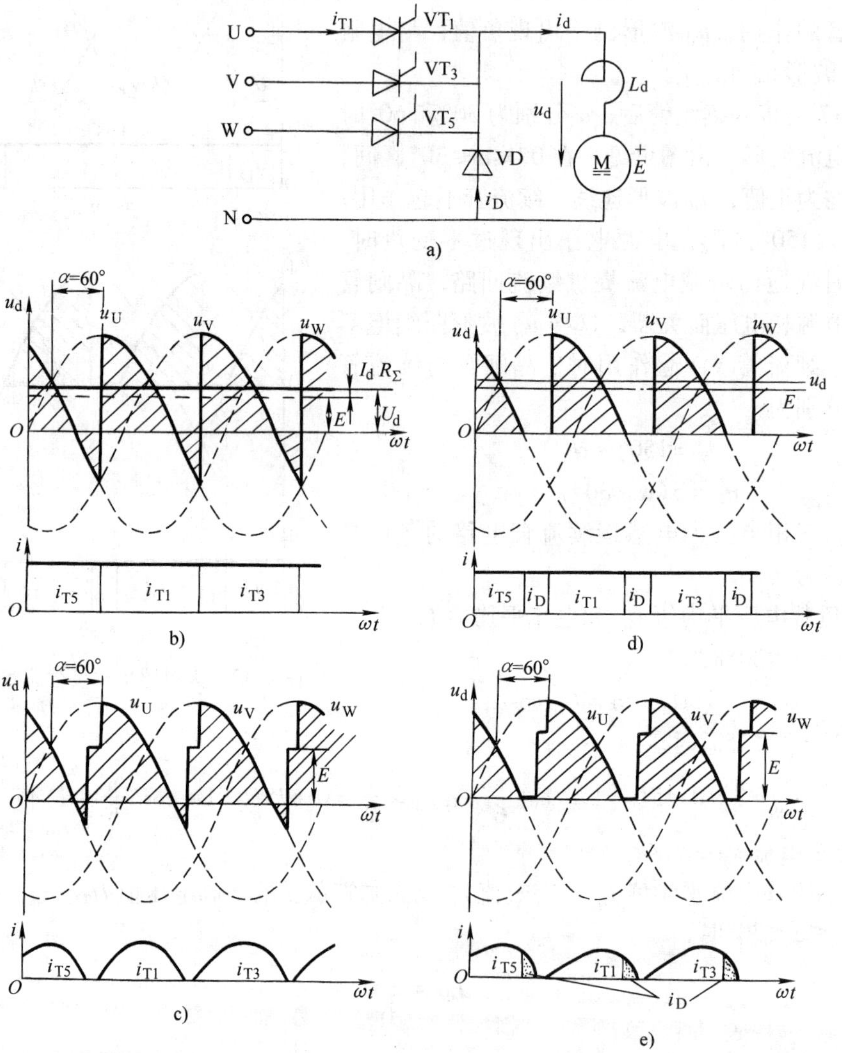

图 4-18　三相半波可控整流带平波电抗器的反电动势负载电路

a）电路图　b）VD 不接，i_d 连续　c）VD 不接，i_d 不连续　d）接 VD，i_d 连续　e）接 VD，i_d 不连续

电动势的大电感负载，其波形分析、各电量计算式与大电感负载时相同，仅负载电流 I_d 的计算改用下式即可

$$I_d = \frac{U_d - E}{R_d}$$

式中　E ——反电动势；

　　R_d ——负载回路总电阻。

同样，为了扩大移相范围，并使 i_d 波形更加平稳，也可在负载两端并联续流管 VD。其波形分析和计算方法，与接续流管的三相半波大电感负载相同。

为了保证直流电动机在最小电枢电流下仍维持 i_d 波形连续平稳，串入的平波电抗器 L_d 的电感量要足够大，否则 L_d 储存的能量将不足以维持 i_d 波形连续，特别是在直流电动机空载电流很小时，i_d 波形断续，u_d 波形带有反电动势阶梯的正弦波形，如图 4-18b 所示。此时，输出电压平均值 U_d 明显增大，直流电动机转速升高，使电动机的机械特性变差，影响电动机的正常工作，实际应用中务必引起注意。

例 4-4　已知三相半波可控整流电路电感负载，$L_d = 0.2\text{H}$，$R_d = 2\Omega$，$U_2 = 220\text{V}$。当 $\alpha = 60°$时，试求：画出这两种情况的 u_d，u_{T1}，i_{T1}及 i_D 波形；计算不接续流管与接续流管两种情况下的负载电流平均值、流过晶闸管的电流平均值和有效值。

解　由于 $X_d = \omega L_d = 314 \times 0.2\Omega = 62.8\Omega >> R_d = 2\Omega$，所以电路属于大电感负载，$i_d$ 波形可视为平稳的直线。各相应波形如图 4-19 所示。

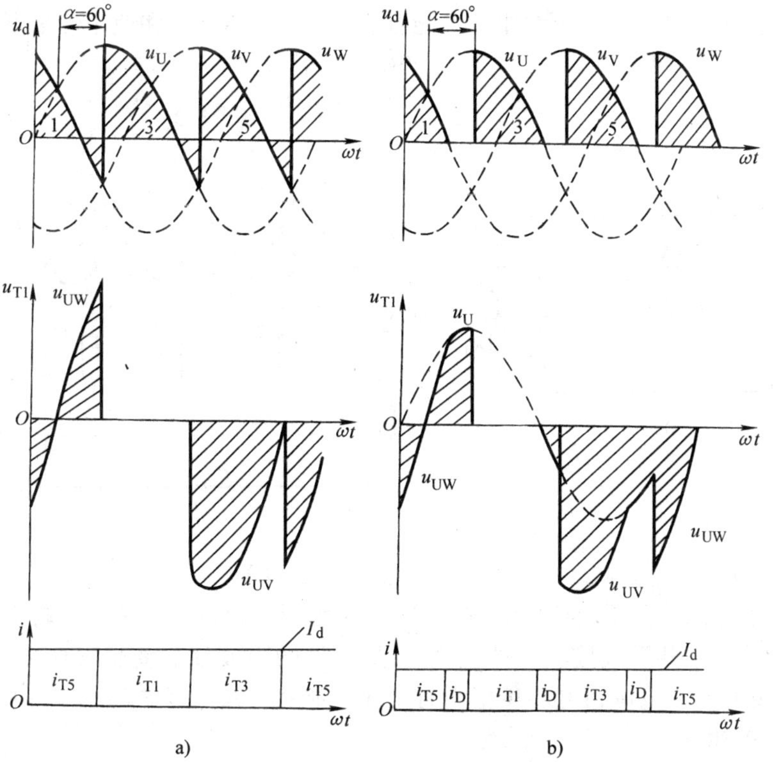

图 4-19　电压电流波形图

a）不接续流管时　b）接续流管时

两种不同情况下的参量计算如下：

不接续流管时

$$U_d = 1.17U_2\cos\alpha = 1.17\times220\times\cos60°\text{V} = 117\text{V}$$

$$I_d = \frac{U_d}{R_d} = \frac{117}{2}\text{A} = 58.5\text{A}$$

$$I_{dT} = \frac{1}{3}I_d = \frac{1}{3}\times58.5\text{A} = 19.5\text{A}$$

$$I_T = \sqrt{\frac{1}{3}}I_d = \sqrt{\frac{1}{3}}\times58.5\text{A} = 33.5\text{A}$$

接续流管时

$$U_d = 0.675U_2[1+\cos(30°+\alpha)] = 0.675\times220[1+\cos(30°+60°)]\text{V} = 135\text{V}$$

$$I_d = \frac{U_d}{R_d} = \frac{135}{2}\text{A} = 67.5\text{A}$$

$$I_{dT} = \frac{150°-\alpha}{360°}I_d = \frac{150°-60°}{360°}\times67.5\text{A} = 16.9\text{A}$$

$$I_T = \sqrt{\frac{150°-\alpha}{360°}}I_d = \sqrt{\frac{150°-60°}{360°}}\times67.5\text{A} = 33.8\text{A}$$

四、共阳极的三相半波可控整流电路

三相半波可控整流电路，除了上面介绍的共阴极接法外，还有一种是把三只晶闸管的阳极连接在一起，而三个阴极分别接到三相交流电源端（如图 4-20a 所示），这种接法称为共阳极接法。由于三只晶闸管 VT_2、VT_4 及 VT_6 的阳极连接在一起，所以等电位，可把三只晶闸管的阳极固定在同一块大散热器上，散热效果好，安装也方便。但是，共阳极接法的三相触发电路输出脉冲变压器二次侧绕组就不能有公用线，这给调试和使用带来不便。

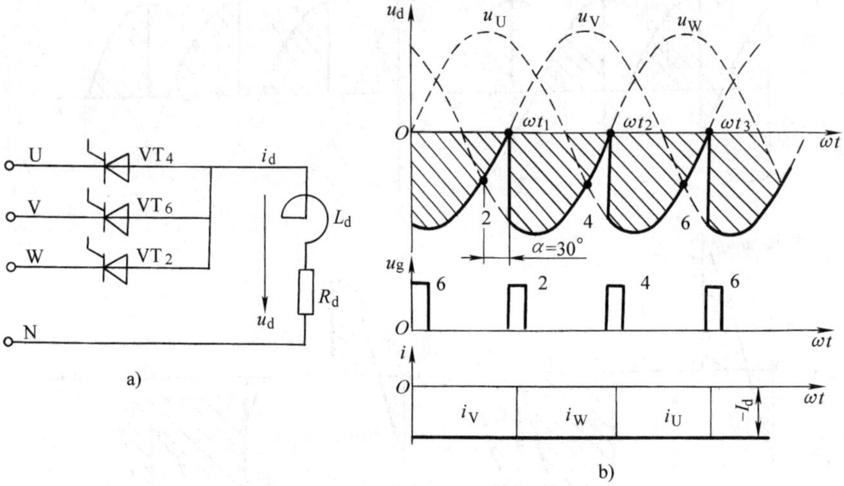

图 4-20　共阳极接法三相半波可控整流电路及波形

共阳极接法电路与共阴极接法电路一样，它们都是在晶闸管阳极电位高于阴极电位时才能被触发导通。由于共阳极接法，VT_2、VT_4 及 VT_6 的阴极分别接在三相交流电源 u_U、u_V 及 u_W 上，因此只能在电源相电压负半周时工作。显然，共阳接法的三只晶闸管 VT_2、VT_4 及 VT_6 的自然换相点分别为 2、4 及 6。

图 4-20b 所示为 $\alpha=30°$时共阳极接法的三相半波可控整流的电压与电流波形，在 ωt_1 时刻 W 相电压最负，晶闸管 VT_2 可被触发导通，输出整流电压 u_d 为 $-u_W$。到 ωt_2、ωt_3 时刻 VT_4、VT_6 管分别被触发导通，负载电压 u_d 依次为 $-u_U$、$-u_V$。由图可见，输出电压 u_d 波

形与共阴极接法相同，仅是电压极性相反，共阴接法时的 u_d 波形在横坐标的上方，而共阳极接法时在下方。所以大电感负载时共阳极三相半波可控整流输出电压平均为

$$U_d = -1.17U_2\cos\alpha = -U_{do}\cos\alpha \tag{4-25}$$

式中负号表示变压器中线为 U_d 的正端，三个连接在一起的阳极为负端。同样，流过整流变压器二次侧绕组与中线电流方向均与共阴极接法相反，电路计算与共阴极接法相同。

五、整流变压器容量与整流功率关系（以 $\alpha=0°$时为例）

整流输出给负载的直流功率可表示为 $P_d = U_dI_d$。一般整流电路的输入都经过变压器，为了根据负载对整流输出的要求来估算整流变压器的容量 S，需要计算 S 与 P_d 的关系。变压器的一次侧和二次侧视在功率可能相等也可能不相等，视线路形式不同而异。因此有一次侧视在功率 S_1 和二次侧视在功率 S_2 之分，通常取其平均值作为变压器的容量 S。

下面以三相半波电路、大电感负载、电流 $i_d=I_d$ 的情况为例来说明。

大电感负载时，整流变压器二次侧每相绕组 i_2 波形如图 4-21 所示。i_2 为单方向矩形波，可将其分解为直流分量 i_2 和交流分量 $i_{2\sim}$。直流分量 $i_{2\sim}$不能感应到一次侧，只有交流分量 $i_{2\sim}$才能感应到一次侧。

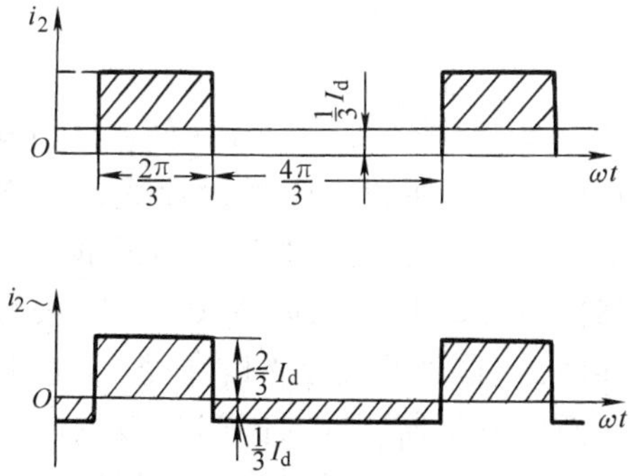

图 4-21　整流变压器一、二次侧电流波形

第四节　三相桥式全控整流电路

图 4-22a 所示为三相桥式全控整流电路，它可看成是由一组共阴接法和另一组共阳接法的三相半波可控整流电路串联而成。共阴组 VT_1、VT_3 和 VT_5 在正半周导电，流经变压器的电流为正向电流；共阳组 VT_4、VT_6 和 VT_2 在负半周导电，流经变压器的电流为反向电流。变压器每相绕组在正负半周都有电流流过，因此，变压器绕组中没有直流磁通势，同时也提高了变压器绕组的利用率。

三相桥式全控整流电路多用于直流电动机或要求实现有源逆变的负载。为使负载电流连续平滑，有利于直流电动换向及减小火花，以改善电动机的机械特性，一般要串入电感量足够大的平波电抗器 L_d，这样就等同于含有反电动势的大电感负载，现分析如下。

一、工作原理

$\alpha=0°$时电路工作情况。图 4-22a 所示为接续流管时三相桥式全控整流电路。触发电路先后向各自所控制的 6 只晶闸管的门极（对应自然换相点）送出触发脉冲，即在三相电源电压正半波的 1、3、5 点（正半波自然换相点）向共阴极组晶闸管 VT_1、VT_3、VT_5 输出触发脉冲；在三相电源电压负半波的 2、4、6 点（负半波自然换相点）向共阳极组晶闸管 VT_2、VT_4、VT_6 输出触发脉冲。负载上所得到的整流输出电压 u_d 波形为三相电源相电压波形正负半周包络线，如图 4-22b 所示，或由三相电源线电压 u_{UV}、u_{UW}、u_{VW}、u_{VU}、u_{WU} 和 u_{WV}的正半波所组成的包络线，如图 4-22c 所示。图中各线电压的交点处 1 ~ 6 就是三相桥式全控整流电路 6 只晶闸管 VT_1 ~ VT_6 的自然换相点，也就是晶闸管控制角 α 的起始点。

在 $\omega t_1 \sim \omega t_2$ 区间，U 相电位最高，V 相电位最低，此时共阴组的 VT_1 和共阳组 VT_6 同时被触发导通。电流由 A 相经 VT_1 流向负载，又经 VT_6 流入 V 相。假设共阴组流过 U 相绕组电流为正，那么共阳组流过 U 相绕组电流就应为负。在这区间 VT_1 和 VT_6 工作，所以输出电压为

$$u_d = u_U - u_V = u_{UV}$$

经 60°后进入 $\omega t_2 \sim \omega t_3$ 区间，U 相电位仍然最高，所以 VT_1 继续导通，但 W 相晶闸管 VT_2 的阴极电位变为最低。在自然换相点 2 处，即 ωt_2 时刻，VT_2 被触发导通，VT_2 的导通使 VT_6 承受 u_{VU} 反向电压而被迫关断。这一区间负载电流仍然从 A 相流出经 VT_1、负载、VT_2 而回到电源 W 相，这一区间的整流输出电压为

$$u_d = u_U - u_W = u_{UW}$$

又经过 60°后，进入 $\omega t_3 \sim \omega t_4$ 区间，V 相电位变为最高，在 VT_3 的自然换相点 3 处，即 ωt_3 时刻，VT_3 被触发导通。W 相晶闸管 VT_2 的阴极电位仍为最低，负载电流从 U 相换到从 V 相流出，经 VT_3、负载、VT_2 回到电源 W 相。整流变压器 V、W 两相工作，输出电压为

$$u_d = u_V - u_W = u_{VW}$$

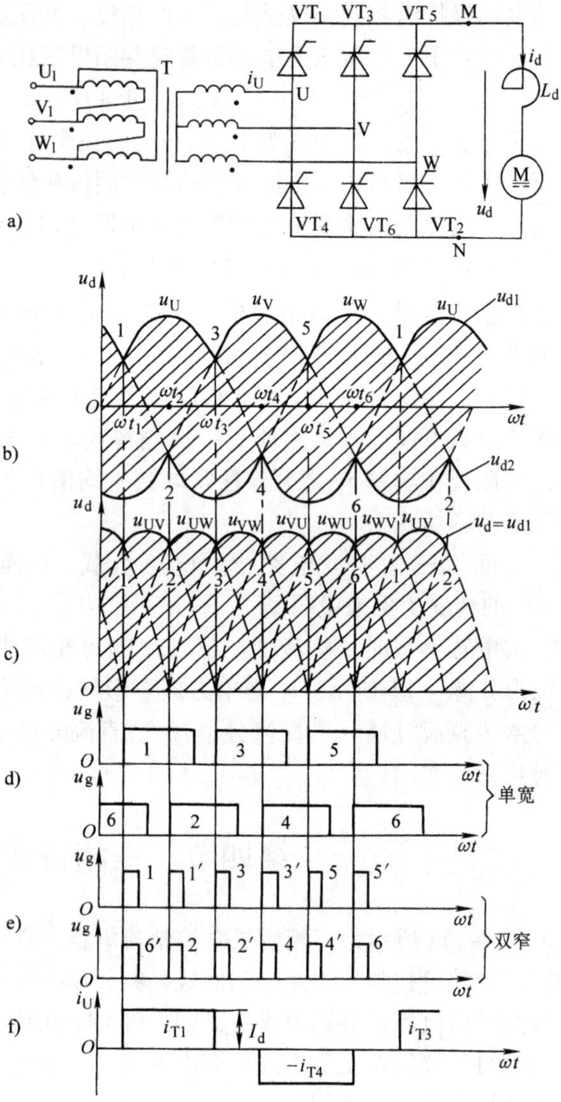

图 4-22　三相桥式全控整流电路及 $\alpha = 0°$ 波形图

其他区间，依此类推，并遵循以下规律：

1）三相全控桥整流电路任一时刻必须有两只晶闸管同时导通，才能形成负载电流，其中一只在共阳极组，另一只在共阴极组。

2）整流输出电压 u_d 波形是由电源线电压 u_{UV}、u_{UW}、u_{VW}、u_{VU}、u_{WU} 和 u_{WV} 的轮流输出所组成的，各线电压正半波交点 1～6 分别是 $VT_1 \sim VT_6$ 的自然换相点。晶闸管的导通顺序及输出电压关系如图 4-23 所示。

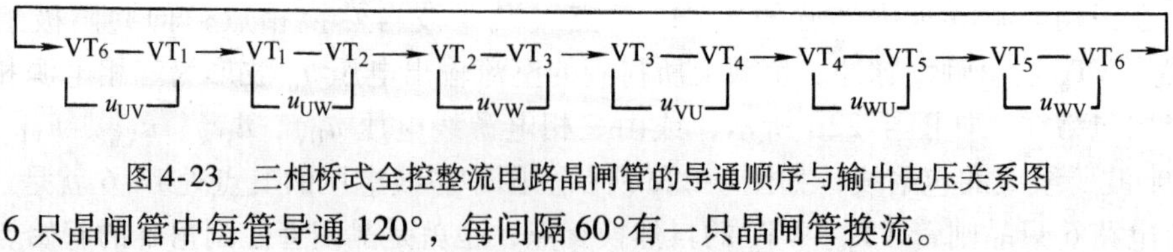

图 4-23　三相桥式全控整流电路晶闸管的导通顺序与输出电压关系图

3）6 只晶闸管中每管导通 120°，每间隔 60°有一只晶闸管换流。

二、对触发脉冲的要求

为了保证整流桥路在任何时刻共阴组和共阳组各有一只晶闸管同时导通，必须对应该导通的一对晶闸管同时给出触发脉冲，为此可用以下两种触发方式：

1. 采用单宽脉冲触发

如图4-22d所示，使每一个触发脉冲的宽度大于60°而小于120°（如80°~100°），在相隔60°要换相时，当后一个脉冲出现的时刻，而前一个脉冲还未消失，因此在任何换相点均能同时触发相邻两只晶闸管。例如，在触发 VT_3 时，由于 VT_2 的触发脉冲 u_{g2} 还未消失，故 VT_3 与 VT_2 同时被触发导通。

2. 采用双窄脉冲触发

如图4-22e所示，在触发某一相晶闸管时，触发电路能同时给前一相晶闸管补发一个脉冲（称辅助脉冲）。例如：在送出1号脉冲触发 VT_1 的同时，对 VT_6 也送出6′号辅助脉冲，这样 VT_1 与 VT_6 就能同时被触通；在送出2号脉冲触发 VT_2 的同时，对 VT_1 也送出1′号辅助脉冲，这样 VT_1 与 VT_2 就能同时被触通；其余各管依次导通，保证在任一时刻有两管同时导通。双窄脉冲的触发电路虽然较复杂，但它可以减少触发电路的输出功率，缩小脉冲变压器的铁心体积，故这种触发方式用得较多。

三、不同控制角时电路的电压电流波形

三相全控桥带有反电动势串大电感的负载，因属于大电感性质，所以只要输出整流电压平均值不为零，每只晶闸管的导通角都是120°，与控制角 α 大小无关。负载电流为连续平稳的一条水平线，而流过晶闸管与变压器绕组的电流均为方波。

1. $\alpha=60°$ 时的波形

如图4-24a所示，在电源线电压 u_{WV} 与 u_{UV} 相交点1为 VT_1 的自然换相点亦是 VT_1 管的 α 起算点，过该点60°触发电路同时向 VT_1 与 VT_6 送出窄脉冲，于是 VT_1 与 VT_6 同时被触发导通，输出整流电压 u_d 为 u_{UV}。当 VT_1 与 VT_6 导通60°电角度时，u_{UV} 波形已降到零，如图4-24a中的 ωt_1 点。此时触发电路又立即同时触发 VT_2 与 VT_1 导通。VT_2 的导通，使 VT_6 承受反压而被关断，于是输出整流电压 u_d 变为 u_{UW} 波形，负载电流从 VT_6 换到 VT_2，其余依次类推。至于晶闸管两端电压波形的画法，与三相半波电路分析方法相同，即晶闸管本身导通为零，同组相邻晶闸管导通时，就承受相应线电压波形的某一段。如图4-24a中 u_{T1} 的波形就是遵循该原则画出的。

2. $\alpha>60°$ 时的波形

当 $\alpha>60°$ 时波形出现了负面积，但由于大电感负载，只要输出电压波形 u_d 的平均值不为零，晶闸管的导通角总是能维持120°。由此可见，当 $\alpha=90°$ 时，输出整流电压 u_d 波形正负面积相等，平均值为零，如图4-24b所示。所以，在三相桥式全控整流电路大电感负载时，移相范围只能为0°~90°。

四、定量计算

1. 整流输出电压平均值 U_d

对于大电感负载，在 $0°\leqslant\alpha\leqslant90°$ 范围，负载电流连续，晶闸管导通角均为120°，输出整流电压 u_d 波形连续，整流输出电压平均值 U_d 为

$$U_d=\frac{3\sqrt{6}}{\pi}U_2\cos\alpha\approx2.34U_2\cos\alpha \tag{4-26}$$

式中　U_2——变压器二次侧绕组的相电压有效值。

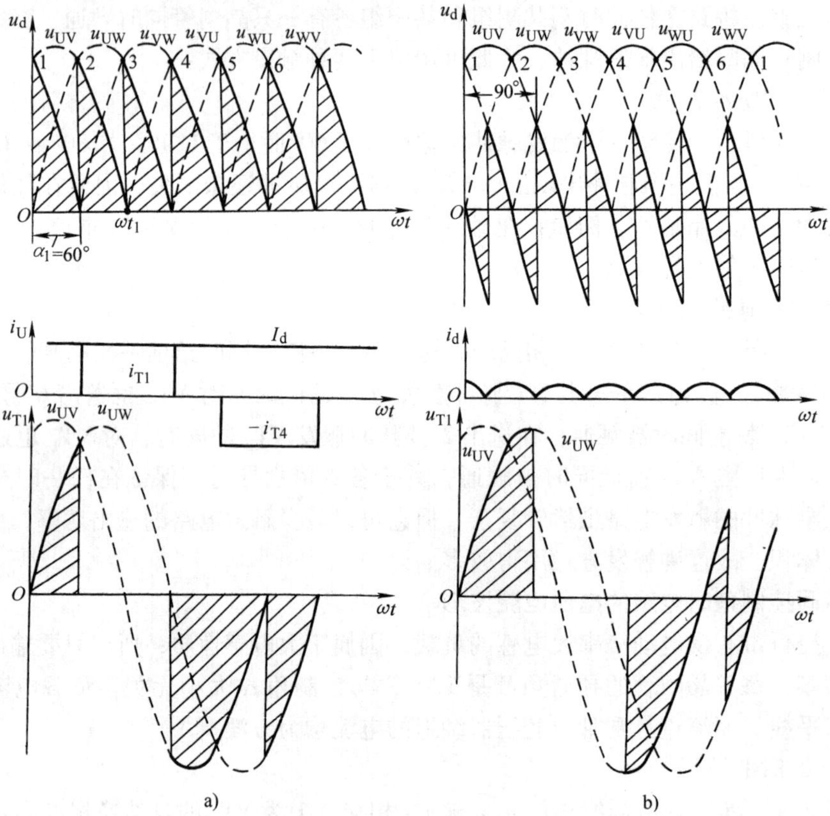

图 4-24　三相全控桥大电感负载不同角时的电压与电流波形

a) $\alpha=60°$时的波形　b) $\alpha>60°$时的波形

2. 负载电流平均值 I_d

$$I_d=\frac{U_d-E}{R_\Sigma}$$

式中　E——直流电动机电枢反电动势；

R_Σ——回路总电阻，它包括电枢绕组电阻、平波电抗器及整流变压器等效内阻等。

3. 整流变压器二次侧绕组电流有效值 I_2

由于 i_2 波形是方波（见图 4-24a 中 i_U 波形），而且一周内有三分之二时间在工作，所以，二次侧绕组（指星形联结）电流有效值 I_2 为

$$I_2=\sqrt{\frac{2}{3}}I_d=0.816I_d \tag{4-27}$$

4. 流过晶闸管的电流平均值 I_{dT}、有效值 I_T 和晶闸管承受的最高电压 U_{TM}

由于流过晶闸管的电流是方波，一周期内每管仅导通三分之一时间，所以，流过晶闸管的电流平均值 I_{dT}和有效值 I_T 分别为

$$I_{dT}=\frac{1}{3}I_d\approx0.33I_d \tag{4-28}$$

$$I_T=\sqrt{\frac{1}{3}}I_d\approx0.577I_d \tag{4-29}$$

晶闸管两端承受的最高电压与三相半波一样，为线电压的最大值，即

$$U_{TM}=\sqrt{6}U_2\approx 2.45U_2$$

综上所述，三相桥式全控整流电路输出电压脉动小，脉动频率高，基波频率为300Hz，在负载要求相同的直流电压下，晶闸管承受的最大正反向电压将比三相半波减小一半，变压器的容量也较小，同时三相电流平衡，无须中线，适用于大功率高电压可变直流电源的负载。但电路须用6只晶闸管，触发电路也较复杂，所以一般只用于要求能进行有源逆变的负载，或中大容量要求可逆调速的直流电动机负载。对一般电阻性负载，或不可逆直流调速系统等，可采用三相半控桥整流电路。

五、自关断器件在相控整流电路中的应用

晶闸管变流电路已被极为广泛地使用，但由于晶闸管本身没有自关断能力，使常规的晶闸管变流装置只能按滞后相角控制原理运行，它从电网吸取滞后的无功电流，使得功率因数降低，线路损耗增加。

采用自关断器件（如GTR、IGBT）组成变流电路可以实现超前相角控制，它不需要从电网吸取滞后的无功电流，其超前电流能起到提高功率因数、减少线路损耗的作用。

图4-25a所示为用电力晶体管组成的三相桥式全控整流带电感性负载的电路，以GTR取代了图4-22所示的晶闸管。当移相控制角 $\alpha=0°$ 时晶体管装置和晶闸管装置的电压、电流波形是重合的；当控制角沿自然换相点右移时，将与晶闸管装置一样可以实现滞后相角控制。即每间隔60°分别给晶体管 V_1、V_2、V_3、V_4、V_5 和 V_6 的基极加上脉宽为120°的驱动信号，使它们具有如图4-22、4-24中晶闸管所处于的同样工作过程，则在负载两端就可获得六脉波的幅值可调的直流电压，其电压、电流各参量计算方法也与晶闸管电路时相同，在此不再作重复讨论，以下就如何实现超前相角控制的问题作进一步分析。

由于晶体管的通断完全受基极电流的控制，只要在自然换相点之前，使已导通的晶体管的基极电流为零，强迫使其关断，同时给下一相相应的晶体管基极加上驱动信号使其导通，就可以实现超前相角控制。如图4-25b所示，在 ωt_2 之前，V_1 和 V_2 处于饱和导通状态，到 ωt_2 时刻使 V_1 管驱动电流为零，同时给 V_3 管加基极驱动电流，虽然此时 $u_V<u_U$，但由于晶体管导通只受基极电流的控

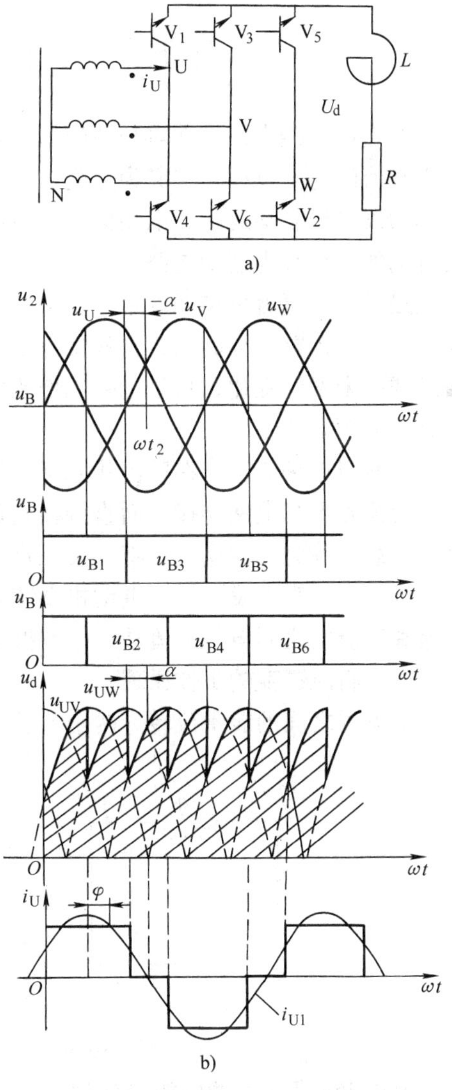

图4-25　晶体管相控流电路及波形

a）电路图　b）波形图

制，V_1 必然关断，并使 V_3 导通。图4-25b 中给出了当 $\alpha=-30°$时负载电压 u_d 及流过整流变压器二次侧绕组相电流 i_U 的波形。

超前相角控制的波形不同于滞后相角控制的波形，其区别在于：前者的控制角 α 由自然换相点向左计算；后者的控制角 α 由自然换相点向右计算。电路中六只晶体管的工作顺序与负载电压关系也同于图4-23 所示。于是可见，整流变压器二次侧绕组相电流 i_U、基波电流 i_{U1}超前于电源相电压 u_U 一个 φ 角（$\varphi=\alpha$），实现了超前相角控制，电网向晶体管整流装置提供的是超前的无功电流。

在晶闸管三相桥式全控电路中的各有关参量计算公式均适用于晶体管超前相角控制电路。

第五节　晶闸管的有源逆变工作状态

在生产实践中，存在着与整流过程相反的要求，即要求把直流电转变成交流电，这种对应于整流的逆向过程，定义为逆变。例如，卷扬机下降或电力机车下坡行驶时，使直流电动机作为发电机制动运行，电动机车的位能转变为电能反送到交流电网中去。把直流电逆变成交流电的电路称为逆变电路。当交流侧和电网连接时，逆变电路称为有源逆变电路。有源逆变电路常用于直流可逆调速系统、交流绕线转子异步电动机串级调速以及高压直流输电等方面。对于可控整流电路而言，只要满足一定的条件，就可以工作于有源逆变状态。此时，电路形式并未发生变化，只是电路工作条件转变，因此有源逆变可作为整流电路的一种工作状态进行分析。

通常将这种既工作在整流状态又工作在逆变状态的整流电路称为变流电路。如果变流电路的交流侧不与电网连接，而直接接到负载即把直流电逆变为某一频率或频率可调的交流电供给负载，称为无源逆变，将在第八章介绍。

以下先从直流发电机、电动机系统入手研究其间电能流转的关系，再转入变流器中分析交流和直流电之间电能的流转，以掌握实现有源逆变的条件。

一、有源逆变的工作原理

两电源之间的能量流转。两个直流电源 E_1 和 E_2 可有三种相连的电路形式，如图4-26所示。

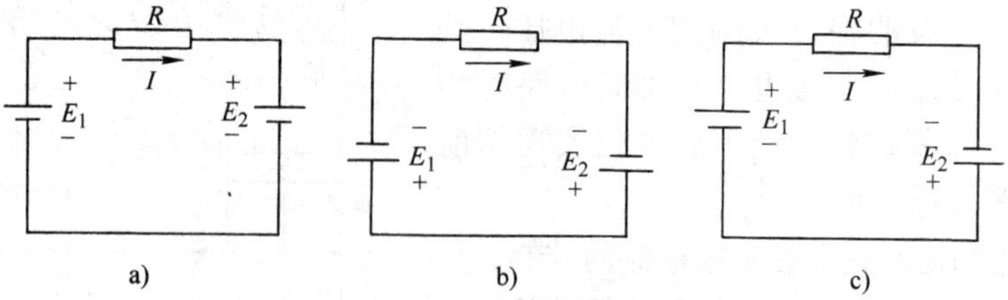

图4-26　两直流电源间的功率传递

图4-26a 所示是两电源同极性相接，设 $E_1>E_2$，电流 I 从 E_1 流向 E_2，大小为

$$I=\frac{E_1-E_2}{R} \tag{4-30}$$

式中　R——回路总电阻。

电源 E_1 发出的功率 $P_1=E_1I$，电源 E_2 吸取的功率 $P_2=E_2I$，电阻消耗的功率 $P_R=$

$(E_1 - E_2)I = I^2R$。

图4-26b所示是将两电源极性反过来，同时 $E_2 > E_1$，则电流方向不变，但功率反送。

图4-26c所示则为两电源反极性相连，这时电流大小为

$$I = \frac{E_1 + E_2}{R} \tag{4-31}$$

相当于两个电源顺极性相接向电阻 R 供电，此时两电源都输出功率，$P_1 = E_1I$，$P_2 = E_2I$；电阻上消耗的功率 $P_R = (E_1 + E_2)I$。如果电阻 R 仅为回路电阻，数值很小，则会形成很大的电流 I，实际上相当于两个电源间短路。

由上述分析可得以下结论：

1）电流从电源正极端流出者为输出功率，电流从电源正极端流入者为吸收功率。

2）两个电源同极性相连，电流总是从电动势高的电源流向电动势低的电源，电流大小取决于两电动势之差和回路电阻。如果回路电阻很小，尽管两电动势之差不大，也可以产生足够大的电流，使两电源间交换很大的功率。

3）两电源反极性相连时，电动势数值相加，若回路电阻很小，则形成短路。实际应用中要避免发生这种情况。

二、有源逆变产生的条件

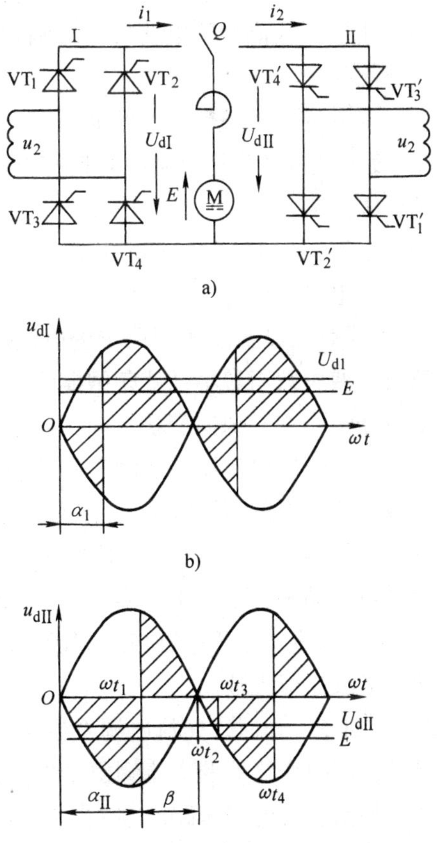

图4-27　单相桥式电路的整流与逆变原理

图4-27为两组单相全控桥式电路，通过开关Q与直流电动机负载相接。假若Q掷向Ⅰ位置，Ⅰ组晶闸管的控制角 $\alpha_Ⅰ < 90°$，电路工作在整流状态，输出波形如图4-27b所示。输出电压 $U_{dⅠ}$ 上正下负，电动机作电动运行，流过电枢的电流为 i_1，电动机的反电动势 E 上正下负。这时交流电源通过晶闸管装置供出功率，电动机吸收功率。这相当于图4-26a所示情况。

当开关Q快速掷向Ⅱ，由于机械惯性，电动机的电动势 E 不变，仍为上正下负，同时给Ⅱ组晶闸管加触发脉冲，使 $\alpha_Ⅱ < 90°$，输出电压 U_d 下正上负，则形成两电源顺极性相连，因回路的电阻很小，将产生很大电流，相当于短路事故，这是不允许的，这就是图4-26c所示情况。

因此，当开关Q掷向Ⅱ时，应同时使单相全控桥电路的控制角 α 调整到大于90°，这时输出电压为 $U_d = U_{do}\cos\alpha$，因 $\alpha_Ⅱ > 90°$，U_d 极性为上正下负，且使 $|U_d| < |E|$（E 仍为上正下负），假若电动机转速暂不变，因而 E 也不变，晶闸管在 E 和 u_2 的作用下导通，产生电流 i_2。此时电动机供出能量，运行在发电制动状态，晶闸管装置吸收能量送回电网。这

就是有源逆变，与图4-26b所示情况一样。

由图4-27b中波形可见，单相全控桥式电路工作在逆变时的输出电压控制原理与整流时相同，只是控制角α大于90°，表示为

$$U_d = 0.9U_2\cos\alpha$$

为计算方便起见，引入逆变角β，令$\alpha = \pi - \beta$，用电角度表示时为$\alpha = 180° - \beta$，所以

$$\begin{aligned} U_d &= 0.9U_2\cos\alpha \\ &= 0.9U_2\cos(180° - \beta) \\ &= -0.9U_2\cos\beta \end{aligned} \tag{4-32}$$

逆变角为β时的触发脉冲位置可从$\alpha = 180°$时刻向左移β来确定（如图4-27c所示）。

由以上分析可见，在有源逆变时，晶闸管在交流电源的负半周导通的时间较长，即输出电压u_d波形负面积大于正面积，电压平均值$U_d < 0V$，直流平均功率的传递方向由电动机返送到交流电源；当装置工作在整流时，为正面积大于负面积，平均电压$U_d > 0V$，直流平均功率的传递方向是交流电源经变流器送往直流负载。为了防止逆变失败，对逆变装置所用晶闸管的参数和性能进行合理选择，并设置过电压、过电流保护环节，触发电路工作一定要安全可靠，输出的触发脉冲逆变角最小值要严格加以限制。所以同一套变流装置当$\alpha < 90°$时，工作在整流状态；当$\alpha > 90°$时，工作在逆变状态；当$\alpha = \beta = 90°$时，输出电压平均值$U_d = 0V$，电流I_d也为零，交直流两侧无能量交换。

对于半控桥式晶闸管电路或直流侧并接有续流二极管的电路，不可能输出负电压，所以不能实现有源逆变。

实现有源逆变的条件可归纳如下：

1）变流装置的直流侧必须外接有电压极性与晶闸管导通方向一致的直流电源E，且E的数值要大于U_d。

2）变流器必须工作在$\beta < 90°$（$\alpha > 90°$）区间，使$U_d < 0V$，才能将直流功率逆变为交流功率返送电网。

3）为了保证变流装置回路中的电流连续，逆变电路中一定要串接大电抗。

三、逆变失败与最小逆变角限制

变流器工作在有源逆变状态时，若出现输出电压平均值与直流电源E顺极性串联，必然形成很大的短路电流流过晶闸管和负载，造成事故。这种现象称为逆变失败或逆变颠覆。

造成逆变失败的原因很多，主要有以下几种情况：

1）触发电路工作不可靠，不能适时、准确地给各晶闸管分配脉冲，如脉冲丢失或脉冲延时等，致使晶闸管不能正常换相，使交流电源电压和直流电动势顺向串联，形成短路。

2）晶闸管发生故障，在应该阻断期间，器件失去阻断能力，或在应该导通期间器件不能导通，造成逆变失败。

3）在逆变工作时，交流电源发生缺相或突然消失，由于直流电动势E的存在，晶闸管仍可导通，此时变流器的交流侧由于失去了同直流电动势极性相反的交流电压，则直流电动势将通过晶闸管使电路短路。

4）换相的裕量角不足，引起换相失败。应考虑变压器漏抗引起重叠角对变流电路换相的影响。

四、有源逆变应用电路

常用的有源逆变电路除三相半波可控电路外，还有单相全控桥和三相全控桥电路等。

1. 三相半波有源逆变电路

图 4-28a 所示为三相半波有源逆变电路，电动机的电动势 E 的极性符合有源逆变的条件，晶闸管 VT_1、VT_3、VT_5 的控制角 α 必须大于 90°，即 $\beta<90°$，当 $|E|>|U_d|$ 时，由于电路中接有大电感，电路可工作在有源逆变状态，变流器输出的直流电压为

$$U_\beta = 1.17U_2\cos\beta \tag{4-33}$$

或 $$U_d = U_{do}\cos\alpha = -U_{do}\cos\beta = -1.17U_2\cos\beta$$

公式中输出电压为负，说明逆变电压的极性与整流时相反。输出直流电流平均值的计算公式为

$$I_d = \frac{E-U_\beta}{R_\Sigma} \tag{4-34}$$

式中 R_Σ——回路的总电阻。

β 值不同时的波形画法，可按照可控整流电路波形的方法画出，此时的 $\alpha=180°-\beta$。逆变电路与整流电路一样，晶闸管的关断是靠承受反压或电压过零时来实现的，晶闸管可能承受的最大正反向电压也为 $\sqrt{6}U_2$。

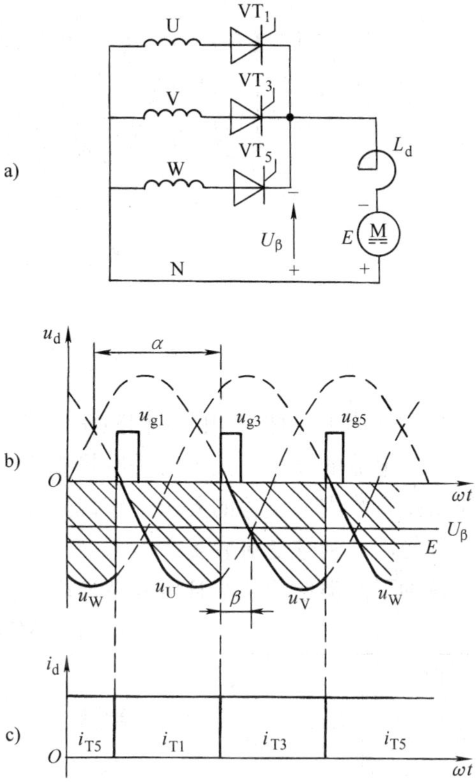

图 4-28 三相半波有源逆变电路

2. 三相全控桥有源逆变电路

图 4-29 为三相全控桥式有源逆变电路，晶闸管的控制过程与三相全控桥整流电路相同，只是控制角 α 的移相范围为 180°。当 $\alpha<90°$时，电路工作在整流状态；当 $\alpha>90°$时，电路工作在逆变状态。当 β 不同时的 U_d 波形如图 4-30 所示。

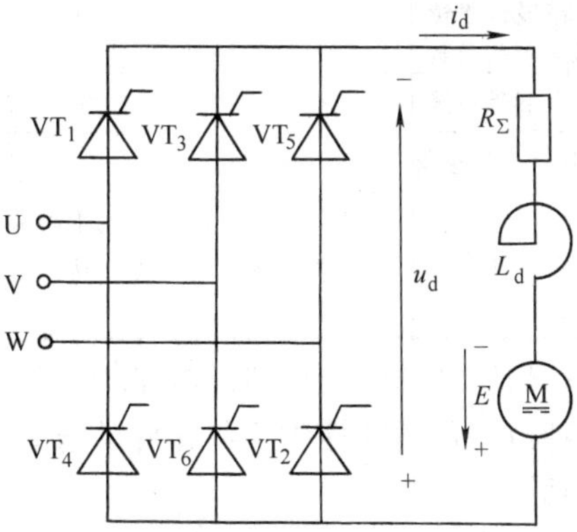

图 4-29 三相全控桥带电动机负载的电路

输出直流电压的计算公式分别为

整流时

$$U_d = U_{do}\cos\alpha = 2.34U_2\cos\alpha \quad（当\ \alpha<90°）\tag{4-35}$$

逆变时

$$U_d = U_{do}\cos\alpha = 2.34U_2\cos\alpha = -2.34U_2\cos\beta \quad（当\ \beta>90°）\tag{4-36}$$

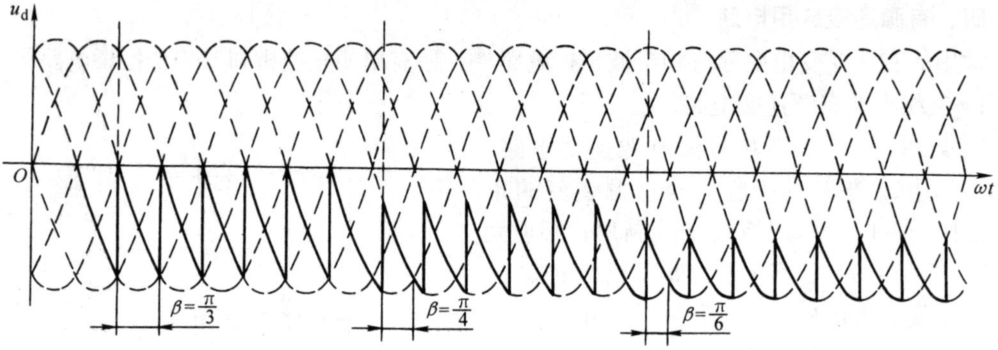

图 4-30　为三相全控桥带电动机负载的电路及波形

本章小结

本章介绍了几种常用的可控整流电路，分析它们的工作原理，在不同性质负载下整流电路电压和电流的波形，找出有关电量基本数量关系。从而掌握各种电路的特点和应用范围，以便根据直流用电设备的要求，正确地设计和选择可控整流电路及元器件参数，准确无误地调试和使用晶闸管变流装置。

各种不同类型的晶闸管可控整流电路的有关性能比较见表 4-1。

表 4-1　不同类型的可控整流电路

相数		单相			三相	
电路形式		半波	全控桥	半控桥	半波	全控桥
输出电压		$0\sim0.45U_2$	$0\sim0.9U_2$		$0\sim1.17U_2$	$0\sim2.34U_2$
脉冲频率 $\alpha=0$		f	$2f$	$2f$	$3f$	$6f$
脉动情况		脉动大			脉动小	
U_{TM}		$\sqrt{2}U_2$	$\sqrt{2}U_2$	$\sqrt{2}U_2$	$\sqrt{6}U_2$	$\sqrt{6}U_2$
移相范围	阻性及电感性带续流管负载	$0\sim\pi$			$0\sim5\pi/6$	$0\sim2\pi/3$
	感性负载	不使用	$0\sim\pi/2$	不使用	$0\sim\pi/2$	
SCR 最大导通角		π	π	π	$2\pi/3$	$2\pi/3$
应用场合		最简单用于波形要求不高的场合	用于整流或逆变小功率场合	仅用于小功率不可逆场合	整流变压器中有直流分量，用于小功率场合	指标好、控制复杂，可用于要求高的可逆系统

研究晶闸管可控整流电路的工作原理时，所采用的基本方法是根据整流器件的工作条件和特点，负载的性质及各元件的导通、关断的物理过程，从而得出有关电量与控制角 α 的关系。

值得注意的是，晶闸管可控整流电路均采用相位滞后的方案，存在功率因数偏低、谐波较大等对电网不利的因素。为此，务必在使用中，特别是在特大功率应用的场合采取如：滤波、无功补偿或用自关断器件组成可控整流电路等措施，以改善用电质量，减少对电网的公害。

有源逆变是可控整流电路的另一种工作状态，但并非所有可控整流电路都可实现有源逆变。要特别注意实现有源逆变的条件：变流装置的直流侧必须外接有与晶闸管导通方向一致的直流电源 E，且大于 U_d；变流器必须工作在 $\beta<90°$（$\alpha>90°$）区间。有源逆变主要用于直流电动机的可逆调速，绕线式异步电动机的串极调速，高压直流输电等。使用中要严加防范逆变失败，以免导致元件损坏和设备的重大事故。

自　测　题

1. 在可控整流电路中，若负载是纯电阻，试问电阻上的电压平均值与电流平均值的乘积是否就等于负载消耗的功率，为什么？

2. 某电阻负载要求获 $U_d=0\sim24V$ 的可调直流平均电压，负载电流 $I_d=30A$。分别由交流电网 220V 供电，与由整流变压器降压后 60V 的变压器二次侧电压供电。采用单相半波可控整流电路，说明是否都能满足要求？并比较两种供电方案的晶闸管导通角、晶闸管的电压电流额定值、电源与整流变压器二次侧的功率因数及对电源要求的容量等有何不同？两种供电方案哪种合理？

3. 图 4-31 所示是中小型发电机采用的单相半波晶闸管自激励磁电路，L 为励磁绕组，发电机满载时相电压为 220V，要求励磁电压为 45V，励磁绕组内阻为 4Ω，电感为 0.2H，试求满足励磁要求时，晶闸管的导通角及流过晶闸管与续流二极管的电流平均值及电流有效值。

4. 画出单相半波可控整流电路，当 $\alpha=60°$时，如下 5 种情况的 u_d、i_T 及 u_T 的波形

1）电阻性负载。

2）大电感负载不接续流二极管。

3）大电感负载接续流二极管。

4）反电动势负载不串入平波电抗器。

5）反电动势负载串入平波电抗器并接续流二极管。

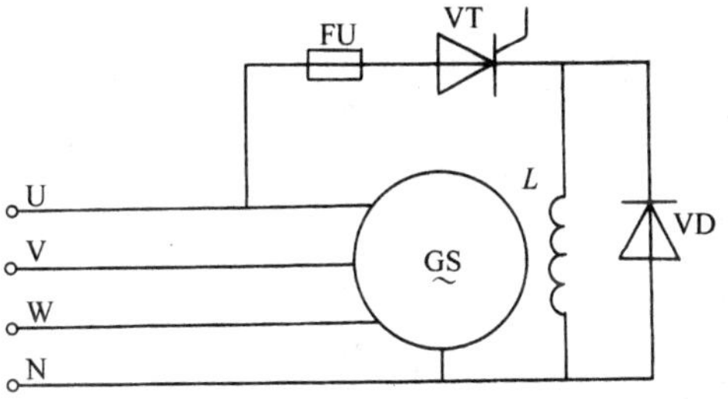

图 4-31　题 3 图

5. 单相全控桥整流电路，大电感负载。已知：$U=220V$；$R=4\Omega$。试求：当 $\alpha=60°$时，分别计算负载两端并接续流二极管前后的 U_d、I_{Dt}、I_{dD} 及 I_T、I_D 的值；画出 u_d、i_T、u_T 的波形；选择晶闸管的型号。

6. 单相半控桥电路，对直流电动机电枢供电，串入了大电感量的平波电抗器 L_d，电枢电阻为 0.2Ω，单相交流输入电压 220V。试画出当 $\alpha=90°$时的 u_d、i_T、i_D 及 u_T 的波形；并求：负载电流为 50A 时的 I_{dT}、I_T、I_{dD}、I_D 与电动机反电动势 E 各为多少？

7. 如图 4-32 所示的可控整流电路，试画出 $\alpha=60°$时的 u_d、i_T、i_D 及 u_T 的波形；如果 $u_2=220V$；$R=5\Omega$，试计算选择晶闸管与二极管的型号。

8. 两个晶闸管串联式的单相半控桥整流电路如图 4-33 所示，负载为大电感，内阻为 5Ω，电源电压 $u_2=100\sqrt{2}\sin\omega t$。试画出 u_d、i_T 和 i_D 的波形；比较说明与共阴极接法的单相半控桥电路的异同。

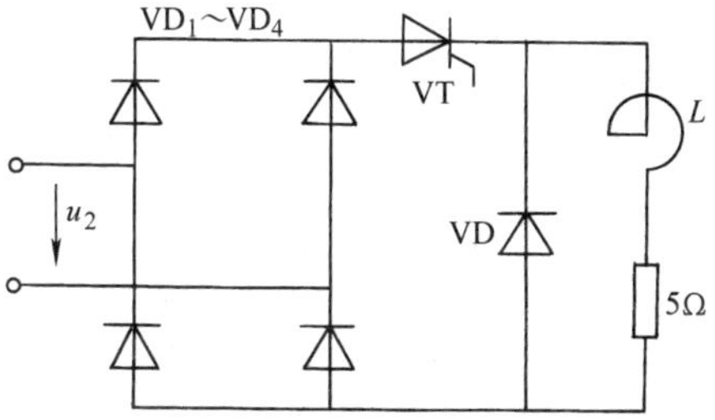

图 4-32　题 7 图

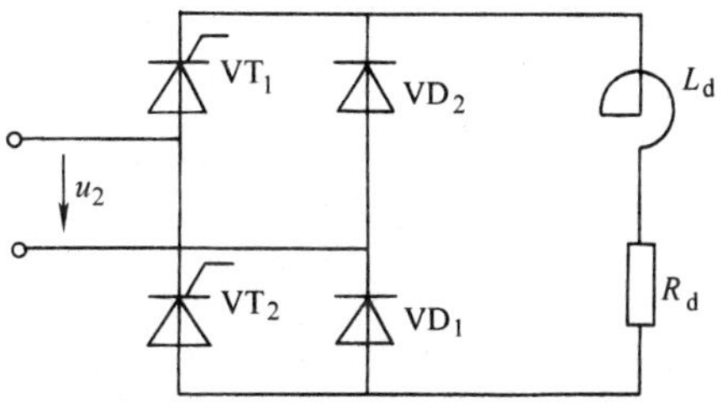

图 4-33　题 8 图

9. 用分压比为 0.6 的单结晶体管组成的振荡电路，若 $U_{bb}=20V$，则峰值电压 U 为多少？若管子 b_1 脚

虚焊，则充放电电容两端电压约为多少？若管子 b_1 脚正常而 b_2 脚虚焊，电容两端电压又为多少？

10. 对三相半波可控整流电路电阻负载，如果触发脉冲出现在自然换相点之前 15°处，试画出触发脉冲宽度分别为 10°和 20°时，输出电压 u_d 波形，并分析电路是否正常工作。

11. 对三相半波可控整流电路大电感负载，电感内阻为 10Ω，不接续流二极管。负载电压要求 U_d = 220V，画出当 α = 45°时 u_d、i_{T3}、u_{T3}波形；满足负载要求的整流变压器二次侧相电压有效值 U_2 及整流变压器容量 S_1、S_2。

12. 对三相半波可控整流电路，如果 U 相的触发脉冲丢失，试画出 α = 60°时，大电感负载时的 u_d、i_{T5} 及 u_{T3}波形。

13. 对三相全控桥整流电路大电感负载，已知 U_2 = 100V，电感的内阻为 10Ω。求 α = 45°时 U_d、I_d、I_{dT}和 I_T 值，并画出 u_d、i_{T1}、i_u、u_{T1}电压和电流波形。

14. 解释下列各概念：整流与待整流，逆变与待逆变，有源逆变与无源逆变。

15. 什么叫有源逆变？有源逆变的工作原理是什么？

16. 说明实现有源逆变的条件，为什么半控桥和负载侧并有续流管的电路不能实现有源逆变？

第五章　晶闸管的触发电路

由晶闸管的导通条件可知，当晶闸管承受正向阳极电压时，必须在门极和阴极之间加适当的正向电压，晶闸管才能正向导通。这种控制晶闸管导通的电路称为触发电路，对于触发电路通常有如下要求：

1）触发电路输出的脉冲必须具有足够的功率。为了使元件可靠地被触发导通，触发脉冲的数值必须大于门极触发电压 U_{GT} 和门极触发电流 I_{GT}，即具有足够的触发功率。但其数值又必须小于门极正向峰值电压 U_{GM} 和门极正向峰值电流 I_{GM}，以防止晶闸管门极的损坏。

2）触发脉冲必须与晶闸管的主电压保持同步。为了保证控制的规律性，各晶闸管的触发电压与其主电压之间具有较严格的相位关系，即保持同步。

3）触发脉冲能满足主电路移相范围的要求。为了实现变流电路输出的电压连续可调，触发脉冲应能在一定的范围内进行移相。例如，单相全控桥电阻负载要求触发脉冲移相范围为 180°；而三相全控桥电感性负载（不接续流管时）要求触发脉冲的移相范围是 90°。

4）触发脉冲要具有一定的宽度，前沿要陡。多数晶闸管电路还要求触发脉冲的前沿要陡，以实现精确的触发导通控制。当负载为电感性时，晶闸管的触发脉冲必须具有一定的宽度，以保证晶闸管的电流上升到擎住电流以上，使元件可靠导通。常见的触发脉冲电压波形如图 5-1 所示。

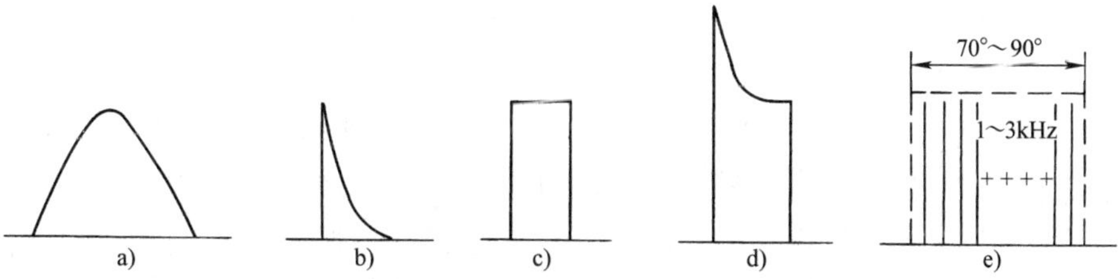

图 5-1　常见的触发脉冲电压波形

a）正弦波　b）尖脉冲　c）方脉冲　d）强触发脉冲　e）脉冲列

触发电路通常以组成的主要元件名称分类，可分为单结晶体管触发电路、晶体管触发电路、集成电路触发器、计算机控制数字触发电路等。

第一节　单结管触发电路

单结晶体管触发电路结构简单，输出脉冲前沿陡，抗干扰能力强，运行可靠，调试方便，广泛应用于对中小容量晶闸管的触发控制。

一、单结晶体管

单结晶体管的结构及其图形符号如图 5-2 所示，该器件只有一个 PN 结，但有两个基极，所以称其为“单结晶体管”或“双基极管”。

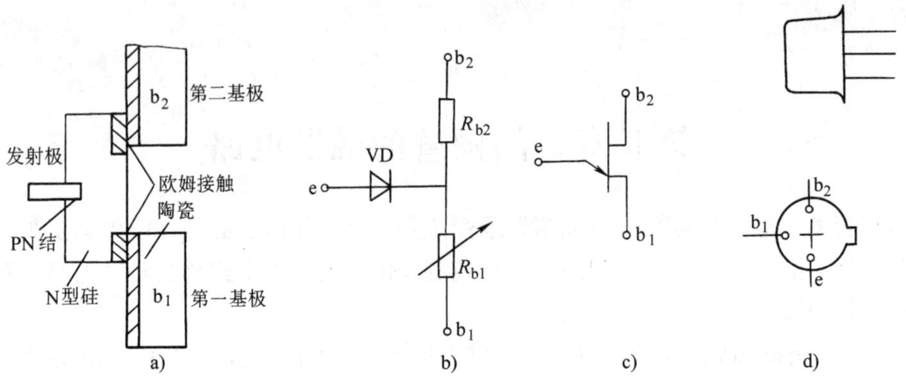

图 5-2　单结晶体管

a）结构示意　b）电路模型　c）图形符号　d）外形及管脚

常用的国产单结晶体管型号有 BT33 和 BT35 两种，其中 B 表示半导体，T 表示特种管，第一个数字 3 表示有 3 个电极，第二个数字 3（或 5）表示耗散功率为 300mW（或 500mW）。单结晶体管的主要参数见表 5-1。

表 5-1　单结晶体管的主要参数

<table>
<tr><td colspan="2">参数名称</td><td>分压比
η</td><td>基极电阻
$r_{bb}/k\Omega$</td><td>峰点电流
$I_P/\mu A$</td><td>谷点电流
I_V/mA</td><td>谷点电压
U_V/V</td><td>饱和电压
U_{es}/V</td><td>最大反压
U_{b2e}/V</td><td>发射极反漏电流
$I_{eo}/\mu A$</td><td>耗散功率
P_{max}/mW</td></tr>
<tr><td colspan="2">测试条件</td><td>$U_{bb}=20V$</td><td>$U_{bb}=3V$
$I_e=0$</td><td>$U_{bb}=0$</td><td>$U_{bb}=0$</td><td>$U_{bb}=0$</td><td>$U_{bb}=0$
I_e 为 max</td><td></td><td>U_{b2e} 为 max</td><td></td></tr>
<tr><td rowspan="4">BT33</td><td>A</td><td rowspan="2">0.45 ~ 0.9</td><td rowspan="2">2 ~ 4.5</td><td rowspan="8"><4</td><td rowspan="8">>1.5</td><td rowspan="2"><3.5</td><td rowspan="2"><4</td><td>≥30</td><td rowspan="8"><2</td><td rowspan="4">300</td></tr>
<tr><td>B</td><td>≥60</td></tr>
<tr><td>C</td><td rowspan="2">0.3 ~ 0.9</td><td rowspan="2">>4.5 ~ 12</td><td rowspan="2"><4</td><td rowspan="2"><4.5</td><td>≥30</td></tr>
<tr><td>D</td><td>≥60</td></tr>
<tr><td rowspan="4">BT35</td><td>A</td><td rowspan="2">0.45 ~ 0.9</td><td rowspan="2">2 ~ 4.5</td><td><3.5</td><td rowspan="2"><4</td><td>≥30</td><td rowspan="4">500</td></tr>
<tr><td>B</td><td>>3.5</td><td>≥60</td></tr>
<tr><td>C</td><td rowspan="2">0.3 ~ 0.9</td><td rowspan="2">>4.5 ~ 12</td><td rowspan="2"><4</td><td rowspan="2"><4.5</td><td>≥30</td></tr>
<tr><td>D</td><td>≥60</td></tr>
</table>

用万用表来判别单结晶体管的好坏比较容易，可选择 $R\times1k\Omega$ 电阻挡进行测量，若某个电极与另外两个电极的正向电阻小于反向电阻，则该电极为发射极 e，接着测量另外两个电极的正反向电阻值应该相等。

单结晶体管的伏安特性：当两基极 b_2 和 b_1 间加某一固定直流电压 U_{bb} 时，发射极电流 I_e 与发射极正向电压 U_e 之间的关系曲线称为单结晶体管的伏安特性 $I_e=f(U_e)$，试验电路图及特性如图 5-3 所示。

当开关 S 断开，I_{bb} 为零，加发射极电压 U_e 时，得到如图 5-3b①所示的伏安特性曲线，该曲线与二极管伏安特性曲线相似。

1. 截止区—— aP 段

当开关 Q 闭合，电压 U_{bb} 通过单结晶体管等效电路中的 r_{b1} 和 r_{b2} 分压，得 A 点电位 U_A，

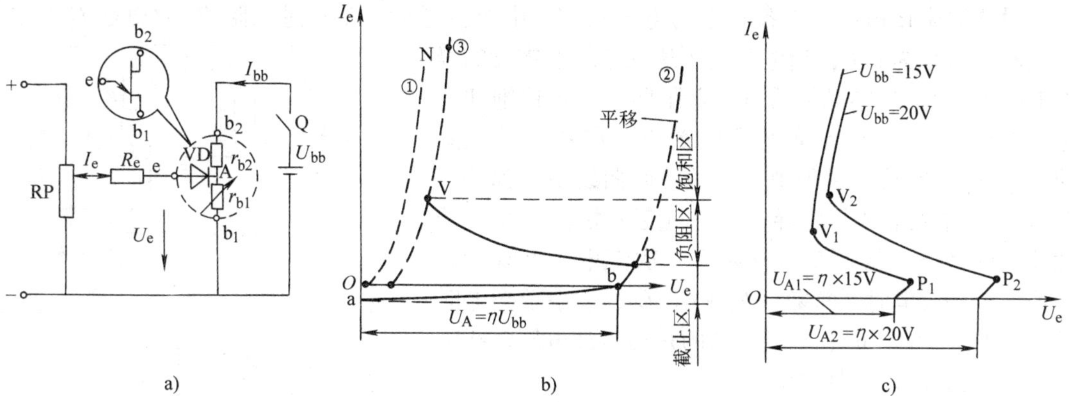

图 5-3　单结晶体管伏安特性

a）单结晶体管实验电路　b）单结晶体管伏安特性　c）特性曲线族

可表示为

$$U_A = \frac{r_{b1}}{r_{b2}}U_{bb} = \eta U_{bb} \tag{5-1}$$

式中　η ——分压比，是单结晶体管的主要参数，η 一般为 0.3 ~ 0.9。

当 U_e 从零逐渐增加，但 $U_e < U_A$ 时，单结晶体管的 PN 结反向偏置，只有很小的反向漏电流。当 U_e 增加到与 U_A 相等时，$I_e = 0$，即图 5-3b 中所示特性曲线与横坐标交点 b 处。进一步增加 U_e，PN 结开始正偏，出现正向漏电流，直到当发射结电位 U_e 增加到高出 ηU_{bb} 一个 PN 结正向压降 U_D 时，即 $U_e = U_P = \eta U_{bb} + U_D$ 时，等效二极管 VD 才导通，此时单结晶体管由截止状态进入到导通状态，并将该转折点称为峰点 P。P 点所对应的电压称为峰点电压 U_P，所对应的电流称为峰点电流 I_P。

2. 负阻区—— PV 段

当 $U_e > U_P$ 时，等效二极管 VD 导通，I_e 增大，这时大量的空穴载流子从发射极注入 A 点到 b_1 的硅片，使 r_{b1} 迅速减小，导致 U_A 下降，因而 U_e 也下降。U_A 的下降，使 PN 结承受更大的正偏电压，引起更多的空穴载流子注入到硅片中，使 r_{b1} 进一步减小，形成更大的发射极电流 I_e，这是一个强烈的正反馈过程。当 I_e 增大到一定程度，硅片中载流子的浓度趋于饱和，r_{b1} 已减小至最小值，A 点的分压 U_A 最小，因而 U_e 也最小，得曲线上的 V 点。V 点称为谷点，谷点所对应的电压和电流称为谷点电压 U_V 和谷点电流 I_V。这一区间称为特性曲线的负阻区。

3. 饱和区—— VN 段

当硅片中载流子饱和后，欲使 I_e 继续增大，必须增大电压 U_e，单结晶体管处于饱和导通状态。

改变电压 U_{bb}，器件等效电路中的 U_A 和特性曲线中 U_P 也随之改变，从而可获得一族单结晶体管伏安特性曲线，如图 5-3c 所示。

二、单结晶体管自激振荡电路

利用单结晶体管的负阻特性和 RC 电路的充放电特性，可以组成单结晶体管自激振荡电路，如图 5-4 所示。

设电源未接通时，电容 C 上的电压为零。电源接通后，E 通过电阻 R_e 对电容 C 充电，充电时间常数为 R_eC；当电容电压达到单结晶体管的峰点电压 U_P 时，单结晶体管进入负阻区，并很快饱和导通，电容 C 通过 eb_1 结向电阻 R_1 放电，在 R_1 上产生脉冲电压 u_{R1}。在放电过程中，u_c 按指数曲线下降到谷点电压 U_V，单结晶体管由导通迅速转变为截止，R_1 上的脉冲电压终止。此后 C 又开始下一次充电，重复上述过程。由于放电时间常数 $(R_1+r_{b1})C$ 远远小于充电时间常数 R_eC，故在电容两端得到的是锯齿波电压，在电阻 R_1 上得到的是尖脉冲电压。

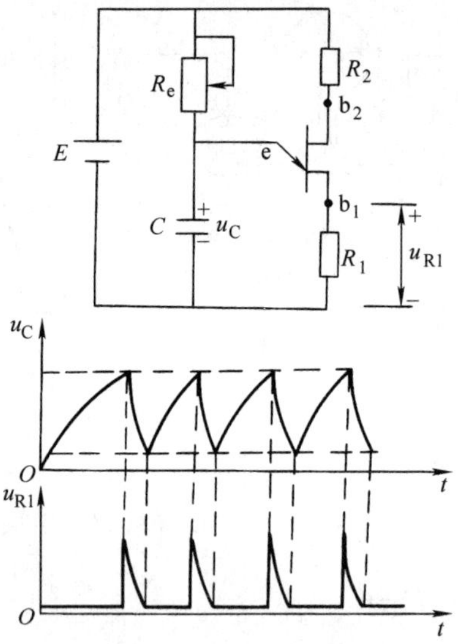

图 5-4　单结晶体管自激振荡电路

应注意的是，R_e 的值太大或太小时，电路不能产生振荡。R_e 太大时，充电电流在 R_e 上的压降太大，电容 C 上的充电电压始终达不到峰点电压 U_P，单结晶体管不能进入负阻区，一直处于截止状态，电路无法振荡；当 R_e 太小时，单结晶体管导通后的 I_e 将一直大于 I_V，单结晶体管关断不了。因此满足电路振荡的 R_e 的取值范围为

$$\frac{E-U_P}{I_P} \geqslant R_e \geqslant \frac{E-U_V}{I_V} \tag{5-2}$$

为了防止 R_e 取值过小电路不能振荡，一般取一固定电阻 r 与另一可调电阻 R_e 串联，以调整到满足振荡条件的合适频率。若忽略电容 C 放电时间，电路的自激振荡频率近似为

$$f=\frac{1}{T}=\frac{1}{R_eC\ln\frac{1}{1-\eta}} \tag{5-3}$$

电路中 R_1 上的脉冲电压宽度取决于电容放电时间常数。R_2 是温度补偿电阻，作用是保持振荡频率的稳定。例如，当温度升高时，由于管子 PN 结具有负的温度系数，U_D 减小，而 r_{bb} 具有正的温度系数，r_{bb} 增大，R_2 上的压降略减小，则使加在管子 b_1、b_2 上的电压略升高，使得 U_A 略增大，从而使峰点电压 $U_P=U_A+U_D$ 基本不变。

三、具有同步环节的单结晶体管触发电路

如采用上述单结晶体管自激振荡电路输出的脉冲电压去触发可控整流电路中的晶闸管，得到的电压 U_d 的波形将是不规则的，无法进行正常的控制，这是因为触发电路缺少与主电路晶闸管保持电压同步的环节。

图 5-5 所示是加了同步环节的单结晶体管触发电路，主电路为单相半波整流电路。图中 VT 在每个周期内以同样的控制角 α 触发导通，触发脉冲必须在电源电压每次过零后滞后 α 角出现。为了使触发脉冲与电源电压的相位配合同步，我们采用一个同步变压器，它的一次侧接主电路电源，二次侧经二极管半波整流、稳压削波后得梯形波，作为触发电路电源，也作为同步信号。当主电路电压过零时，触发电路的同步电压也过零，单结晶体管的 U_{bb} 电压也降为零，使电容 C 放电到零，保证了下一个周期电容 C 从零开始充电，起到了同步作用。从图 5-5b 可以看出，每周期中电容 C 的充放电不止一次，晶闸管由第一个脉冲触发导通，后面的脉冲不起作用。改变 R_e 的大小，可改变电容充电速度，达到调节 α 角的目的。

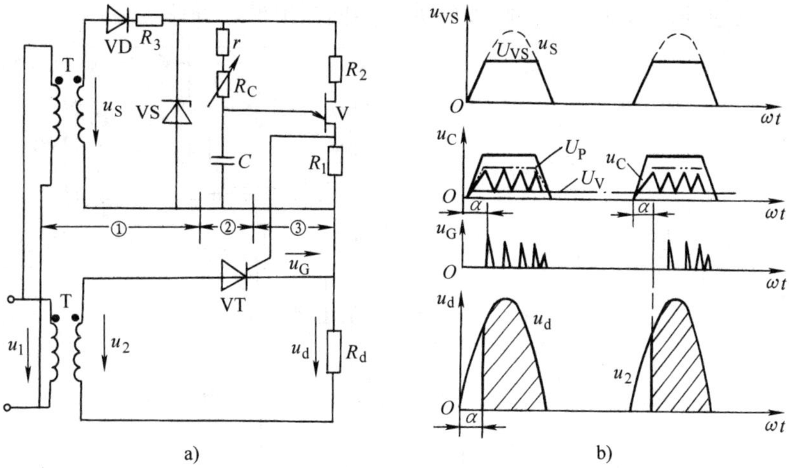

图 5-5　晶体管同步触发电路

实际应用中，常用晶体管 V_2 代替电位器 R_e，以便实现自动移相，同时脉冲的输出一般通过脉冲变压器 T，以实现输出的两个脉冲之间及触发电路与主电路之间的电气隔离，如图 5-6 所示。

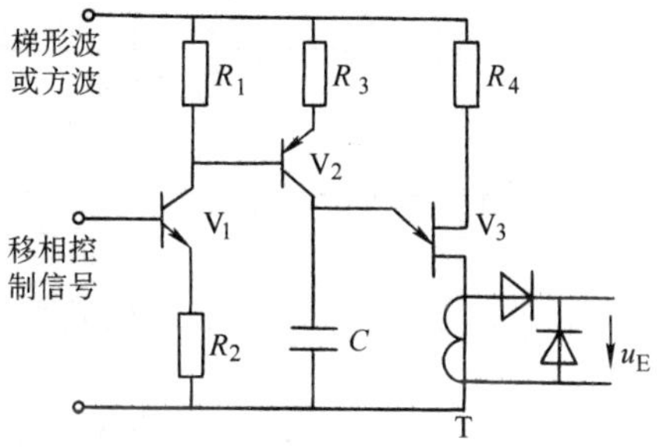

图 5-6　单结晶体管触发电路其他形式

单结晶体管触发电路虽较简单，但由于它的参数差异较大，对于多相电路的触发时不易一致。此外其输出功率较小，脉冲较窄，虽加有温度补偿，但对于大范围的温度变化时仍会出现误差，控制线性度不好。因此单结晶体管触发电路只用于控制精度要求不高的单相晶闸管系统。

第二节　锯齿波触发电路

晶闸管的电流容量越大，要求的触发功率越大。对于大中电流容量的晶闸管，为了保证其触发脉冲具有足够的功率，往往采用由晶体管组成的触发电路。晶体管触发电路按同步电压的型式不同，分为正弦波和锯齿波两种。同步电压为锯齿波的触发电路，不受电网波动和波形畸变的影响，移相范围宽，应用广泛。

图 5-7 所示为锯齿波同步触发电路，该电路由以下 5 个基本环节组成：①同步环节；②锯齿波形成及脉冲移相环节；③脉冲形成、放大和输出环节；④双脉冲形成环节；⑤强触发环节。

一、同步环节

如图 5-7 所示，同步环节由同步变压器 T、晶体管 V_2、VD_1、VD_2、R_1 及 C_1 等组成。在锯齿波触发电路中，同步就是要求锯齿波的频率与主回路电源的频率相同。锯齿波是由开关 V_2 控制的，V_2 由导通变截止期间产生锯齿波，V_2 截止持续时间就是锯齿波的宽度，V_2 开关的频率就是锯齿波的频率。要使触发脉冲与主回路电源同步，必须使 V_2 开关的频率与主回路电源频率达到同步。同步变压器和整流变压器接在同一电源上，用同步变压器二次侧

电压来控制 V_2 的通断，这就保证了触发脉冲与主回路电源的同步。

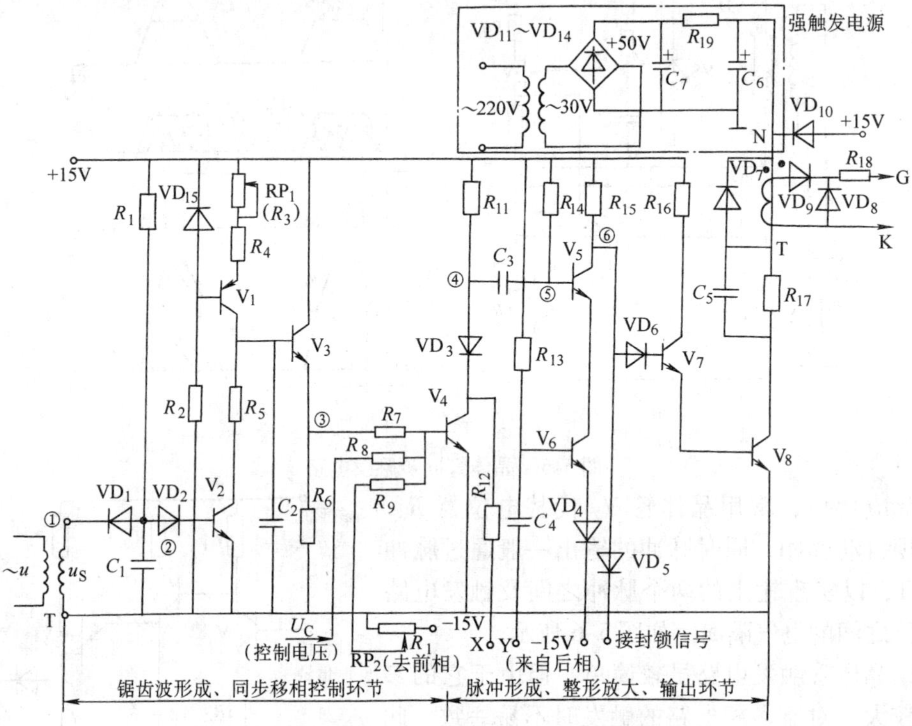

图 5-7　同步电压为锯齿波的触发电路

同步变压器二次电压间接加在 V_2 的基极上，当二次电压为负半周的下降段时，VD_1 导通，电容 C_1 被迅速充电，因下端为参考点，所以②点为负电位，V_2 截止。在二次电压负半周的上升段，由于电容 C_1 已充至负半周的最大值，所以 VD_1 截止，+15V 通过 R_1 给电容 C_1 反向充电，当②点电位上升至于 1.4V 时，V_2 导通，②点电位被箝位在 1.4V。可见，V_2 截止的时间长短，与 C_1 反充电的时间常数 R_1C_1 有关。直到同步变压器二次电压的下一个负半周到来时，VD_1 重新导通，C_1 迅速放电后又被充电，V_2 又变为截止。如此周而复始。在一个正弦波周期内，V_2 包括截止与导通两个状态，对应锯齿波恰好是一个周期，与主回路电源频率完全一致，达到同步的目的。

二、锯齿波形成及脉冲移相环节

电路中由 V_1 组成恒流源向电容 C_2 充电，V_2 作为同步开关控制恒流源对 C_2 的充放电过程。V_3 为射极跟随器，起阻抗变换和前后级隔离作用，以减小后级对锯齿波线性的影响。

工作过程分析如下：当 V_2 截止时，由 V_1 管、VD_9 稳压管、R_3、R_4 组成的恒流源以恒流 I_{e1} 对 C_c 充电，C_2 两端电压 u_2 为

$$u_{c2} = \frac{I_{e1}}{C_2}t \tag{5-4}$$

u_2 随时间 t 线性增长。I_{e1}/C_2 为充电斜率，调节 R_3 可改变 I_{e1}，从而调节锯齿波的斜率。当 V_2 导通时，因 R_5 阻值小，电容 C_2 经 R_5、V_2 管迅速放电到零。所以，只要 V_2 管周期性关断导通，电容 C_2 两端就能得到线性很好的锯齿波电压。为了减小锯齿波电压与控制电压 U_C、偏移电压 U_b 之间的影响，锯齿波电压 U_{c2} 经射极跟随器输出。

锯齿波电压 u_{e3} 与 U_c、U_b 进行并联叠加，它们分别通过 R_7、R_8、R_9 与 V_4 的基极相接。根据叠加原理，分析 V_4 管基极电位时，可看成锯齿波电压 u_{e3}、控制电压 U_c（正值）和偏移电压 U_b（负值）三者单独作用的叠加，三者单独作用的电路如图 5-8 所示。

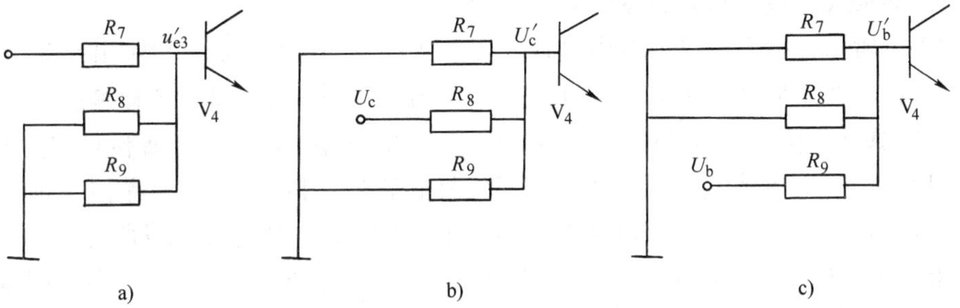

图 5-8　u_{e3}、U_c 和 U_b 单独作用的电路

当 V_4 管基极 b_4 断开时，只考虑锯齿波电压 u_{e3} 作用时的等效电路如图 5-8a 所示，b_4 点的电压为

$$u'_{e3}=\frac{R_8/\!/R_9}{R_7+(R_8/\!/R_9)}u_{e3}=0.55u_{e3}\quad(5\text{-}5)$$

可见，u'_{e3} 仍为锯齿波，但斜率比 u_{e3} 低。

只考虑控制电压 U_c 单独作用时的电路如图 5-8b 所示，其数值为

$$U'_c=\frac{R_7/\!/R_9}{R_8+(R_7/\!/R_9)}U_c=0.15U_c\quad(5\text{-}6)$$

可见，U'_c 仍为与 U_c 平行的一直线，但数值比 U_c 小。

只考虑偏移电压 U_b 单独作用时的电路如图 5-8c 所示，其数值为

$$U'_b=\frac{R_7/\!/R_8}{R_9+(R_7/\!/R_8)}U_b=0.3U_b\quad(5\text{-}7)$$

可见，U'_b 仍为与 U_b 平行的一直线，但数值比 U_b 小。

所以 V_4 管的基极电压可表示为

$$u_{b4}=u'_{es}+(U'_c-U'_b)\quad(5\text{-}8)$$

式中 $(U'_c-U'_b)$ 为负值，u'_{e3} 是随时间变化的正向锯齿波电压。当三者合成电压 u_{b4} 为负时，V_4 管截止；合成电压 u_{b4} 由负过零变正时，V_4 由截止转为饱和导通，u_{b4} 被箝位到 0.7V。

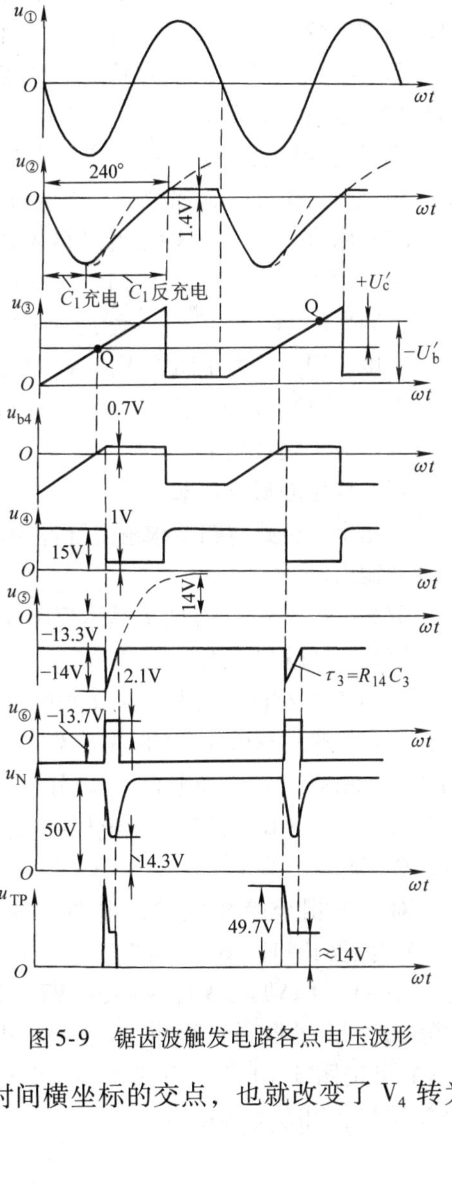

图 5-9　锯齿波触发电路各点电压波形

锯齿波触发电路各点电压波形如图 5-9 所示。电路工作时，往往将负偏移电压 U_b 调整到某值固定，改变控制电压 U_c，就可以改变 u_{b4} 的波形与时间横坐标的交点，也就改变了 V_4 转为

导通的时刻，即改变了触发脉冲产生的时刻，达到移相的目的。设置负偏移电压 U_b 的目的是为了使 U_c 为正，实现从小到大单极性调节。通常设置 $U_c=0$ 时为 α 角的最大值，作为触发脉冲的初始位置，随着 U_c 的调大，α 角减小。

三、脉冲形成、放大和输出环节

如图 5-7 所示，脉冲形成环节由晶体管 V_4、V_5、V_6 组成；放大和输出环节由 V_7、V_8 组成；同步移相电压加在晶体管 V_4 的基极，触发脉冲由脉冲变压器二次侧输出。

当 V_4 的基极电位 $u_{b4}<0.7V$ 时，V_4 截止，V_5、V_6 分别经 R_{14}、R_{13}提供足够的基极电流使之饱和导通，因此⑥点电位为 -13.7V（二极管正向压降按 0.7V，晶体管饱和压降按 0.3V 计算），V_7、V_8 处于截止，脉冲变压器无电流流过，二次侧无触发脉冲输出。此时电容 C_3 充电，充电回路为，由电源 +15V 端经 $R_{11}\rightarrow C_3\rightarrow V_5$ 发射结→V_6→VD_4→电源 -15V 端，C_3 充电电压为30V，极性为左正右负。

当 $u_{b4}\approx0.7V$ 时，V_4 导通，④点电位由 +15V 迅速降低至 1V 左右，由于电容 C_3 两端电压不能突变，使 V_5 的基极电位⑤点跟着突降到 -27.3V，导致 V_5 截止，它的集电极电压升至2.1V，于是 V_7、V_8 导通，脉冲变压器输出脉冲。与此同时，电容 C_3 由 15V 经 R_{14}、VD_3、V_4 放电后又反向充电，使⑤点电位逐渐升高，当⑤点电位升到 -13.3V 时，V_5 发射结正偏又转为导通，使⑥点电位从 2.1V 又降为 -13.7V，迫使 V_7、V_8 截止，输出脉冲结束。由上分析可知，输出脉冲产生的时刻是 V_4 开始导通的瞬时，也是 V_5 转为截止的瞬时。V_5 截止的持续时间即为输出脉冲的宽度，所以脉冲宽度由 C_3 反向充电的时间常数（$\tau_3\approx C_3R_{14}$）来决定，输出窄脉冲时，脉宽通常为1ms（即 18°）。R_{16}、R_{17}分别为 V_7、V_8 的限流电阻，VD_6 是为了提高 V_7、V_8 的导通阈值，增强抗干扰能力，电容 C_5 用于改善输出脉冲的前沿陡度，VD_7 是为了防止 V_7、V_8 截止时脉冲变压器一次侧的感应电动势与电源电压叠加造成 V_8 的击穿，脉冲变压器二次侧所接的 VD_8、VD_9 是为了保证输出脉冲只能正向加在晶闸管的门极和阴极两端。

四、双脉冲形成环节

三相全控桥式电路要求触发脉冲为双脉冲，相邻两个脉冲间隔为 60°，该电路可以实现双脉冲输出。

图 5-7 中，V_5、V_6 两个晶体管构成“或门”电路，当 V_5、V_6 都导通时，V_7、V_8 都截止，没有脉冲输出。但只要 V_5、V_6 中有一个截止，就会使 V_7、V_8 导通，脉冲就可以输出。V_5 基极端由本相同步移相环节送来的负脉冲信号使其截止，导致 V_8 导通，送出第一个窄脉冲，接着由滞后 60°的后相触发电路在产生其本相脉冲的同时，由 V_4 管的集电极经 R_{12}的 X 端送到本相的 Y 端，经电容 C_4 微分产生负脉冲送到 V_6 基极，使 V_6 由导通变为截止，由时间常数 $\tau=R_{13}\cdot C_4$ 决定 V_6 集电极维持高电平的时间长短。产生并经放大后输出滞后 60°的第二个窄脉冲。VD_3、R_{12}的作用是为了防止双脉冲信号的相互干扰。

对于三相全控桥电路，电源三相 U、V、W 为正相序时，6 只晶闸管的触发顺序为 $VT_1\rightarrow VT_2\rightarrow VT_3\rightarrow VT_4\rightarrow VT_5\rightarrow VT_6$ 彼此间隔 60°，为了得到双脉冲，6 块触发板的 X、Y 可按图 5-10 所示方式连接，即后相的 X 端与前相的 Y 端相连。

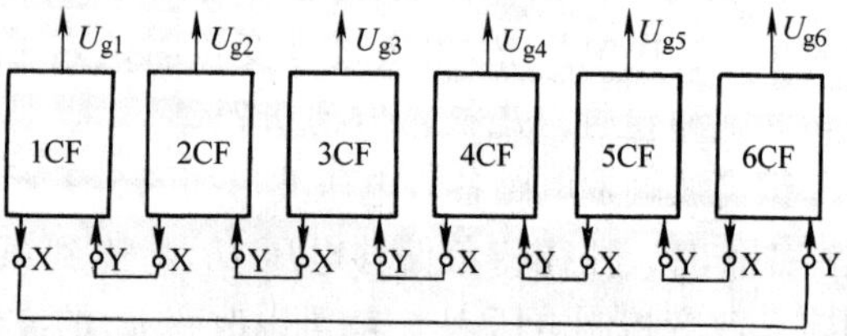

图 5-10　触发电路实现双脉冲连接的示意图

应当注意的是，使用这种触发电路的晶闸管装置，三相电源的相序是确定的。在安装使用时，应该先测定电源的相序，进行正确的连接。如果电源的相序接反了，装置将不能正常工作。

五、强触发及脉冲封锁环节

在晶闸管串并联使用或全控桥式电路中，为了保证被触发的晶闸管同时导通。可采用输出脉冲幅值高、前沿陡的强触发电路。

图 5-7 的右上角那部分电路即为强触发环节。变压器二次侧 30V 电压经桥式整流、电容电阻 π 型滤波，得近似 50V 的直流电压。当 V_8 导通时，C_6 经过脉冲变压器、R_{17}(C_5)、V_8 迅速放电。由于放电回路电阻较小，电容 C_6 两端电压衰减很快，N 点电位迅速下降。当 N 点电位稍低于 15V 时，二极管 VD_{10} 由截止变为导通。这时虽然 50V 电源电压较高，但它向 V_8 提供较大电流时，在 R_{19} 上的电阻压降较大，使 R_{19} 的左端不可能超过 15V，因此 N 点电位被箝制在 15V。当 V_8 由导通变为截止时，50V 电源又通过 R_{19} 向 C_8 充电，使 N 点电位再次升到 50V，为下一次强触发做了准备。

电路中的脉冲封锁信号为零电位或负电位，是通过 VD_5 加到 V_5 集电极的。当封锁信号接入时，晶体管 V_7、V_8 就不能导通，触发脉冲无法输出。进行脉冲封锁，一般用于事故情况或者是无环流的可逆系统。二极管 VD_5 的作用是防止封锁信号接地时，经 V_5、V_6 和 VD_4 到 -15V 之间产生大电流通路。

由上述分析可见，同步电压为锯齿波的触发电路抗干扰能力强，不受电网电压波动与波形畸变的直接影响，移相范围宽。缺点是整流装置的输出电压 U_d 与控制电压 U_c 之间不成线性关系，且电路较复杂。

第三节　集成触发电路及数字触发电路

集成触发电路具有体积小、功耗小、温漂小、性能稳定、工作可靠等多种优点，近年来发展迅速，应用越来越多。KC 系列中的 KC04、KC41C 组成的三相集成触发电路和功能更强的 MC787/788 集成触发器目前应用广泛。微机控制的数字触发电路具有调节灵活、使用方便及易于实现自动化的特点，在工业控制设备中得到广泛应用。

一、KC04、KC41C 组成的三相集成触发电路

如图 5-11 所示，由三块 KC04 与一块 KC41C 外加少量分立元件，可以组成三相全控桥集成触发电路，它比分立元件电路要简单得多。

1. KC04 移相触发器

KC04 与分立元件的锯齿波触发电路相似，也是由同步、锯齿波形成、移相控制、脉冲形成及放大输出等环节组成。该器件适用于单相、三相全控桥式装置中作晶闸管双路脉冲移相触发。它输出的两路相位差 180°的移相脉冲可方便地构成全控桥式触发电路。这种电路带负载能力强，移相范围宽。

该电路在一个交流电周期内，在 1 脚和 15 脚输出相位差 180°的两个窄脉冲，可以作为三相全控桥主电路同一相所接的上下晶闸管的触发脉冲，16 脚接 +15V 电源，8 脚接同步电压，但由同步变压器送出的电压须经微调电位器 1.5kΩ、电阻 5.1kΩ 和电容 1μF 组成的滤波移相，以达到消除同步电压高频谐波的侵入，提高抗干扰能力。所配阻容参数，使同步电压

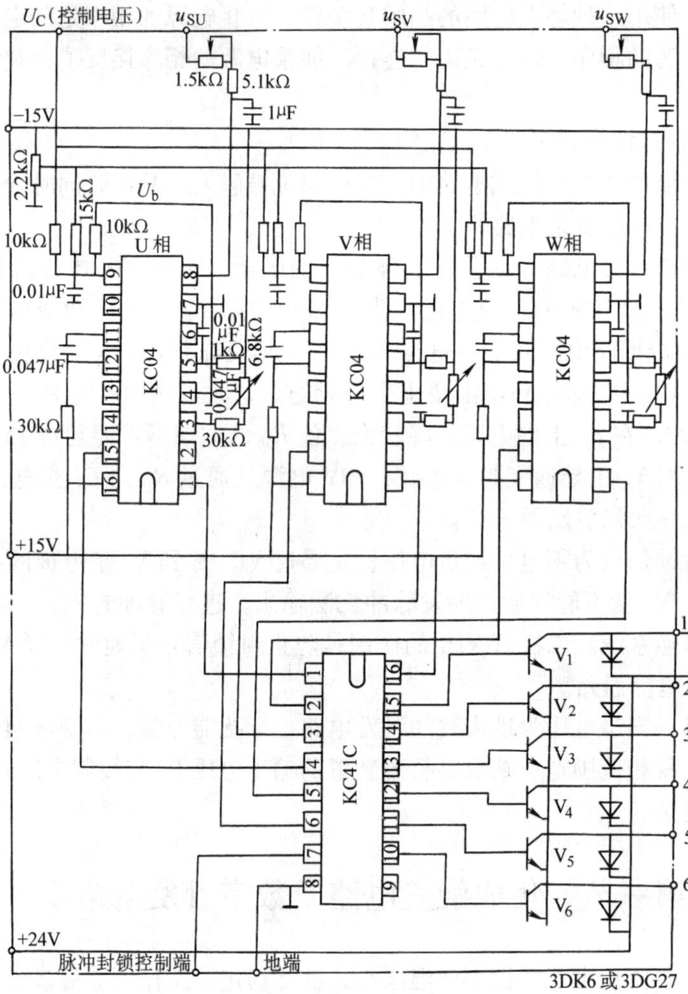

图 5-11　三相全控桥双窄脉冲集成触发电路

约后移 30°，可以通过微调电位器，使输出脉冲间隔均匀。4 脚形成的锯齿波，可以通过调节 6.8kΩ 电位器使三片集成块产生的锯齿波斜率一致。9 脚为锯齿波、直流偏移电压 $-U_b$ 和控制移相电压 U_C 综合比较输入。13 脚可提供脉冲列调制和脉冲封锁的控制。KC04 各点电压波形如图 5-12 所示。

2. KC41C 六路双脉冲形成器

图 5-13 所示为 KC41C 内部电路及外部接线图。使用时 KC41C 与三块 KC04 可组成三相全控桥双脉冲触发电路，如图 5-11 所示。把三块 KC04 触发器的 6 个输出端分别接到 KC41C 的 1～6 端，KC41C 内部二极管具有的“或”功能形成双窄脉冲，再由集成电路内部 6 只晶体管放大，从 10～15 端外接的 V_1～V_6（3DK6）晶体管作功率放大可得到 800mA 触发脉冲电流，可触发大功率的晶闸管。KC41C 不仅具有双脉冲形成功能，还可作为电子开关提供封锁控制的功能，集成内部 V_7 管为电子开关，当引脚 7 端接地时，V_7 管截止，各路可输出触发脉冲。反之，7 端置于高电位，V_7 管导通，各路无输出脉冲。图 5-11 所示三相全控桥双窄脉冲集成触发电路中，KC41C 各引脚的脉冲波形如图 5-12b 所示。

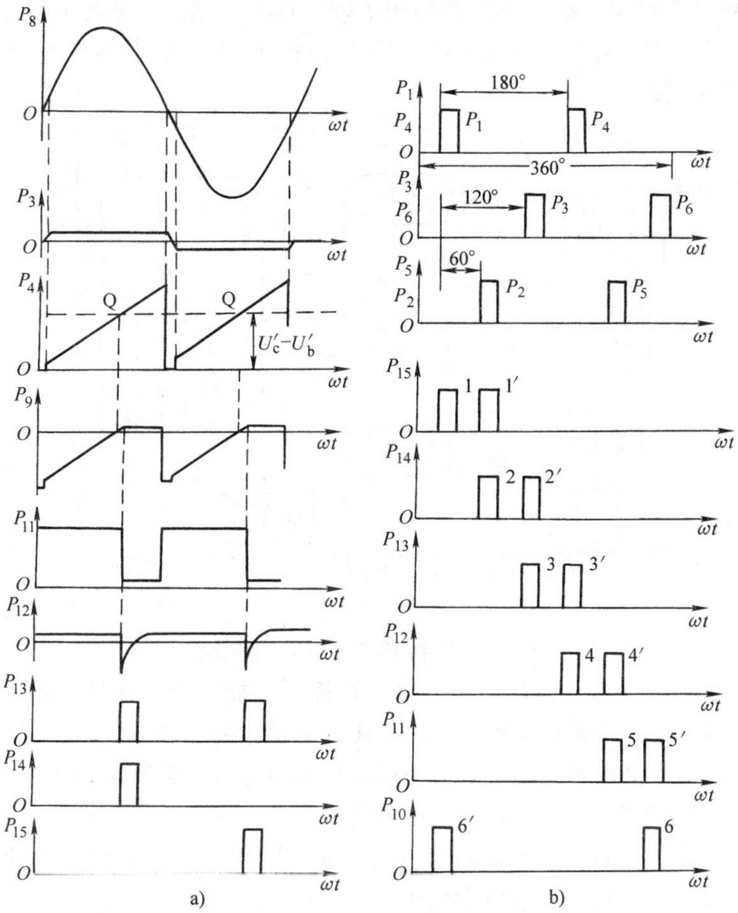

图 5-12　KC04 与 KC41C 电路各点电压波形

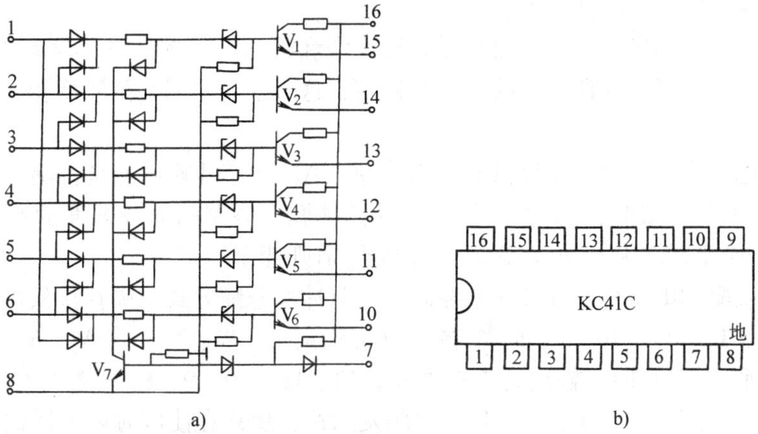

图 5-13　KC41C 六路双窄脉冲形成器

a）内部原理电路　b）外形及引脚

二、集成电路 MC787 和 MC788

集成电路 MC787 和 MC788 与 KC 系列相比较，具有功能强、外接元件少、不需要双电源供电、功耗少等优点，对于电力电子产品的小型化和方便设计具有重要意义。图 5-14 所示为该电路的结构框图。

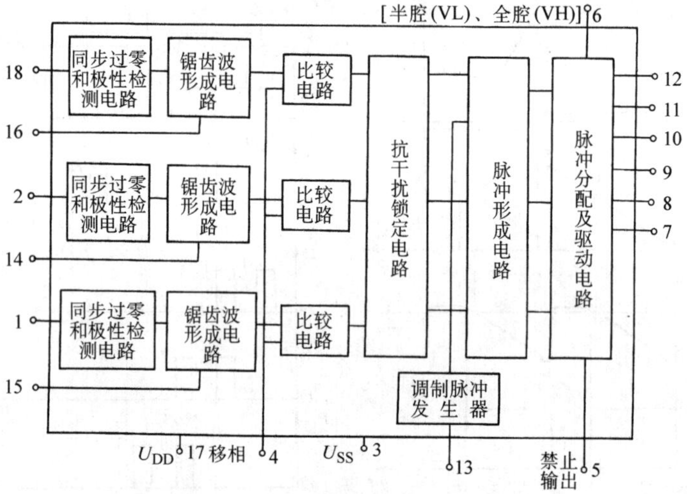

图 5-14　MC787 和 MC788 内部电路组成框图

集成块由同步过零电路、极性检测电路、锯齿波形成电路、比较电路、抗干扰锁定电路、调制脉冲发生器、脉冲形成电路、脉冲分配及驱动电路组成。电路采用单电源供电，同步电压的零点设计在 1/2 电源电压处。三相同步电压信号经 T 形网络进入过零检测和极性判别电路，检测出零点和极性后，在锯齿波形成电路的 C_a、C_b、C_c 三个电容上积分形成锯齿波。锯齿波形成电路由于采用集中式恒流源，相对误差很小，具有良好的线性和一致性。因此要求选取的积分电容的相对误差也应较小。

锯齿波在比较器中与移相电压比较取得交点，移相电压由脚 4 通过电位器调节或由外电路控制得到。移相电压为正极性，当移相电压增加时，输出控制角增大。移相电压的调整范围可按积分电容的大小，在 0 ~ 15V 间选取。

抗干扰电路具有锁定功能，在交点后，锯齿波和移相电压的波动不会影响电路的输出，直到下一个过零点，以此保证交点的唯一与稳定，这对于防止因晶闸管换相而引起的干扰是非常必要的。

脉冲形成电路由脉冲发生器提供被调制脉冲，TC787 芯片输出的是调制脉冲，以用来触发晶闸管；而 TC788 输出的是方波，用来驱动晶体管。调制脉冲或方波的宽度可通过改变电容 C_x 的值来确定，增大 C_x 值则变宽，减小 C_x 值则变窄。

脉冲分配及驱动电路是通过脚 6 来控制输出脉冲的分配方式，脚 6 接低电平（VL），输出为半控方式，12、11、10、9、8、7 各脚分别输出 U、$\overline{W}$、V、$\overline{U}$、W、$\overline{V}$的单触发脉冲；当脚 6 接高电平（VH）时，输出为全控方式，12、11、10、9、8、7 各脚分别输出 U、$\overline{V}$，$\overline{W}$、U，V、$\overline{W}$，$\overline{U}$、V，W、$\overline{U}$，$\overline{V}$、W 的双触发脉冲，用户在使用时可灵活选择。脚 5 为输出保护端，当系统出现过流或过压时，将脚 5 置于高电平（VH），输出脉冲被禁止。脚 5 还可作过零触发控制端，输出端可驱动功率管，经脉冲变压器或光耦隔离，触发晶闸管或驱动晶体管。

表 5-2 列出了 MC787 和 MC788 的极限参数和推荐的工作条件。

表 5-2　MC787 和 MC788 的最大绝对额定值和推荐工作条件

最大绝对额定值		推荐工作条件	
电源电压 U_{DD}	−0.5～18V	电源电压 U_{DD}	8～18V
输入电压 U_I	−0.5～U_{DD}/V	同步输入电压 U_a、U_b、U_c（U_{pp}）	U_{DD}/V
工作温度	−40～85℃	控制端输入电压	0～U_{DD}/V
最大功耗	300mW	同步信号频率 f	10～1000Hz
存储温度	−65～150℃	最佳工作温度 t	−25～65℃

图 5-15 所示为用 MC787 和 MC788 组成的三相触发电路原理图，可作为触发三相全控桥或三相交流调压晶闸管电路。其中三相电压的零线和电源共地，同步电压经 *RC* 组成的 T 型网络滤波分压，并产生 30°相移，经电容耦合电路取得同步信号，电路输入端采用等值电阻进行 1/2 分压，以保证信号对称。在电路的 C_U、C_V、C_W 电容上形成锯齿波，移相电压由脚 4 输入，与锯齿波电压比较取得交点，通过脚 6 半控/全控选择开关可以使用单脉冲或双脉冲输出，脚 5 通过 C 端用作过压的控制，当该端处于高电平时禁止输出。输出端由大功率管驱动，可配接脉冲变压器触发晶闸管。

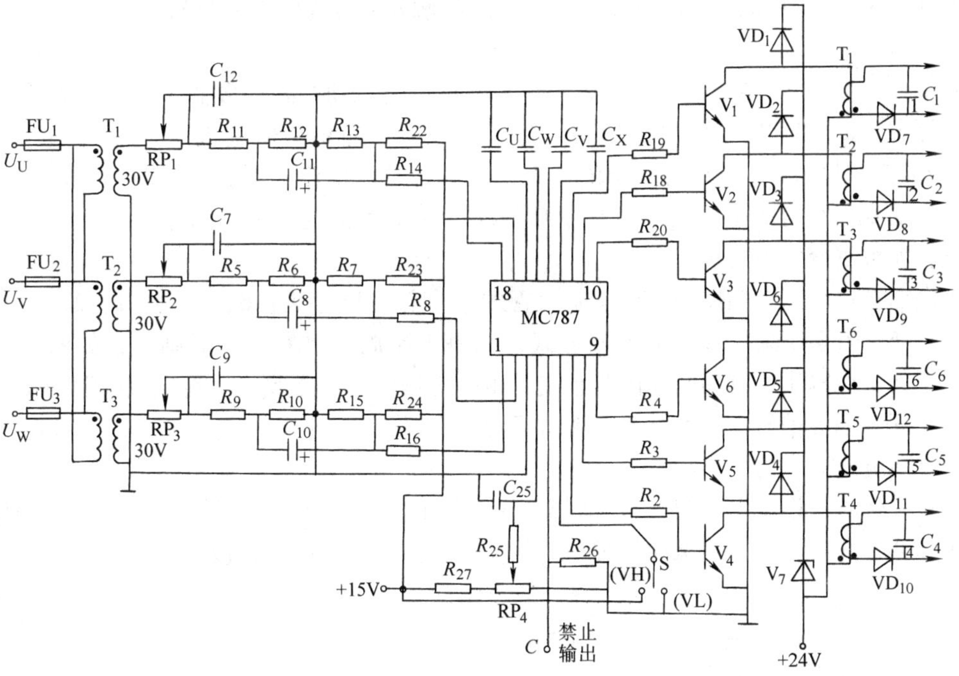

图 5-15　MC787 和 MC788 组成的三相触发电路原理图

使用时应注意的几个问题：

1）同步电压的零点取在 1/2 电源电压处，所以，同步信号的“地”若与电路共地，电路的同步信号输入端应用电阻进行 1/2 分压，然后将同步信号用电容耦合到输入端；1/2 分压将影响同步信号的零点，应选用相对误差小于 2% 的电阻。此外同步信号的峰值不应超过电源电压数值。

2）电容容量误差的选取应小于5%，当频率为50Hz时，电容可取0.15μF左右，当频率较高时，为保证电容积分幅值，电容应减小。

3）电路的半控/全控控制端（⑥端），使用时不要悬空。

4）MC787/MC788独特而巧妙的设计，使它们可方便地用于主功率器件为普通晶闸管、双向晶闸管、门极关断晶闸管、非对称晶闸管的电力电子设备中作移相触发脉冲形成的电路。改变 C_x，它还可用于主功率器件为GTR、电力MOSFET、IGBT或MCT的电力电子设备中。

三、数字触发电路

数字触发电路的形式很多，而采用计算机组成的数字触发电路最为简单、控制灵活、准确可靠。图5-16所示为微机控制数字触发系统组成框图。图中控制角 α 设定值以数字形式通过接口送给微机，微机以基准点作为计时起点开始计数，当计数值与控制角对应的数值一致时，微机就发出触发信号，该信号经输出脉冲放大、隔离电路送至晶闸管。

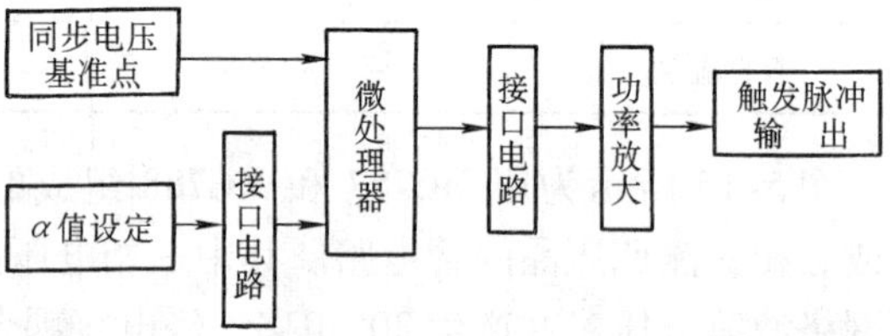

图5-16　计算机控制数字触发系统组成框图

下面以8031单片机组成的三相全控桥电路的触发系统为例作一分析。

1. 系统工作原理

MCS-51系列8031单片机内部有两个16位可编程定时器/计数器 T_0、T_1，若将其设置为定时器方式1，即以16位对机器周期进行计数。首先将初值装入TL（低8位）及TH（高8位），启动定时器即开始从初值加1计数，当计数值溢出时，向CPU发出中断申请，CPU响应后执行相应的中断程序。在中断程序中让单片机发出触发信号，因此改变计数器的初值，就可改变定时长短。

该电路在一个工频周期内，6只晶闸管的组合触发顺序为：6、1；1、2；2、3；3、4；4、5；5、6。若系统采用双脉冲触发方式，则每工频周期要发出6对脉冲，如图5-17b所示。为了使微机输出的脉冲与晶闸管承受的电源电压同步，必须设法在交流电源的每一周期产生一个同步基准信号，本系统采用线电压过零点作为同步参考点，如图5-17b所示的A点，即是线电压 u_{UV} 的过零点。

电路工作时，设 α_1 为控制角，即第一对脉冲距离同步参考点的电角度，后面每隔60°发一次脉冲，共发6对。各脉冲位置与时间关系如图5-17b所示，设

$$t_1 = t_{\alpha 1}$$

$$t_n = t_{\alpha 1} + (n-1)\ t_{60}\quad (n=1、2、3、4、5、6\cdots)$$

式中　t_1 —— α_1 对应的时间；

t_{60} —— 60°所对应的时间。

这种用前一个脉冲为基准来确定后一个脉冲形成时刻的方法，称为相对触发方式。

本系统采用每一工频周期取一次同步信号作为参考点，每一对触发脉冲调整一次触发延迟角的方法，按输出脉冲工作顺序编写的程序流程图，如图5-18所示。系统共用3个中断

源，INT_0 为外部同步信号中断，定时器 T_0、T_1 计时中断。其中 T_0 仅完成对第一对脉冲的计时，其他各对脉冲由 T_1 完成。

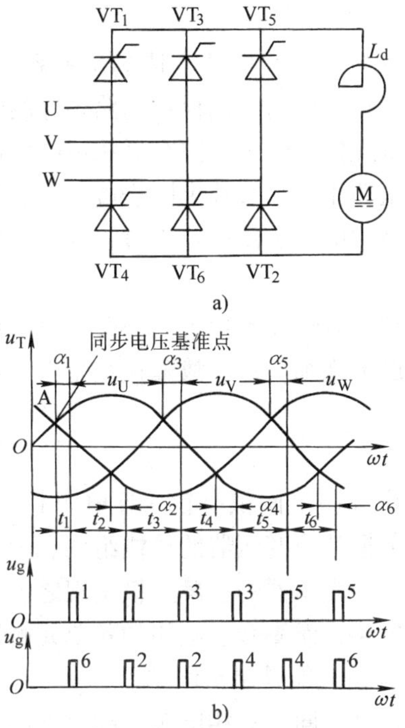

图 5-17　三相全控桥电路及脉冲触发

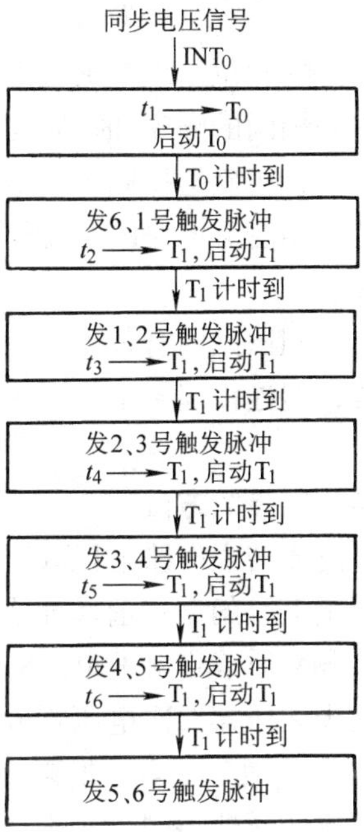

图 5-18　输出脉冲程序流程图

2. 微机触发系统的硬件设置

系统硬件配置框图如图 5-19 所示。8031CPU 芯片共有 4 个并行的 I/O 口，我们用 P_0 口作为数据总线和外部存储器的低 8 位地址总线，数据和地址为分时控制，由 ALE 进行地址锁存。P_2 口作为外部存储器的高 8 位地址总线口。设 P_1 口为输入口，用于读取控制 α 的设定值。P_3 口为双功能口，用 P_3 口的“2”引脚第二功能作为外部中断 INT_0 输入端。由于 8031 内部没有程序存储器，因此外接一片 EPROM2716。74LS373 为地址锁存器，输出脉冲通过并行接口芯片 8155 输出，再经功率放大后与晶闸管门极相连。

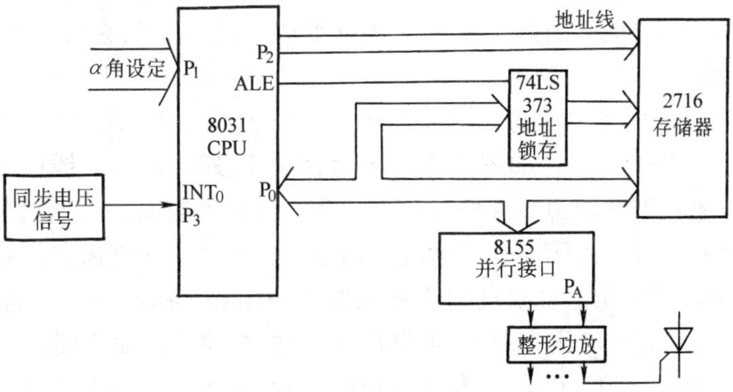

图 5-19　系统硬件配置框图

第四节 触发电路与主电路电压的同步

一、同步的意义

所谓同步，是指给触发电路提供与晶闸管所承受的电源电压保持合适相位关系的电压，使其触发脉冲的相位出现在被触发的晶闸管承受正向电压的区间，确保主电路各晶闸管在每一个周期内按相同的顺序和控制角被触发导通。我们将提供给触发电路合适相位的电压称为同步信号电压，正确选择同步信号电压与晶闸管主电压的相位关系称为同步或定相。同步或定相问题是三相变流电路的重要组成部分，对于采用集成触发器的电路而言，其同步定相问题相对简单。

在安装、调试晶闸管装置时，应特别注意同步问题。有时分别检查晶闸管主电路和触发电路都正常，但连接起来工作不正常，输出电压的波形不规则。这种故障往往是由于不同步造成的。

二、实现同步的方法

触发电路要与主电路电压取得同步，首先二者应由同一电网供电，保证电源频率一致；其次要根据主电路的型式选择合适的触发电路；最后依据整流变压器的接线组别、主电路线路型式、负载性质确定触发电路的同步电压，并通过同步变压器的正确连接实现之。

由于同步变压器二次电压要分别接到各单元触发电路，而一套主电路的各单元触发装置一般有公共“接地”端点，所以，同步变压器的二次绕组只能是星形联结。

由于整流变压器、同步变压器二者的一次绕组总是接在同一三相电源上，对于同步变压器结线组别的确定，可采用简化的电压矢量图解方法确定出变压器的钟点数（其表示法是以三相变压器一次侧任一线电压为参考矢量，箭头向上，作为时钟长针，指向 12 点位置，然后画出对应二次侧线电压矢量，作为短针方向，短针指向几点就是几点钟接法）。其基本方法可通过以下举例来说明。

三、定相举例

例 5-1 三相桥式全控电路如图 5-20a 所示，直流电动机负载，要求可逆运行，整流变压器 TR 为 D，y1 接线组别，采用图 5-7 所示锯齿波为同步信号的触发电路。锯齿波的齿宽为 240°考虑锯齿波起始段的非线性，故留出 60°余量。电路要求的移相范围是：30° ~ 150°。试按简化相量图的方法来确定同步变压器的接线组别及变压器绕组连接方法。

解 选择以某一只晶闸管的同步定相为例（如以 V_1 管），其余五管可根据相位关系依次确定，具体步骤如下。

（1）确定 VT_1 管的同步电压与主电路电压的相位关系 根据题意，主电路所要求的移相范围是在 $\alpha=30°\sim150°$之间，如图 5-20b 所示相电压波形 u_U（或线电压波形 u_{UV}）的粗线段所示。为此，锯齿波的斜边线性段（即扣除锯齿波线性较差的起始段的 60°）应能覆盖主电路所要求的移相范围。由图 5-9 所示波形图可知，产生这一锯齿波所对应的正弦波电压 u_{SU}就是触发电路的同步电压，它取自同步变压器某一相的二次电压，并选定为 VT_1 的同步电压。为此，VT_1 管的同步电压 u_{SU}与主电路电压 u_U 的相位关系随之确定，从图 5-20b 也明显地看出 u_{SU}较 u_U 滞后 180°（或 u_{SU} 较 u_{UV}滞后 210°）；VT_3 管的同步电压 u_{SV} 较 u_{SU} 滞后 120°；VT_4 管的同步电压 $-u_{SU}$ 较 u_{SU}滞后 180°，其余各管的同步电压可对应相位而类推之。

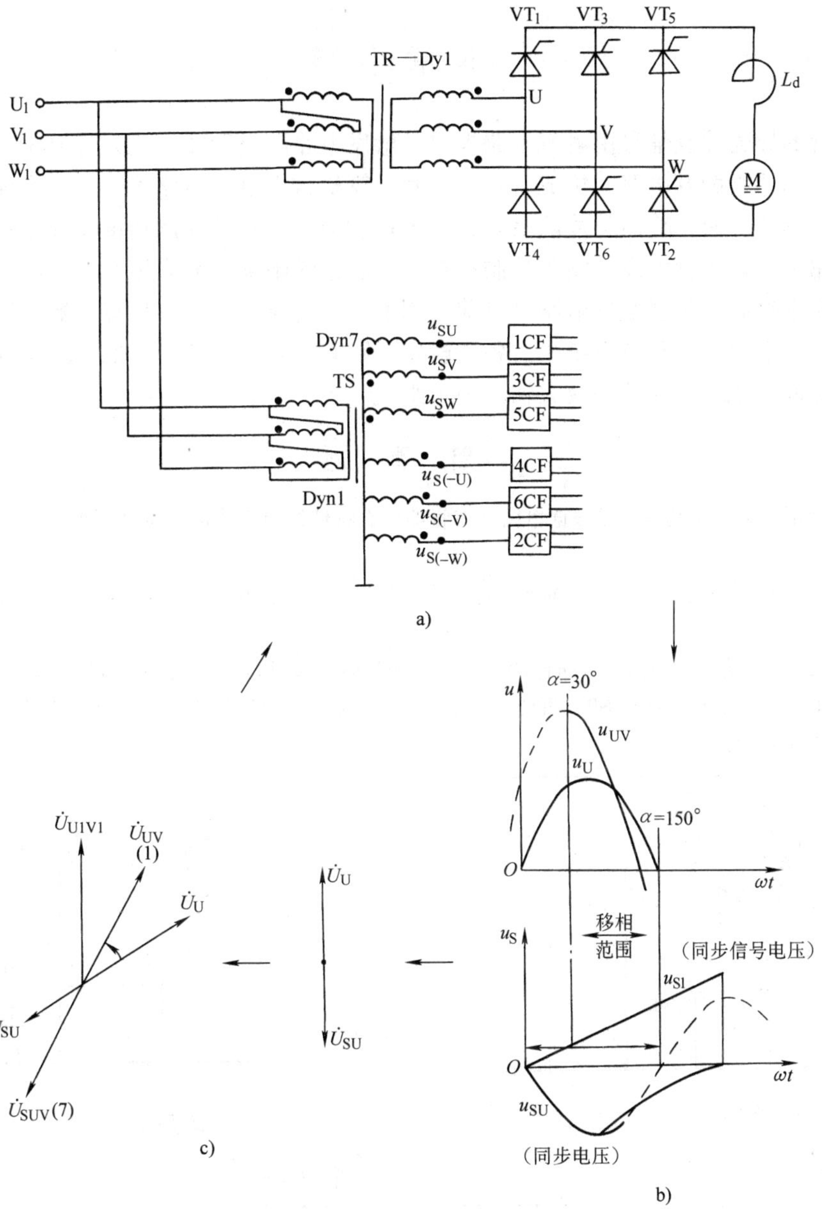

图 5-20　同步定相例图

（2）确定同步变压器的结线组别　根据整流变压器 TR 已知的 Dy1 接线组别及由上一步确定的相位关系，画出 u_{U1V1}与 u_U 相位关系矢量图、同步电压 u_{SU}与主电路电压 u_U 的两组矢量关系图，确定同步电压二次侧线电压 $\dot{U}_{SUV}$与主电路线电压 $\dot{U}_{U1V1}$之间的相位关系。如图 5-20 所示，TS 应为 Dy7 和 Dy1 接线组别，前者与共阴极晶闸管相对应，后者与共阳极晶闸管相对应。

（3）确定同步电压与各触发电路的连线　根据同步变压器的接线组别，正确连接同步变压器绕组，然后将同步变压器的二次电压 u_{SU}、u_{SV}、u_{SW}及 $-u_{SU}$、$-u_{SV}$、$-u_{SW}$分别接到晶闸管 VT_1、VT_3、VT_5 的触发电路的同步电压输入端；$u_{S(-U)}$、$u_{S(-V)}$、$u_{S(-W)}$分别接到 VT_4、VT_6、VT_2 管的触发电路的同步电压输入端，便完成了同步定相的有关步骤，接线如图 5-20 所示。

本章小结

晶闸管的导通控制信号由触发电路提供，触发电路的类型按组成元件分为：单结晶体管触发电路、晶体管触发电路、集成触发电路和计算机数字触发电路等。单结晶体管触发电路结构简单，调节方便，输出脉冲前沿陡，抗干扰能力强，对于控制精度要求不高的小功率系统，可采用单结晶体管触发电路来控制；对于大容量晶闸管一般采用晶体管或集成电路组成的触发电路来控制。集成触发电路是目前应用最广泛的触发电路。计算机数字触发电路常用于控制精度要求较高的复杂系统中。各类触发电路有其共同特点，它们一般由同步环节、移相环节、脉冲形成环节和功率放大输出环节组成。

自 测 题

1. 单结晶体管自激振荡电路是根据单结晶体管的什么特性组成工作的？振荡频率的高低与什么因素有关？

2. 单结晶体管触发电路中，用于削波的稳压管两端并接一只大电容，可控整流电路还能正常工作吗？为什么？

3. 图 5-21 所示为单结晶体管分压比测量电路。测量时先按下常开按钮 SB，调节 50kΩ 电位器，使微安表指向 100μA，然后松开按钮 SB，再读取微安表的指针数值，该数值除以 100μA，即可得到单结管的分压比。试说明测量原理。

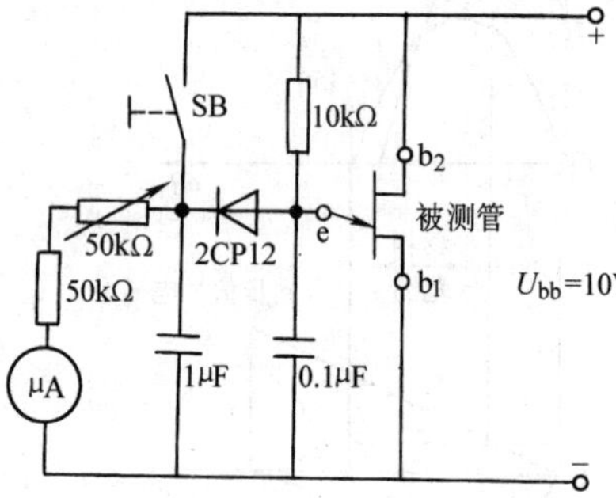

图 5-21　题 3 图

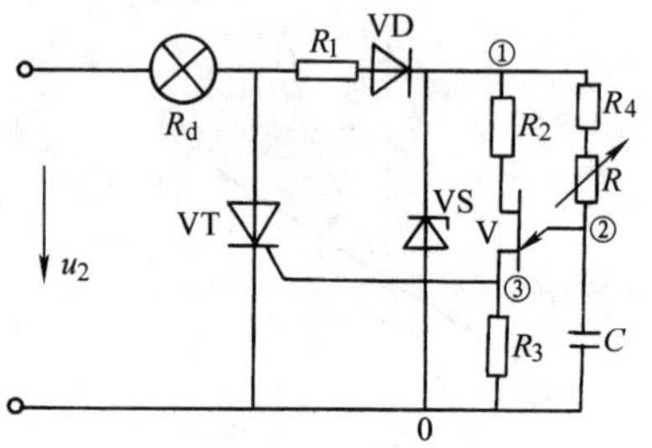

图 5-22　题 5 图

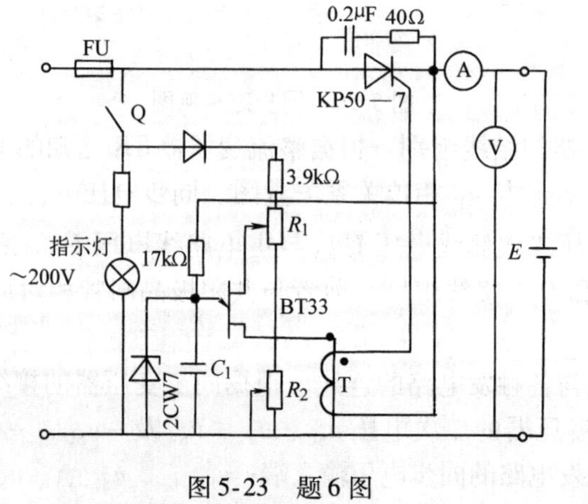

图 5-23　题 6 图

4. 用分压比为 0.6 的单结晶体管组成的振荡电路，若 $U_{bb}=20V$，则峰值电压 U_P 为多少？若管子 b_2 脚虚焊，b_1 脚正常，则电容两端电压又为多少？

5. 图 5-22 所示为采用单结晶体管触发的单相半波可控整流电路，试画出 $\alpha=90°$时，图中①～③及 R_d 两端的电压波形。

6. 图 5-23 所示为铅蓄电池充电电路，图中的稳压管用于保护单结晶体管；R_1、C_1 用于保护晶体管，当出现短路和蓄电池极性错接时该电路具有自动保护功能，试分析其工作原理。

7. 图 5-24 所示为电动机正反转定时控制电路，可使用在要求均匀搅拌等定时正反转的机械装置上，调节 RP_1（电阻为 220kΩ）能改变正转工作时间（约 20μs）。调节 RP_2（电阻为 220kΩ）能改变反转工作时间（约 20μs）。试说明电路工作原理。

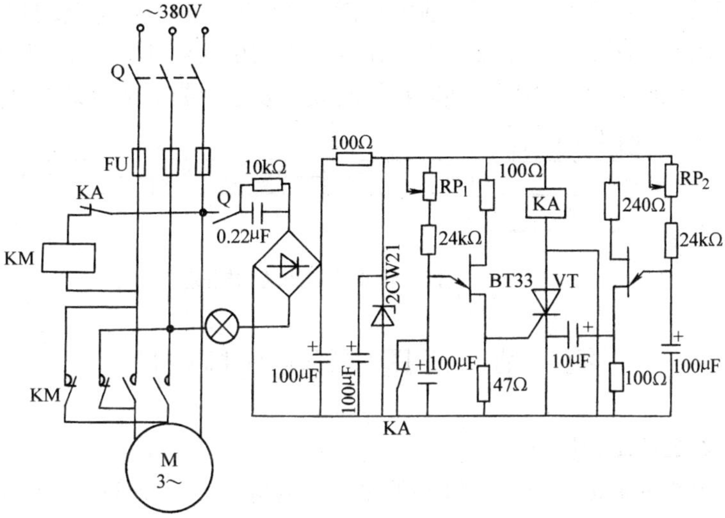

图 5-24 题 7 图

8. 移相式触发电路通常有哪些基本组成环节？

9. 锯齿波触发电路有什么优点？锯齿波的底宽由什么元件参数决定的？输出脉宽是如何调整的？双窄脉冲与单宽脉冲相比有什么优点？

10. 图 5-25 所示为测定三相电源相序的电路，当被测试端点 1、2 和 3 所接的三相电源相序分别为 U、V 和 W 时，则发光二极管较暗，反之发光二极管较亮，为什么？试画出波形图并加以说明。

11. 采用集成触发电路有什么优越性？

12. 微机数字触发电路一般应用于什么场合？说明 8031 单片机数字触发电路的工作原理。同步信号是如何取得的？控制角 α 的大小和脉冲宽度是如何得到的？

13. 什么叫同步？说明实现触发电路与主电路同步的步骤。

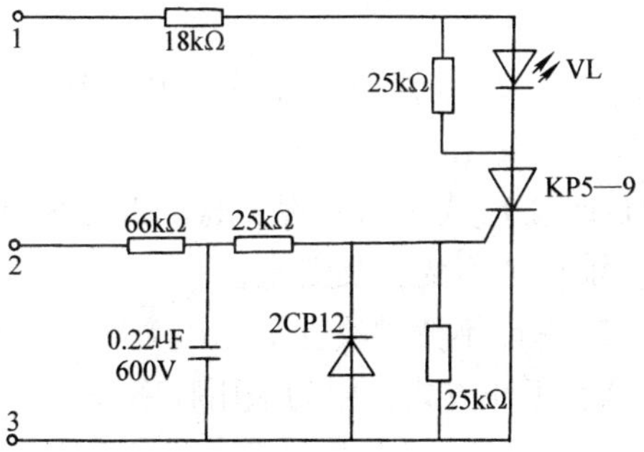

图 5-25 题 10 图

第六章　直流斩波变换电路

将一个固定的直流电压变换成电压大小可变的直流电压电路称之为直流斩波电路，也称为直流变换电路。直流斩波技术被广泛地应用于开关电源及直流电动机驱动中，如不间断电源（UPS）、无轨电车、地铁列车、蓄电池供电的机动车辆的无级变速及电动汽车的控制。从而使上述控制获得加速平稳、快速响应的性能，并同时收到节约电能的效果。直流变换系统的结构框图如图 6-1 所示。由于变换器的输入是电网电压经不可控整流而来的直流电压，所以直流斩波不仅能起到调压作用，同时还能起到有效地抑制电网侧谐波电流的作用。

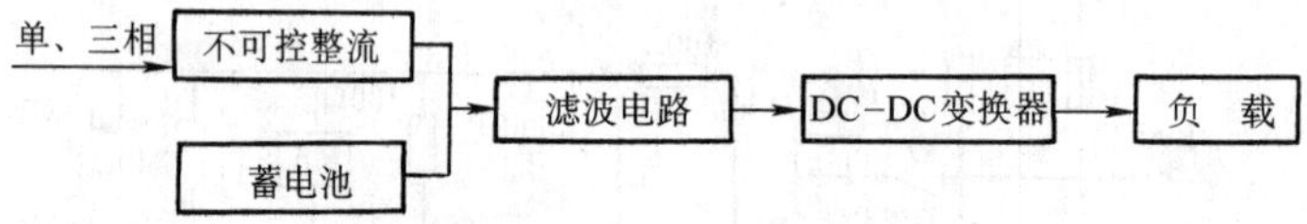

图 6-1　直流斩波系统的结构框图

第一节　降压式斩波变换电路

一、基本斩波器的工作原理

降压式斩波电路的输出电压平均值低于输入直流电压 U_d。这种电路主要用于直流可调电源和直流电动机驱动中。

最基本的降压式斩波电路如图 6-2a 所示，电阻 R 为斩波器的负载；Q 为斩波开关，是斩波电路中的关键功率器件，它可用普通型晶闸管、门极关断晶闸管（GTO）或者其他自关断器件来实现。但是普通型晶闸管本身并无自关断能力，须设置换流回路，用强迫换流的方法使它关断，因而增加了损耗。全控型电力电子器件的出现，为斩波频率的提高创造了条件，提高斩波频率可以减少低频谐波分量，降低对滤波元器件的要求，减少变换装置的体积和重量。采用自关断器件，省去了换流回路，利于提高斩波器的频率，是发展的方向。

当开关 Q 合上时，直流电压就加到 R 上，并持续 t_{on}时间。当开关切断时，负载上的电压为零，并持续 t_{off}时间，那么 $T=t_{on}+t_{off}$即为斩波器的工作周期，斩波器的输出波形如图 6-2b所示。

若定义斩波器的占空比 $k=t_{on}/T$，则当占空比 k 从 0 变到 1 时，输出电压平均值从 0 变到 U_d，其等效电阻 R_i 也随着 k 而变化。

占空比 k 的改变可以通过改变 t_{on}或 T 来实现。通常斩波器的工作方式有两种：

1）脉宽调制工作方式：维持 T 不变，改变 t_{on}。

2）频率调制工作方式：维持 t_{on}不变，改变 T。

现在普遍采用的是脉宽调制工作方式，因为采用频率调制工作方式容易产生谐波干扰而且滤波器设计也比较困难。

实际应用中负载多为电感性，应采用如图 6-3 所示电路。图中 C_d 为输入端的滤波电容，

VD 为续流管，当斩波开关管 V 关断时，续流管二极管为感性负载提供电流通路，电感 L 和电容 C 组成低通滤波器，以减小输出电压的波动。

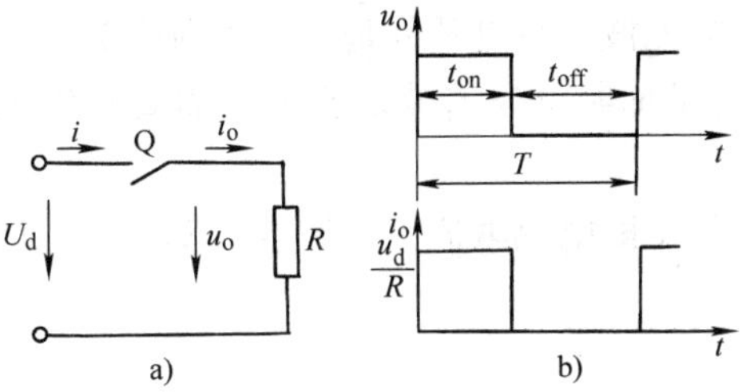

图 6-2　基本的斩波电路及波形

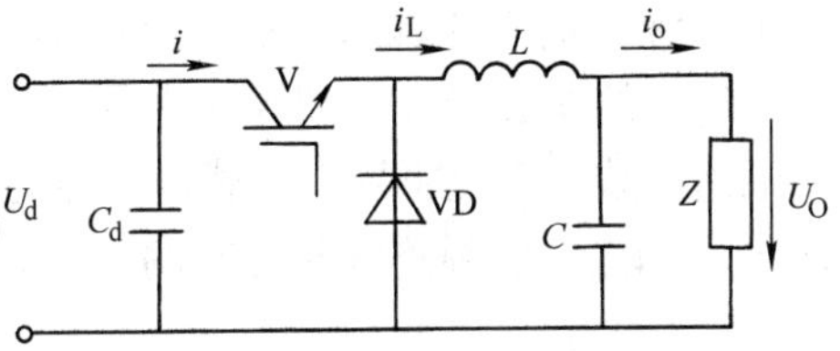

图 6-3　带感性负载的斩波电路

稳态分析表明，若输出端上的电容 C 很大，则输出电压可近似为常数 $u_o(t) \approx U_O$。由于稳态时电容器的平均电流为零，因而电感中的平均电流等于输出平均电流。根据电感中的电流连续与否，以下分别对电流连续和电流不连续（断续）的两种工作模式进行讨论。

二、电流连续导通工作模式

图 6-4 所示为电感电流工作于导通模式下的电路与电压、电流波形。由图可知，流过电感电流是连续的，即 $i_L > 0$。在 t_{on}期间，图 6-3 中开关管 V 接通，二极管反向偏置，得到如图 6-4a 所示的等效电路。

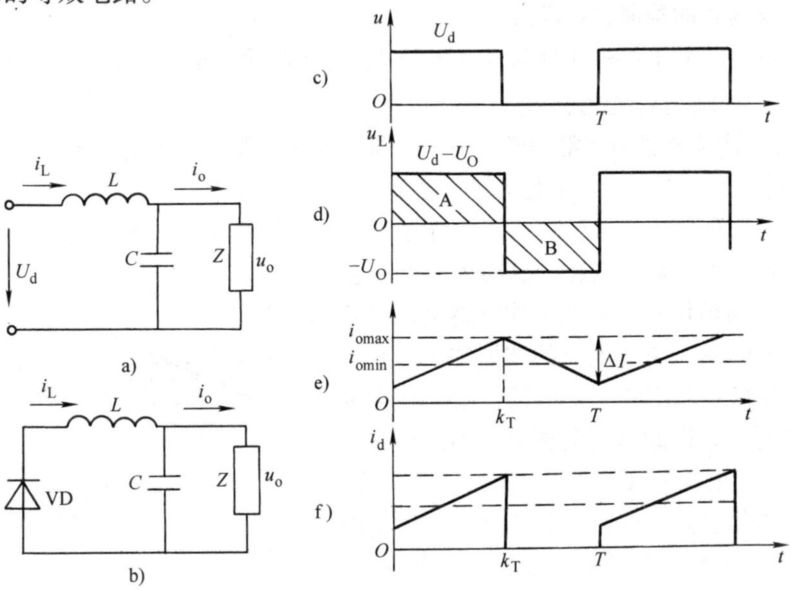

图 6-4　降压式斩波器的电路工作状态

当图 6-3 中开关管 V 转为关断时，即 t_{off}阶段，其等效电路如图 6-4b 所示。由于电感的贮能使得 i_L 经过二极管而继续流通，电感上呈现负电压 $u_L = -U_O = L\Delta i_L/\Delta t$，该电压对应于图 6-4d 所示波形的 B 区。如图 6-4e 所示，电感中的电流呈线性下降。

在稳压条件下，电压电流波形周期性地重复，电感电压在一个周期（$T = t_{on} + t_{off}$）内的平均值为零。

在这种工作模式下，给定输入电压不变而输出电压随占空比线性变化，与其他电路参数无关。

在电流连续导通工作模式状态下，降压式变换电路等效于一个直流变压器，其等效变比可以通过控制开关的占空比 k 在 0 到 1 的范围内连续控制。

由上述分析可知，每当开关变为关断时，输入电流波形总是瞬间地从峰值跳变为零，如图 6-4f 所示，将产生输入电流的高频谐波分量。为了抑制电流谐波的影响，需要在输入端加一个适当的滤波器（如图 6-3 中的 C_d）。

电路参数的变化将导致电感电流导通模式的变化，即电感电流由连续变为不连续。如图 6-5a 所示为电流临界连续状态时的 u_L 和 i_L 波形。

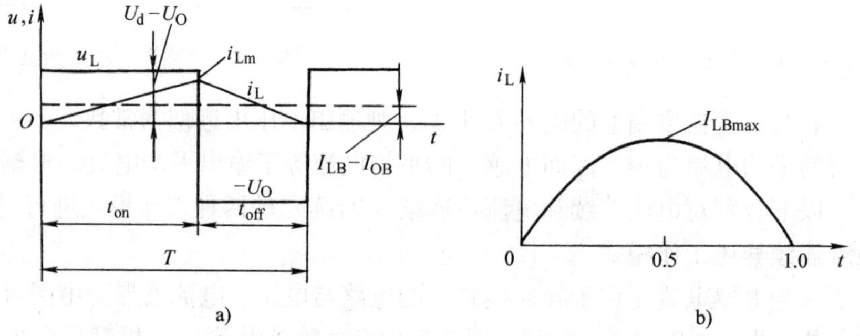

图 6-5　临界连续时的电压、电流波形

三、电流不连续的导通工作模式

电流不连续导通的工作模式分为输入电压 U_d 不变和输出电压 U_O 不变两种情况，这里主要介绍 U_d 不变的非连续导通模式。

U_d 不变的非连续导通模式常用于直流电动机的速度控制。输入电压 U_d 保持不变，输出电压 U_O 可通过调整斩波器的占空比 k 进行控制。

讨论非连续导通模式的情况要从连续导通模式的结尾处开始，在给定了 T、L、U_d 和 k 值以后并假定这些参数均不变化，这时若负载电流减小，即负载电阻值增加，那么平均电感电流将随之减小。当 $I_L < I_{OB}$ 时，电感电流的波形如图 6-6 所示，图中表明电感 L 贮能较小，不足以维持在全部关断时间 t_{off} 内导通，因此出现电感电流不连续的现象。从图中可以看出，在 $\Delta_2 T$ 期间，电感电流为零，已无法向负载提供能量，此时负载电阻上的功率由滤波电容提供。在 $\Delta_2 T$ 期间，电感上电压也为零，电感上电压在一周期内的平均值为零。经数学推导得 U_d 不变时降压式斩波器的伏安特性关系式为

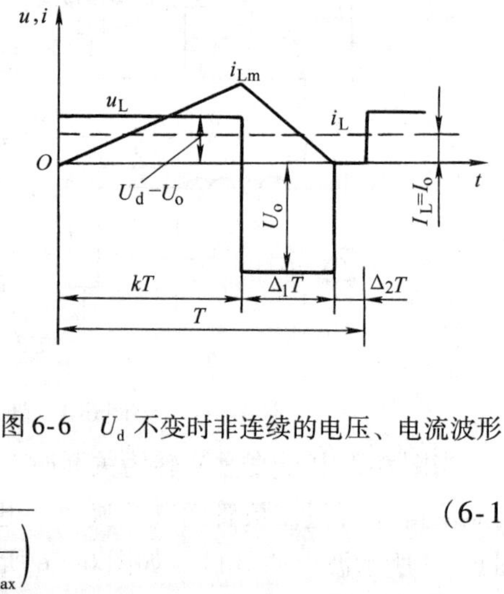

图 6-6　U_d 不变时非连续的电压、电流波形

$$\frac{U_O}{U_d} = \frac{k^2}{k^2 + \frac{1}{4}\left(\frac{I_O}{I_{LBmax}}\right)} \tag{6-1}$$

电流不连续导通工作模式的另一种情况是 U_d 可能变动而保持输出电压 U_O 不变。它在直流可调电源中得到广泛应用，输出电压 U_O 可通过调整占空比 k 使其维持不变。

例 6-1　有一降压斩波电路如图 6-3 所示。已知：$U_d = 120\text{V}$，电阻负载 $R_0 = 6\Omega$，开关周期通断，通 30μs，断 20μs，忽略开关导通压降，电感 L 足够大。试求：

（1）负载电流 I_O 及负载上的功率 P_O。

（2）若要求负载电流在 4A 时仍能维持，则电感 L 最小应取多大？

解 依据题意，开关通断周期 $T = t_{on} + t_{off} = (30+20)\mu s = 50\mu s$

占空比
$$k = \frac{t_{on}}{T} = \frac{30}{50} = 0.6$$

（1）负载电压的平均值 $U_O = kU_d = 0.6 \times 120V = 72V$

负载电流的平均值 $I_O = U_O/R_0 = (72/6)A = 12A$

负载功率的平均值 $P_O = U_O I_O = 0.864kVA$

（2）设占空比 k 不变，当负载电流为 4A 时，处于临界连续状态，则电感量 L 为

$$L = \frac{TU_O}{2I_{LB}}k(1-k) = \frac{50 \times 120}{2 \times 4} \times 0.6 \times (1-0.6)\mu H = 180\mu H$$

第二节　升压式斩波变换电路

如图 6-7a 所示为升压式斩波变换电路，它由功率开关管 VT、储能元件 L、升压二极管 VD 和滤波电容 C 组成。当斩波开关管 VT 接通时，二极管 VD 被反向偏置，它将输入电源与输出极隔离，这时电源向电感中储能，负载由电容 C 供电。当开关管 VT 关断时，电感施放能量，与输入电压一起作用，迫使二极管导通并向负载供电。这种电路的输出电压永远高于输入电压。在下面的稳态分析中，仍假定滤波电容很大，并使输出电压保持不变，即 $u_O(t) = U_O$。

一、电流连续导通的工作模式

在连续导通模式情况下，在斩波开关管 V 接通与断开时，对应的 t_{on} 和 t_{off} 期间的等效电路分别示于图 6-7b、c 中。电感中电压和电流的稳态波形如图 6-7d 所示，电感电流是连续的［$i_L(t) > 0$］。

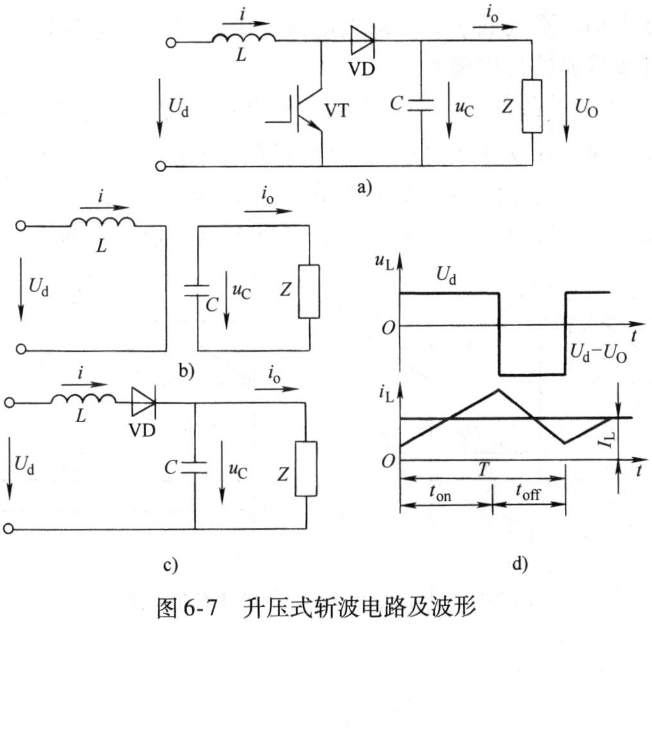

图 6-7　升压式斩波电路及波形

在稳态工作时，电感电压在一个周期（$T=t_{on}+t_{off}$）内的平均值为零。

临界连续导通时，电感中的电压和电流波形如图 6-8a 所示。在这种工作模式下，i_L 在关断结束时刚好变为零。

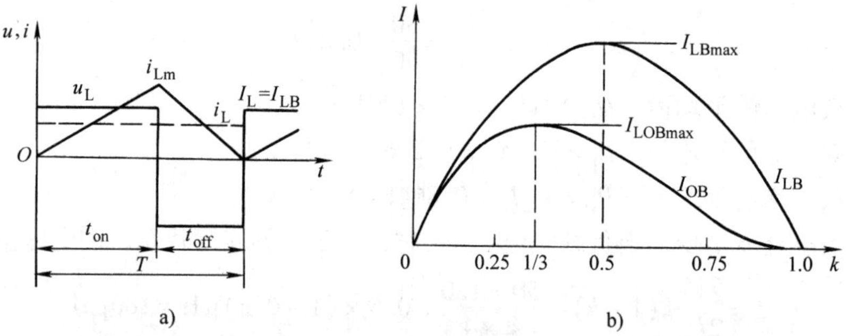

图 6-8　升压式斩波电路临界连续导通时的电压和电流波形

在升压式斩波电路中，电路结构决定了电感电流和输入电流是一样的，即 $i_d=i_L$。

在升压式斩波电路的大多数应用中都需要 U_O 保持不变。只要占空比可以调整，就允许输入电压变动。I_O、I_{LB}与占空比 k 的函数关系如图 6-8b 所示。该图表明，I_{LB}在 $k=0.5$ 时出现最大值 I_{LBmax}

$$I_{LBmax}=\frac{TU_O}{8L}$$

而 I_O 在 $k=1/3$ 时出现其最大值 I_{Omax}

$$I_{Omax}=0.074\frac{TU_O}{L} \tag{6-2}$$

I_{LB}和 I_O 可用它们的最大值表示

$$I_{LB}=4k(1-k)I_{LBmax} \tag{6-3}$$

$$I_O=\frac{27}{4}k(1-k)^2I_{Omax} \tag{6-4}$$

如果负载电流平均值降到低于 I_O，那么电流将由连续导通变为不连续导通的工作模式。

二、电流不连续导通的工作模式

在 U_d 和 k 保持不变的条件下，用逐步减小输出负载功率的方法，观察升压式变换电路从电流连续导通模式向不连续导通模式的变化过程，波形如图 6-9 所示。图 6-9a 所示为连续导通时电感中的电压与电流波形；图 6-9b 所示为电流不连续导通时电感中的电压与电流波形。这两种情况的电流峰值 i_{Lm}是一样的，但是非连续导通模式的输出功率将减小。

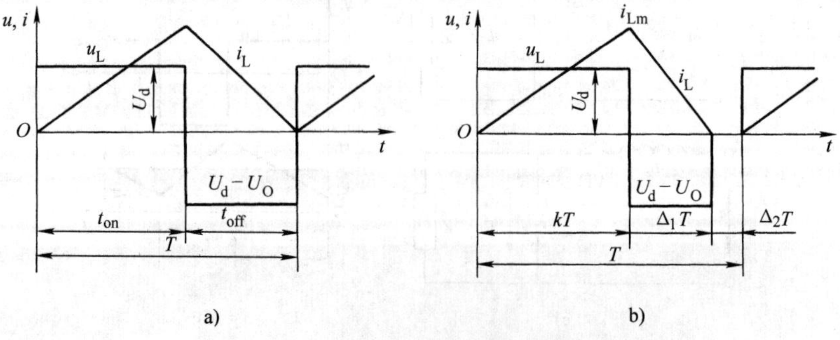

图 6-9　升压式斩波电路的电压与电流波形

无论哪种导通模式，电感上电压在一个周期内的平均值为零。

在不同的 U_d/U_0 条件下升压斩波电路的占空比与输出电流的关系曲线如图6-10所示，临界连续导通的边界轨迹如图中虚线所示。

如果在非连续导通模式状态，每一个开关周期时间内 U_0 不被控制，则至少有

$$\frac{L}{2}i_{LM}^2=\frac{(U_dkT)^2}{2L} \tag{6-5}$$

的能量从输入向输出电容和负载传送，如果负载不能吸收这些能量，电容电压将要升高，直到新的能量平衡被确定下来为止。

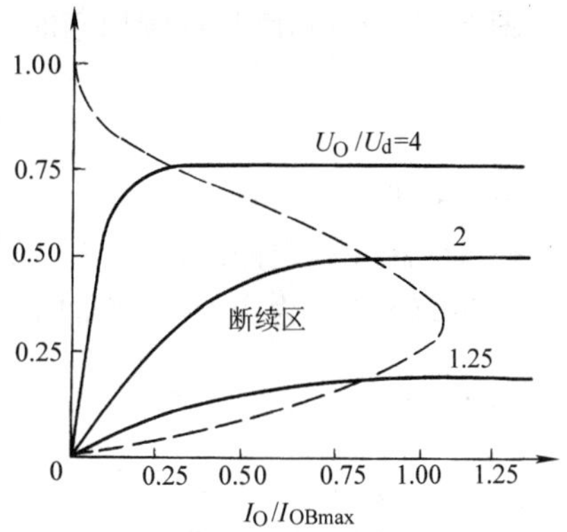

图6-10　升压式斩波电路 k—I 关系曲线

第三节　升降压式斩波变换电路

升降压式斩波电路是由降压式和升压式两种基本变换电路混合串联而成，它主要用于可调直流电源。如图6-11所示，此电路的输出与输入有公共接地端，输出电压的幅值可以高于或低于输入电压，其极性为负。稳态时输出电压与输入电压之间的变化是两级变换电路变化的乘积，若两级变换电路的占空比相同，则有

$$\frac{U_O}{U_d}=k\frac{1}{1-k} \tag{6-6}$$

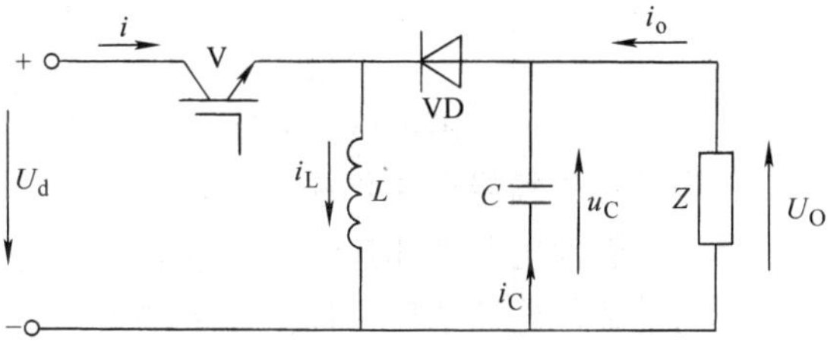

图6-11　升降压式斩波电路图

上式表明输出电压可以高于或低于输入电压，其数值大小取决于占空比 k 的大小。

当斩波开关管V导通时，输入端向电感提供能量，此时二极管VD处于反向偏置。当斩波开关断开时，电感中贮存的能量传递给输出端所接的负载。在这段时间内，能量并不从输入端提供。在稳态分析中，同样假定输出电容足够大，并保证输出电压不变即 $u_O(t)=U_O$。以下就电流连续导通与非连续导通的两种工作方式进行分析。

一、电流连续导通的工作模式

连续导通模式时升降压式斩波器电路中的电压和电流波形如图6-12a所示。而图6-12b

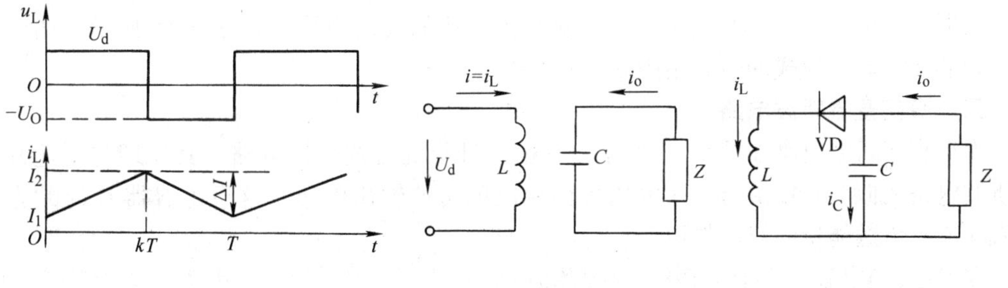

图6-12　电流连续时的等效电路及波形图

和图 6-12c 则分别表示当开关管 V 在导通（t_{on}）与关断（t_{off}）区段的等效电路。

图 6-13 则表示临界连续导通时的电压电流波形。在关断期间的终点处 i_L 刚好为零。即

$$I_{LB}=\frac{1}{2}i_{Lm}=\frac{TU_d}{2L}k \tag{6-7}$$

由图 6-11 可得

$$I_O=I_L-I_d \tag{6-8}$$

在升降压变换电路的应用中，多数场合要求 U_O 维持不变，U_d 可以变化。

图 6-13b 所示为在 U_O 不变时 I_{LB}、I_O 与占空比 k 的函数关系曲线。

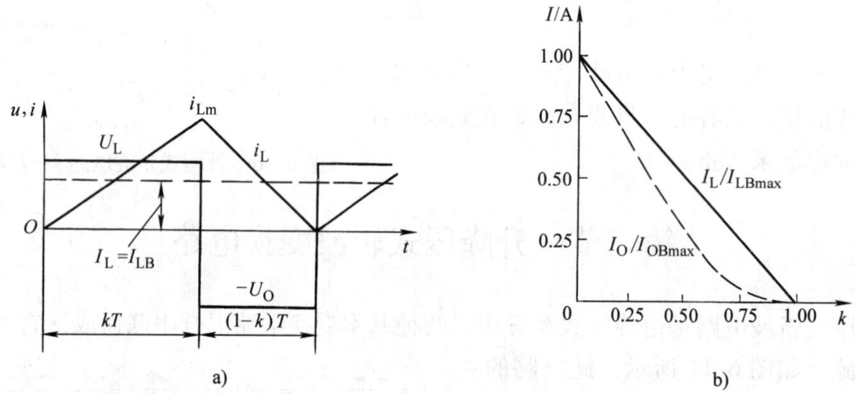

图 6-13　电流临界连续时的波形及电流与 k 关系曲线

二、电流不连续导通工作模式

升降压式斩波电路在非连续导通模式时，电感上的电压和流过的电流波形如图 6-14 所示。根据与前述同样的道理可以推出下述关系

$$\frac{U_O}{U_d}=\frac{k}{\Delta_1}$$

$$\frac{I_O}{I_d}=\frac{\Delta_1}{k}$$

由图 6-14 可以得出流过电感中的电流平均值为

$$I_L=\frac{U_d}{2L}kT(k+\Delta_1) \tag{6-9}$$

通常 U_O 保持不变，以 U_O/U_d 为参变量，占空比 k 与负载电流的关系为

$$k=\frac{U_O}{U_d}\sqrt{\frac{I_O}{I_{Omax}}} \tag{6-10}$$

根据式（6-10）可作出输出电流变化与占空比的关系曲线，如图 6-15 所示。图中连续导通和非连续导通模式的边界用虚线表示。

三、库克直流斩波电路

库克直流斩波电路如图 6-16 所示。它也是升降混合式变换电路，其原理与上述升降直流斩波电路相似。它提供与输入电压极性相反的可调输出电压，这里电容器 C 起贮能和由输入向输出传送能量的双重作用。

在稳定工作状态，由于电感电压的平均值 U_{L1} 和 U_{L2} 均为零，因此，由图 6-16a 可知 U_{C1} 比 U_d 和 U_O 都大。假定 C_1 足够大，在稳态时，u_{C1} 的脉动很小，可保持其平均值不变即 $u_{C1}=U_{C1}$。

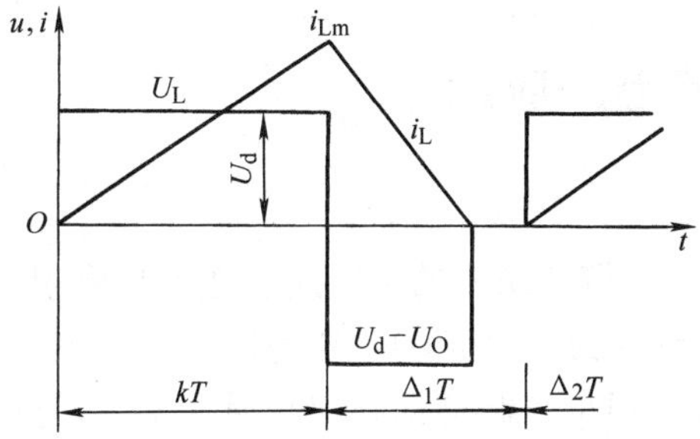

图 6-14　升降压式电路非连续模式时波形

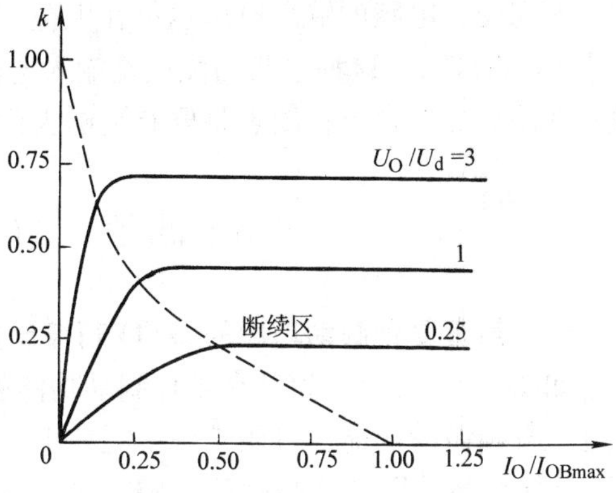

图 6-15　升降压式斩波电路 k—I 曲线

$$U_{c1}=U_d+U_O$$

当斩波开关管 V 关断时，电感电流 i_{L1} 和 i_{L2} 均流过二极管 VD，波形如图 6-16d 所示。此时 t_{off} 段的等效电路如图 6-16b 所示。输入端的能量和电感 L_1 中的能量叠加在一起通过二极管 VD 向 C_1 充电，随着充电过程的进行，i_{L1} 逐渐减小。由于 U_{C1} 大于 U_d 贮存在 L_2 中的能量，并将能量传送给负载，所以 i_{L2} 也减小。

当斩波开关 V 接通时，U_{C1} 使二极管反向偏置，电感电流 i_{L1} 和 i_{L2} 均流过开关 V，此时 t_{on} 段的等效电路如图 6-16b 所示。由于 $U_{C1}>U_O$，C_1 通过开关放电，传送能量至输出端负载和电感 L_2 上，所以 i_{L2} 增加；此时输入电压将能量传送至电感 L_1，使 i_{L1} 增加。

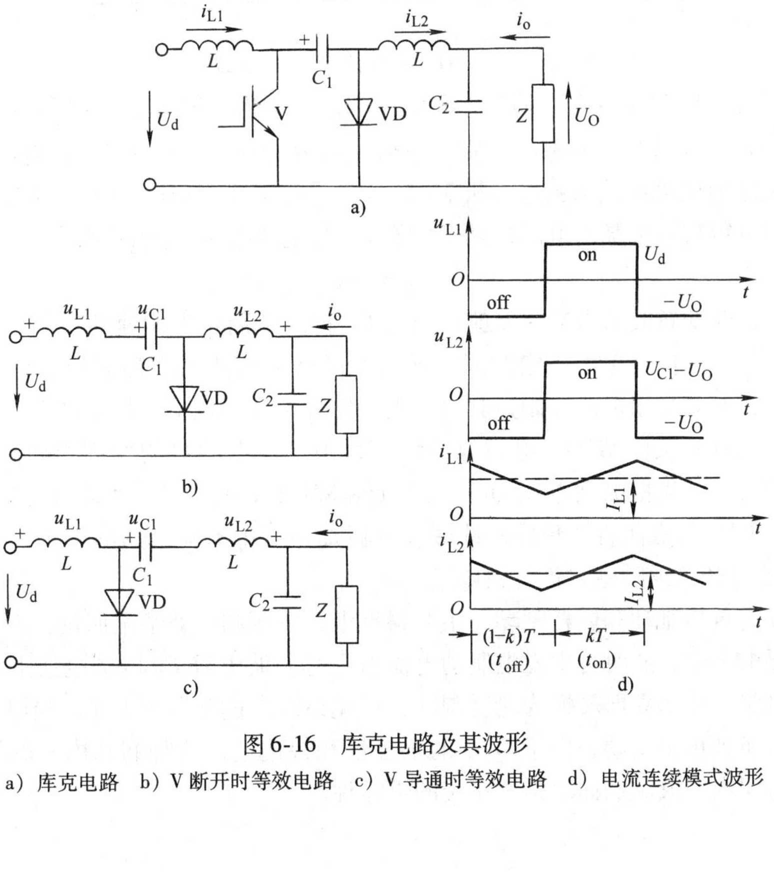

图 6-16　库克电路及其波形

a）库克电路　b）V 断开时等效电路　c）V 导通时等效电路　d）电流连续模式波形

库克变换电路的输出电压也可在大范围内调节，只要改变占空比 k，就可实现调节输出电压 U_0 的目的。这种电路的优点是输入电流和供给输出级的电流是无纹波的，从而降低了对外部滤波器的要求；缺点是要有足够大的滤波电容 C_1。

第四节　直流斩波电路应用

一、具有复合制动功能的 GTO 斩波调速电路

如图 6-17 所示，为具有复合制动功能的 GTO 斩波调速系统的主电路。能实现牵引、再生电阻复合制动功能，可用于城市无轨电车。主控器件为一只 GTO，M 为串励直流电动机，VT_1 是能耗制动用快速晶闸管，VD_1 是续流二极管，VD_2 是制动回路二极管，R_Z 是能耗制动电阻，HL 是霍尔电流检测器，KM_2 是牵引、制动转换接触器，KM_4、KM_5 是向前、向后及牵引制动转换接触器。其工作情况可分为牵引工况、牵引制动转换和电制动三种情况。

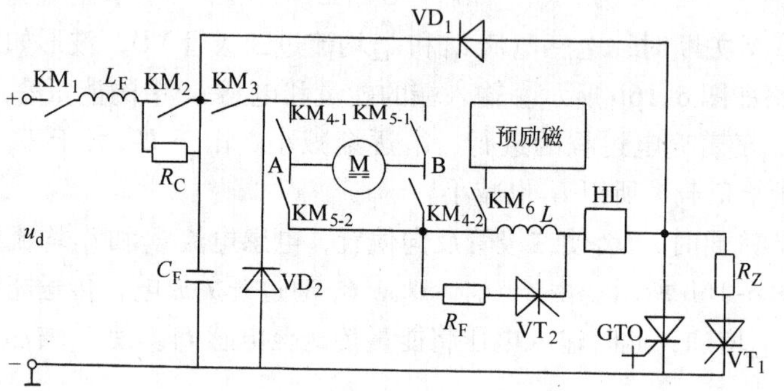

图 6-17　GTO 斩波调速系统主电路

牵引工况时，接触器 KM_1、KM_2、KM_3、KM_{4-1}、KM_{4-2} 闭合，形成牵引回路，GTO 导通时电流回路为：电源 $U_S^+ \to KM_3 \to KM_{4-1} \to KM_{4-2} \to L \to GTO \to$ 电源 U_S^-，电源 U_S 向电动机供电。GTO 关断时电流回路为：电动机 $M \to KM_{4-2} \to L \to HL \to VD_1 \to KM_3 \to KM_{4-1} \to M$。这样在电动机两端可得到一个脉动电压，其平均值 U_m 与电源电压 U_S 的关系为

$$U_m = kU_S$$

由此可知，改变斩波器占空比 k 就可调节 U_m 值，从而达到调速的目的。当 $k=0.9$ 时，自动进入全压运行，再经延迟一定时间后触发晶闸管 VT_2 进入弱磁运行。为获得恒加速度起动，在牵引工况时采用恒流控制，其值预先设定并可任意调节。加上制动给定以后，进入牵引制动转换。首先关断 GTO，电枢电流续流，由于反电动势的作用及回路中存在电阻，电流很快衰减为零，当检测到电流为零，接触器 KM_3、KM_4 失电，KM_5 得电，这时形成制动回路，同时 KM_6 触点闭合，预励磁线圈投入以加快反电动势电压的产生，待反电动势建立后 KM_6 自动打开，预励磁装置与磁场组分离。

电制动分为再生制动和能耗制动，主要根据电源电压和负载情况而定，例如，当电源没有其他负载要求供电，此时再生发电制动电流将引起滤波电容 C_F 两端电压上升，此时制动模式在控制电路作用下立即转换为能耗制动，以免系统在过电压下工作。当电源电压恢复正常时又立即转换到再生制动，由于 GTO 的全控性和快速性，这种制动模式的转换可以在一个斩波周期时间内完成。从而增强了系统的可靠性。

再生制动时，GTO 导通时的电流通路为电动机 A 端→KM_{5-2}→L→HL→GTO→VD_2→KM_{5-1}→电动机 B 端，这一过程是电流上升的建能阶段。GTO 关断时的电流通路为电动机 A 端→KM_{5-2}→L→VD_1→电源→KM_{6-1}→电动机 B 端，这一阶段将能量回馈给电源实现能量再生。

能耗制动时，当 GTO 导通时，电流通路与再生时第一阶段一样。在关断 GTO 的同时触发晶闸管 VT_1，电流通路为电动机 A 端→KM_{6-2}→L→HL→R_Z→VT_1→VD_2→KM_{6-1}→电动机 B 端，这一阶段将能量消耗在电阻 R_Z 上。

制动力矩的大小可通过制动给定任意调节，低速时可增加 GTO 的导通时间来保证足够的制动力矩。

二、感应加热电源

如图 6-18 所示为高频感应加热电源的主电路。由功率二极管 $VD_1 \sim VD_6$ 组成的三相不可控整流输出电压，经斩波器 V_0 调压后为 $V_1 \sim V_4$ 组成的逆变器提供大小可调的直流电压。

斩波器的工作频率可在几十赫兹频段选择，可使电路的滤波器尺寸减小。斩波器的工作原理与前面讨论的降压式斩波电路分析方法相同。

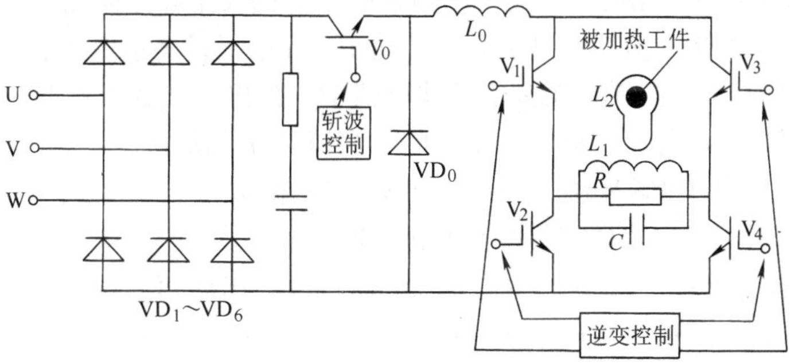

图 6-18　高频感应加热电源的主电路

由于电路的直流侧串入了有大电感量的电抗器 L_0，而使之成为恒流源（即电流型逆变器，将在第八章讨论），逆变器的输出电流为方波，输出电压为正弦波。感应加热线圈 L_1 与 C 组成并联谐振电路，通过适当的参数选择，逆变器的输出频率可达 50kHz，输出功率可达几十千瓦。控制逆变桥保持工作于零相位谐振状态，即当负载电压过零时刻，桥臂内电流才开始换相，其输出电压、电流的基波相位差为零，故也称之为零相位并联谐振。

用 IGBT 及其他大功率自关断器件所组成的高频感应加热电源，在工业热处理设备中可取代原有的大功率电子管，极大地减少了体积和损耗，节约了能源，得到广泛应用。

三、直流伺服电动机驱动电路

用全桥开关式直流斩波电路驱动直流伺服电动机，其电路原理如图 6-19所示。在图中所示的全桥变换电

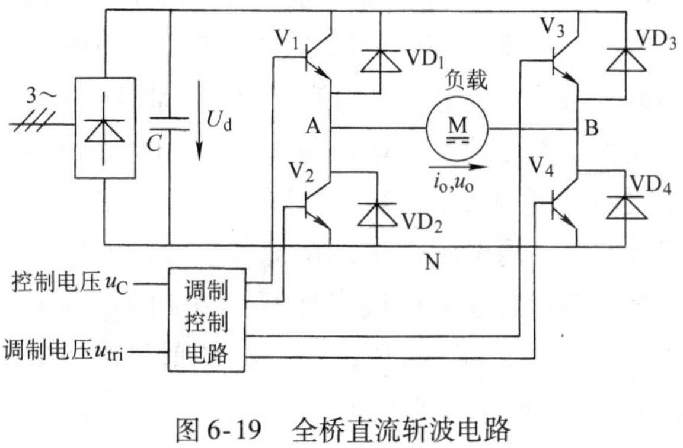

图 6-19　全桥直流斩波电路

路中，其输入是幅度不变的直流电压 U_d，输出是幅度和极性均可控制的直流电压 u_0。

全桥斩波电路由 A 和 B 两桥臂组成。每条桥臂由两只开关元件及反并联二极管构成。每臂上的两只开关总是一只导通，另一只关断。若开关为理想开关，同一桥臂的两只开关既不同时接通，也不同时关断，那么变换电路的输出电流将是连续的，输出电压完全取决于开关的状态。当开关 V_1 接通时，输出电流流过 V_1，i_o（设电动机正转）为正向，使输出电压的 A 端与输入电压正端电位相同。或者，当 i_o 为负时（设电动机反转）流过 VD_1，上述结论也成立，故 A 臂的输出电压为 $U_{AN}=U_d$，当 V_2 接通时，负的 i_o（设电动机反转）通过开关 V_2，正的 i_o（VD_2 续流时）通过 VD_2，因此 $U_{AN}=0$。

上述两式表明，u_{AN}仅仅与开关状态有关，而与 I_o 的方向无关，因此变换电路 A 臂的输出电压在开关频率的一个周期 T 内仅仅与输入电压 U_d 和开关 V_1 的占空比 k_1 有关，A 臂对地输出电压 U_{AN}为

$$U_{AN}=k_1U_d \tag{6-11}$$

同理可以证明，变换电路中 B 臂的输出电压 U_{BN}与 U_d 和 V_3 的占空比 k_2 有关，即

$$U_{BN}=k_2U_d \tag{6-12}$$

占空比 k_1、k_2 与本章前几节定义一样，是该管导通时间 t_{on}与周期 T 之比。电路的输出电压 U_0 可用控制开关占空比的办法进行调整，而与 i_o 的大小和方向无关。

在前几种变换电路中只有单一开关元件，输出电压的极性不能改变，输出电压的大小可通过脉宽调制法（PWM）控制。在全桥斩波电路中，输出电压的极性是相对的，可以改变也可以保持同一极性，这是由下面两种不同的脉宽调制方法决定的：

（1）双极性电压开关 PWM 法　开关元件 V_1、V_4 和 V_3、V_2 作为两组开关来处理。两组开关同时接通或同时关断，这样获得极性变化的输出电压。

（2）单极性电压开关 PWM 法　V_1、V_4 和 V_3、V_2 也组成两组开关，每一桥臂开关的控制与另一桥臂无关，电路的输出电压极性不变。

1. 双极性电压开关 PWM 法

在双极性电压开关 PWM 法中，开关元件桥臂分为 V_1、V_4 和 V_3、V_2 两组，这两组开关中总有一组是导通的。由控制电压 u_c 与三角波电压 u_{tri}比较产生开关信号。当 $u_c>u_{tri}$时，V_1 和 V_4 导通，而 V_3 和 V_2 关断；当 $u_{tri}>u_c$ 时，V_1 和 V_4 关断，而 V_3 和 V_2 的基极即使加有正向驱动电压，却不一定能立即导通，如图 6-21e 所示，当电动机负载较重，负载电流平均值较大时，将有 VD_2、VD_3 续流，维持原有的电流方向，V_3 和 V_2 的集射极之间分别与 VD_3、VD_2 并联而关断。当电动机轻载时，平均电流较小，在续流阶段，电流很快率减到零。在这一阶段（如图 6-20a 所示的 t_1 区间，即 $u_{tri}>u_c$ 的区间），V_3、V_2 集射极之间反压消失，V_3 和 V_2 才能导通。

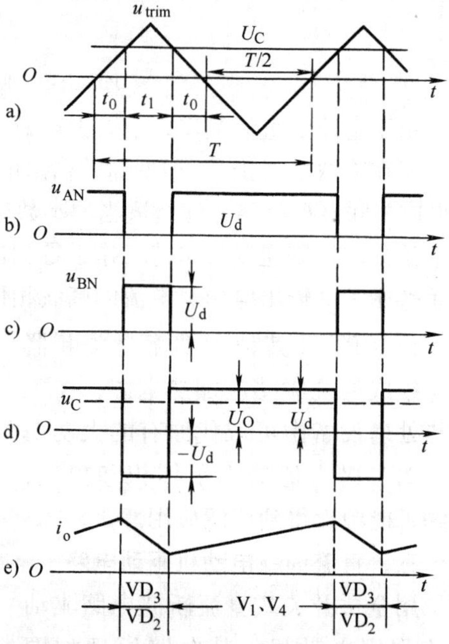

图 6-20　双极性电压开关 PWM 波形

从图 6-20d 为输出电压 u_o（$u_o = u_{AN} - u_{BN}$）的波形可以看出，输出电压是在 $+U_d$ 和 $-U_d$ 之间跳动，其值在 0 到 1 范围内变化。输出电压 U_O 则可在 $-U_d$ 到 $+U_d$ 之间连续变化。在一个周期内电枢两端的电压 U_O 正负相间，所以称为双极性 PWM 电路。当平均值为正时电动机为正转，反之电动机反转。

2. 单极性电压开关 PWM 法

双极式 PWM 变换器的缺点是：在工作过程中，4 个大功率器件都处于开关状态，开关损耗大，且容易发生上、下两管直通的事故，为了防止上、下两管同时导通，在一管关断和另一管导通的驱动脉冲之间，设置逻辑延时。

单极式 PWM 变换器电路图与图 6-19 相同，能克服双极式变换器的上述缺点。电路的基本工作原理分析如下：

V_1 和 V_2 的驱动脉冲 $U_{b1} = -U_{b2}$，与双极性时相同。V_3 和 V_4 的驱动信号与双极性时不同。如果电动机正转，U_{b3} 恒为负，U_{b4} 恒为正，使 V_3 截止，V_4 常通。希望电动机反转时，U_{b3} 恒为正，U_{b4} 恒为负，使 V_3 常通，V_4 截止。换句话说，V_3 截止，V_4 饱和导通，而 V_1、V_2 工作在交替开关状态，控制电动机正转；若 V_4 截止，V_3 饱和导通，V_1、V_2 工作在交替开关状态，控制电动机反转。很显然，在电动机正转时，电枢两端电压 $U_{AB} = U_d$ 或 $U_{AB} = 0$，如图 6-21c 所示。在电动机反转时，电枢两端电压 $U_{AB} = -U_d$ 或 $U_{AB} = 0$。其特点是：在正转或反转时，只可能分别存在一个极性的电压，故称为单极式变换器。

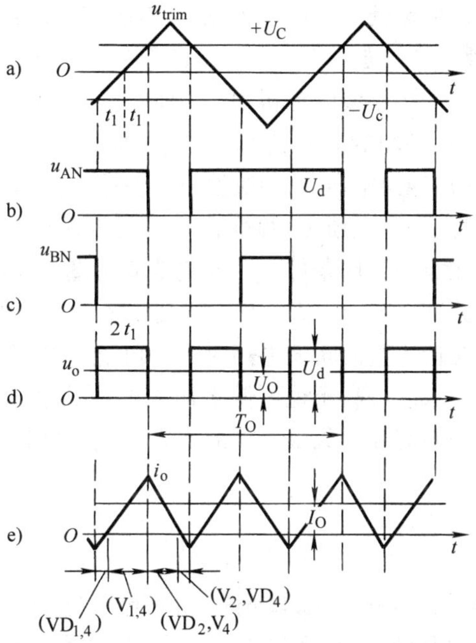

图 6-21　单极性电压开关 PWM 波形

单极性开关 PWM 法的电压与电流的波形如图 6-21 所示。从图 a 中可以看出，由三角波电压 u_{tri} 与控制电压 u_c 和 $-u_c$ 相比较以确定 A、B 桥臂的开关信号。若 $u_c > u_{tri}$ 则 V_1 导通；若 $-u_c > u_{tri}$，则 V_3 导通。每个桥臂的输出电压也都表示在图 6-21b 和 c 中。

四、逆导型（KN）晶闸管直流斩波电路

在用普通晶闸管组成的逆变器或斩波器中，常见到在晶闸管两端反向并连一个二极管，以提供反向电流通路。逆导晶闸管就是按此要求合二为一的器件，它取代了普通晶闸管和反向并连的二极管，并具有正向压降小、关断时间短、高温性能好及分布电感小等优点。

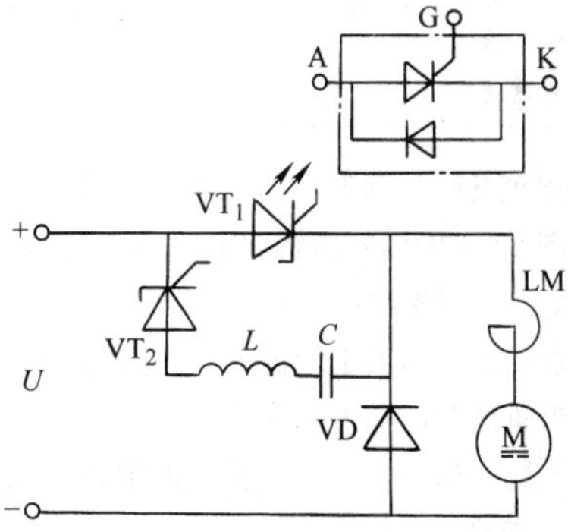

图 6-22　逆导晶闸管直流斩波电路

图 6-22 所示为用逆导晶闸管组成的降压式斩波电路，其工作原理与上述相似。

本章小结

本章介绍的降压式、升压式、升降压式和库克式直流斩波电路，其基本形式是一样的，都只能进行单一方向的能量传输。它们的作用仅仅是产生无方向性的电压和电流。全桥斩波变换电路则可以进行两个方向的功率流通，电压 U_0 和电流 I_0 可以彼此独立变化、调节，故负载为直流电动机时可以在四个象限工作。

直流斩波器中的功率开关器件的选择，除了考虑电路是否简单外，还应按照输出功率和频率来选用电力电子器件。如普通晶闸管输出功率最大，但工作频率最低，几十至几百赫兹内工作较为理想；GTO 输出功率稍低，但工作频率要高一些，可在几百赫兹至 1.2kHz 内工作最为离理想；GTR 的工作频率为 1～10kHz、IGBT 的工作频率为 20～50kHz，二者的容量相当，但都低于 GTO；而功率 MOSFET 的工作频率为最高，可达 50～100kHz，容量低于 IGBT 管。

在上述纹波的分析中，以下三个前提条件相同：

1）平均电流 I_0 工作于连续导通模式，电感电流的纹波可以忽略，即 $i_L(t)=I_L$。

2）输出电压 u_o 的纹波可以忽略，故有 $u_o=U_0$，$u_o(t)=U_{0m}$。

3）输入电压 U_d 可变，利用调节开关占空比的大小控制，输出电压 U_0 保持不变。

在稳态工作条件下，开关功率由图开关的峰值电压 U_r 和峰值电流 I_r 可以计算出来，所以开关功率 $P_r=U_rI_r$；开关的利用率为 P_0/P_r；输出功率为 $P_0=U_0I_0$。

在选用直流斩波电路时应尽可能选择降压式或升压式以提高开关利用率。如果输出电压范围要求既可高于也可低于输入电压或需要负极性输出，则应选择升降压式和库克变换电路。如果需要四象限工作的地方，则只能选用全桥式斩波电路。

自 测 题

1. 试以降压式斩波器为例，简要说明斩波器具有直流变压器效果。

2. 根据题 2 表中各栏目要求，归纳有关参量表达式并填入表中。

题 2　表

参量表达 / 斩波电路	占空比 k	输出与输入电压 U_0/U_d	临界连续性电流 I_{LB}	输出电压纹波 $\Delta U_0/U_0$
降压式				
升压式				

3. 试比较升降压斩波电路与库克电路的异同点。

4. 如图 6-23 所示降压斩波电路，V 在 $t=0$ 时导通，$t=t_1$ 时断开，$t=t_1+t_2$ 时又导通，以后重复上述过程，试完成下列要求：

（1）求输出电压的平均值 u_o 和有效值 U。

（2）求斩波器的输入功率 P_i。

5. 在上题的斩波电路中，负载电阻 $R=10\Omega$，$U_s=220V$，斩波开关导通时产生 2V 的压降 U_T，斩波频率为 1kHz，如果 $k=0.5$，试求：

（1）平均输出电压 u_o 和输出电压有效值 U。

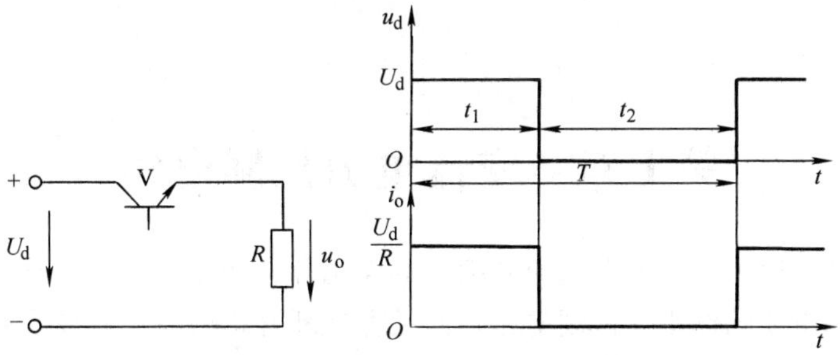

a)　　　　　　b)

图 6-23　题 4 图

（2）斩波效率 $\eta = P_0/P_i$。

6. 图 6-24 所示电路中，设电容 C 很大，可忽略负载上的纹波电压，而 $t_{on} = t_{off} = 40\mu s$

（1）画出 I_d、I_L 和 I_C 的稳态波形。

（2）计算在稳态时，直流电源给出的功率。

7. 对于如图 6-25 所示的升压调节器，$U_s = 100V$，$R = 50\Omega$，$t_{on} = 80\mu s$，$t_{off} = 20\mu s$，设电感和电容的值均较大，可忽略 i_d 和负载电压的纹波，电路稳态工作。试完成下列要求：

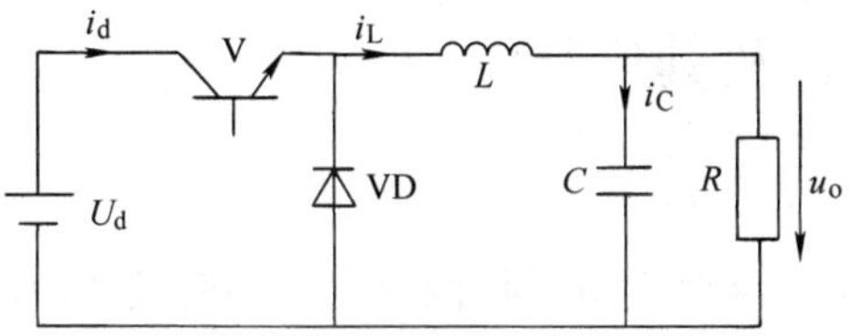

图 6-24　题 6 图

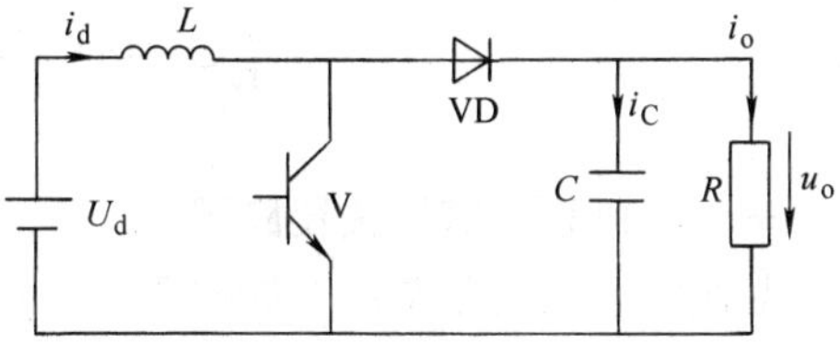

图 6-25　题 9 图

（1）计算负载电压 u_o。

（2）画出 u_o 和 i_c 的波形。

（3）计算 100V 直流电源输出的功率。

第七章　交流电力控制电路

电力电子器件除以上介绍的在电流变换中的应用外，还在交、直流开关及交流调压等电力控制电路中起到重要的作用。常规电磁式开关存在断开负载电路时往往有电弧产生，触头易烧损；开断时间长；运行过程中有噪声污染环境；机械电气寿命受到限制等缺点。由电力电子器件组成的交、直流开关具有无触点、开关速度快、使用寿命长等优点，而获得广泛应用。

交流开关可用两只普通晶闸管或者两只自关断电力电子器件反并联组成。由于出现了双向晶闸管，可以用一只双向晶闸管代替两只反并联器件，使电路大大简化。因而用双向晶闸管组成的交流开关电路，在调光、控温、小容量电动机的调速及大容量异步电动机的软起动等场合得到广泛应用。

第一节　交流开关及其应用

一、晶闸管交流开关及应用

晶闸管开关的基本形式如图 7-1 所示。它以毫安级触发电流控制流过晶闸管及负载的几安至几百安级大电流的通断。晶闸管在承受正半周电压时可被触发导通，在电源电压过零或负半周时管子承受反向电压，在电流过零时自然关断。因此在晶闸管关断时不会因负载或线路中电感储能而造成暂态电压的现象。

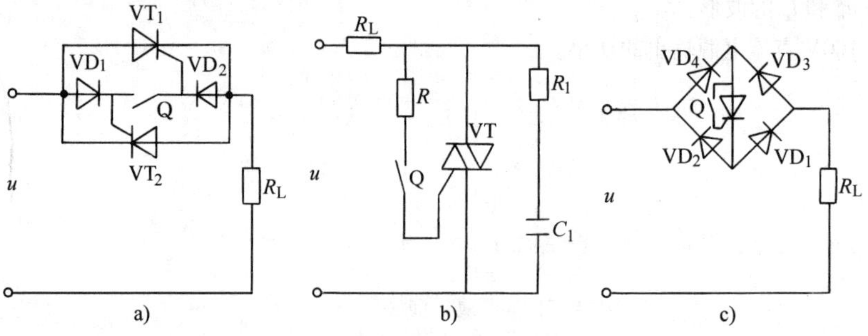

图 7-1　晶闸管开关的基本形式

图 7-1a 所示为普通晶闸管反并联的交流开关。当 Q 合上时，靠管子本身的阳极电压作为触发电源，具有强触发性质，即使触发电流要求比较大的管子也能可靠触发。负载上可得到基本为正弦波的电压。图 7-1b 所示为采用双向晶闸管的交流开关，其电路简单，但工作频率比反并联电路低（小于 400Hz）。图 7-1c 所示为只有一只普通晶闸管的电路，管子只能承受正向电压，但由于串联元件多，其压降损耗较大。

图 7-2 所示为采用光耦合器的交流开关电路应用实例。主电路由晶闸管 VT_1、VT_2 和两只二极管 VD_1、VD_2 组成。当控制信号未接通时，主电路不工作，1、2 端没有信号。光耦合器 VL 截止，晶体管 V 处于导通状态，晶闸管门极电路被晶体管 V 旁路，因而晶闸管

VT_1、VT_2 处于截止状态，负载未接通。当1、2端接入控制信号，光耦中的光敏管导通，晶体管V截止，晶闸管 VT_1、VT_2 被触发导通，主回路被接通。电源正半波时（例如 U^+、V^-），负载电流经 $U^+ \to VT_1 \to VD_2 \to R_L \to V$ 形成通路；电源负半波时（U^-、V^+），负载电流经 $V^+ \to R_L \to VT_2 \to VD_1 \to U^-$ 形成通路，负载上得到交流电压。因而只要控制光耦合器的通断就能方便地控制主电路的通断。

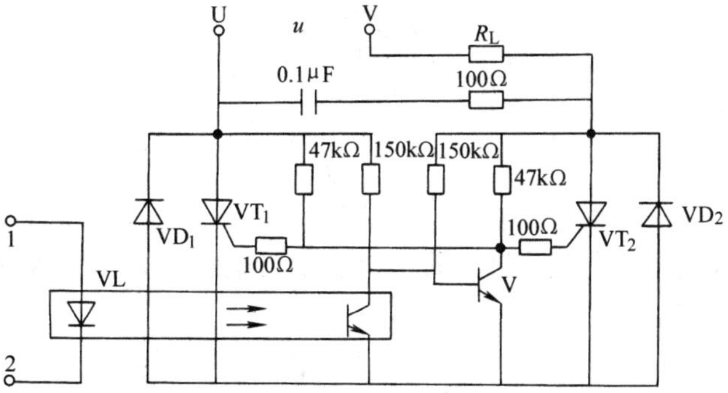

图 7-2　光电耦合交流开关

图7-3所示为三相自动电热炉的典型电路。它采用双向晶闸管为功率开关，当开关Q拨到“自动”位置时，炉温就能自动保持在给定温度。若炉温低于给定温度，温控仪KT（调节式毫伏温度计）使常开触点KT闭合，VT_4（小容量双向晶闸管）被触发导通，负载电阻 R_L 接入交流电源，电炉升温。若炉温到达给定温度，温控仪的常开触点KT断开，VT_4 关断，继电器KA失电，双向晶闸管 VT_1、VT_2 关断，电阻 R_L 与电源断开，电炉降温。使炉温在给定范围内波动，实现自动恒温控制。

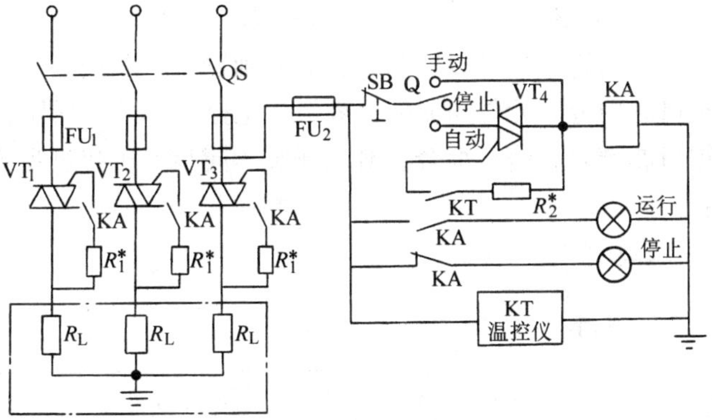

图 7-3　电热炉温控电路

双向晶闸管仅用一只电阻（主电路为 R_1、控制电路为 R_2）构成本相强制触发电路，其阻值可用电位器代替 R_1 试验决定。调节电位器阻值，使双向晶闸管两端交流电压减小到2～5V，此时电位器阻值即为触发电阻值。通常为75Ω～3kΩ，功率小于2W。

二、由过零触发开关电路组成的单相交流调功器

在电压过零时给晶闸管以触发脉冲，使晶闸管的工作状态始终处于全导通或全阻断，这种工作方式称为过零触发。交流零触发开关电路就是利用零触发方式来控制晶闸管的导通与关断，来实现在设定的周期范围内，将电路接通几个周期，然后断开几个周期，通过改变晶闸管在设定周期内通断时间的比例，达到调节负载两端交流电压即负载功率的目的。因而这种装置也称为调功器或周波（波形个数）控制器。

调功器是在电源电压过零时触发晶闸管导通的（离零点3°~5°内），所以负载上得到接近完整的正弦波，调节的只是在设定周期 T_C 内导通的电压周波数。图7-4所示为全周波过零触发输出电压波形的两种工作方式。如设定周期 T_C 内导通的周波数为 n，每个周波的周期为 T（工频50Hz，$T=20ms$），则调功器的输出功率

$$P=\frac{nT}{T_C}P_n$$

调功器输出电压有效值

$$U=\sqrt{\frac{nT}{T_C}}U_n$$

P_n、U_n 为设定周期 T_C 内全导通时装置的输出功率与电压有效值。因此，改变导通周波数 n，即可改变电压或功率。

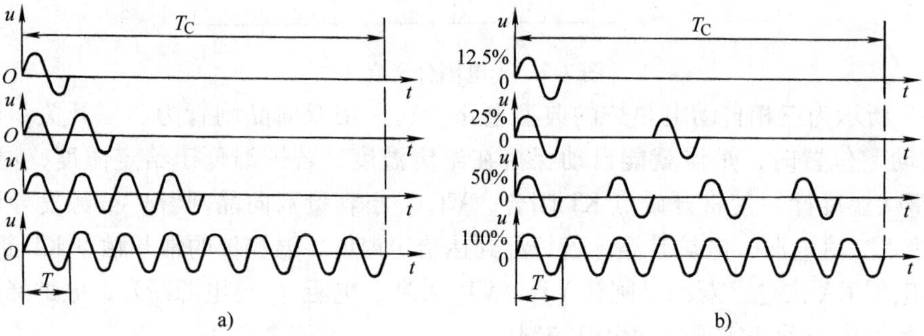

图7-4　过零触发调节周波电压的波形

调功器可以用双向晶闸管，也可以用两只普通晶闸管反并联连接，其触发电路可以采用集成过零触发器，也可利用分立元件组成的过零触发电路。图7-5所示为全波连续式的过零触发电路。电路由锯齿波产生、信号综合、直流开关、同步电压与过零脉冲输出5个环节组成，工作原理如下：

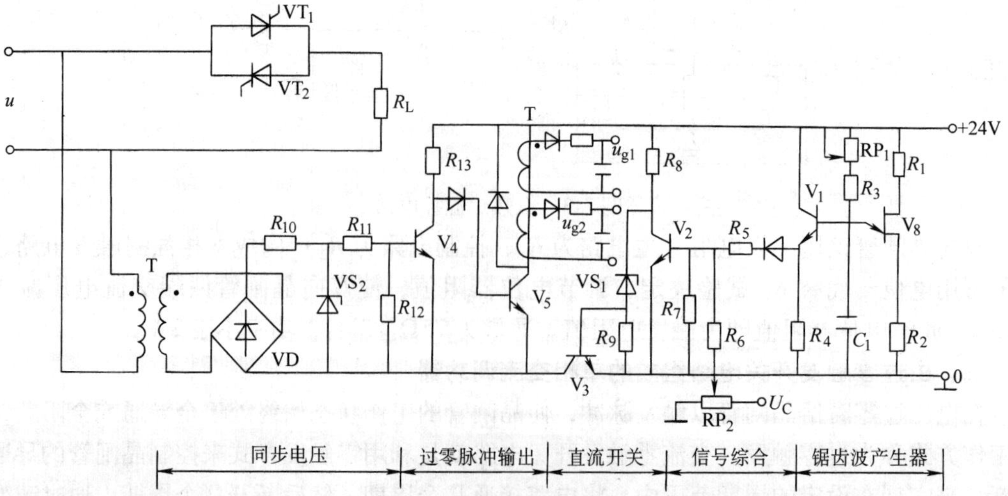

图7-5　过零触发电路

1）锯齿波是由单结晶体管 V_8 和 R_1、R_2、R_3、RP_1 和 C_1 组成的张弛振荡器产生，经射极跟随器（V_1、R_4）输出。锯齿波的底宽为 T_C，调节电位器 RP_1 即可改变锯齿波的斜率。由于单结晶体管的分压比一定，故电容 C_1 放电电压为一定。锯齿波的斜率减小，意味着锯齿波底宽（T_C）增大，反之底宽（T_C）减小。

2）控制电压（U_C）与锯齿波电压进行电流叠加后，得到合成电压 u_S 送至 V_2 的基极。当 $u_S>0.7V$ 时，V_2 导通；$u_S<0.7V$ 时，V_2 截止。

3）由 V_2、V_3 及 R_8、R_9、VS_1 组成一直流开关。当 V_2 基极电压 $U_{be2}>0.7V$ 时，V_2 管导通，U_{be3}接近零电位，V_3 管截止，直流开关阻断。

当 $U_{be2}<0.7V$ 时，V_2 截止，由 R_8、VS_1 和 R_9 组成的分压电路使 V_3 导通，直流开关导通，输出24V 直流电压。VS_1 为 V_3 基极提供一阈值电压，使 V_2 导通时，V_3 更可靠地截止。

4）过零脉冲输出。由同步变压器 T，整流桥 VD_1 及 R_{10}、R_{11}、VS_2 组成一削波同步电源。它与直流开关输出电压共同去控制 V_4 和 V_5，只有当直流开关导通期间，V_4、V_5 集电极和发射极之间才有工作电压，才能进行工作。在这期间，同步电压每次过零时，V_4 截止，其集电极输出一正电压，使 V_5 由截止变为导通，经脉冲变压器输出触发脉冲使晶闸管导通。于是在直流开关导通期间，使输出连续的正弦波。增大控制电压，便可增加开关导通的时间，也就增多了导通的周波数，从而增加了输出的平均功率。过零触发虽然没有移相触发时高频干扰问题，但其通断频率比电源频率低，特别是当通断比太小时，会出现低频干扰，使照明出现人眼能觉察到的闪烁，电表指针的摇摆等。所以调功器通常只用于热惯性较大的电热负载。

三、固态开关

固态继电器是一种无触点电子开关。它是一种四端有源器件，其中两个端子为输入控制端，另外两个端子为输出受控端。为实现输入与输出之间的电气隔离，器件采用了高耐压的专用光耦合器。当施加输入信号后，其主电路是导通状态，无信号时呈阻断状态。整个器件无可动部件及触点，实现了相当于电磁继电器一样的功能。

由于固态继电器是由固体器件组成的无触点开关元件，所以它较电磁继电器具有工作可靠、寿命长、对外界干扰小、能与逻辑电路兼容、抗干扰能力强及开关速度快等一系列优点。它有很宽广的应用领域，有逐步取代传统电磁继电器的趋势，并可进一步扩展应用到传统电磁继电器无法工作的领域，如计算机、可编程序控制器的输入输出接口、计算机外围和终端设备、机械控制、保护系统、灯光控制、驱动控制中间继电器、电磁阀、电动机的驱动及温度控制等。

固态继电器是将 MOSFET、GTR、普通晶闸管或双向晶闸管等按一定的电路组合在一起并与触发驱动电路封装在一个外壳中的模块，而且驱动电路与输出电路隔离，如今固态继电器的生产厂很多，产品容量不断扩大，有直流和交流两种。交流固态继电器又有单相和三相之分。固态开关也称为固态继电器或固态接触器，它是以双向晶闸管为基础构成的无触点通断元件。

图 7-6a 所示为采用耦合器的“0”压固态开关内部电路。1、2 为输入端，相当于继电器或接触器的线圈；3、4 为输出端，相当于继电器或接触器的一对触点，与负载串联后接到交流电源上。

输入端接上控制电压，使发光二极管 VD_2 发光，光敏晶体管 V_1 阻值减小，使原来导通的晶体管 V_2 截止，原来阻断的晶闸管 VT_1 通过 R_4 被触发导通。输出端交流电源通过负载、二极管 $VD_3\sim VD_6$、VT_1 以及 R_5 构成通路，在电阻 R_5 上产生电压降作为双向晶闸管 VT_2 的触发信号，使 VT_2 导通，负载得电。由于 VT_2 的导通区域处于电源电压的“0”点附近，因而具有“0”电压开关功能。

图 7-6b 为光耦合器“0”电压开关。由输入端 1、2 输入信号，光耦合器 VL 中的光控晶闸管导通；电流经 3→VD_4→VL→VD_1→R_4→4 构成回路，借助 R_4 上的电压降向双向晶闸管 VT 的门极提供分流，使 VT 导通。由 R_3、R_2 与 V_1 组成“0”电压开关功能电路，即当电源电压过“0”并升至一定幅值时，V_1 导通，光控晶闸管则被关断。

图 7-6c 用了两个直流控制交流输出的固态继电器，用于控制三相异步电动机运行或停车。

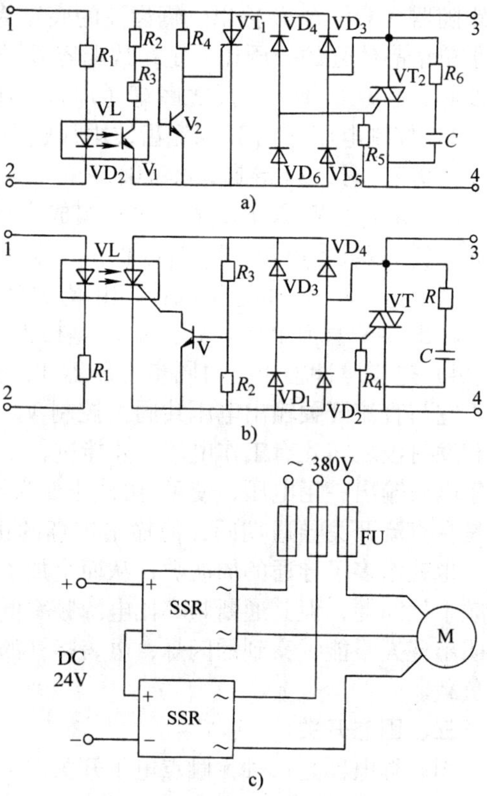

图 7-6　固态开关电路图

四、全控器件组成的交流开关

图 7-7a 所示由两个 MOS 晶闸管 MCT 和两个二极管组成的交流开关。其中采用一个驱动电路来驱动两个 MCT。如果要检测通过开关的电流，电路中的 R_1 将提供电流信号，用来显示开关的与、或逻辑控制关系。

图 7-7b 所示为由一个 P—MCT 和一个 N—MCT 组成的交流开关。其中电阻 R_1 用来向门极电路提供电流信号，非线性电阻 RV_1 用来限制瞬态电压。

图 7-7c 是由 P—MCT 与 N—IGBT 组成的直流桥臂。这种组合使每个桥臂可以采用独立的门极电路和电源。门极电路必须提供适当的门极延迟，避免短路电流流过两个功率器件。电阻 R_1 为门极电路提供电流信号。

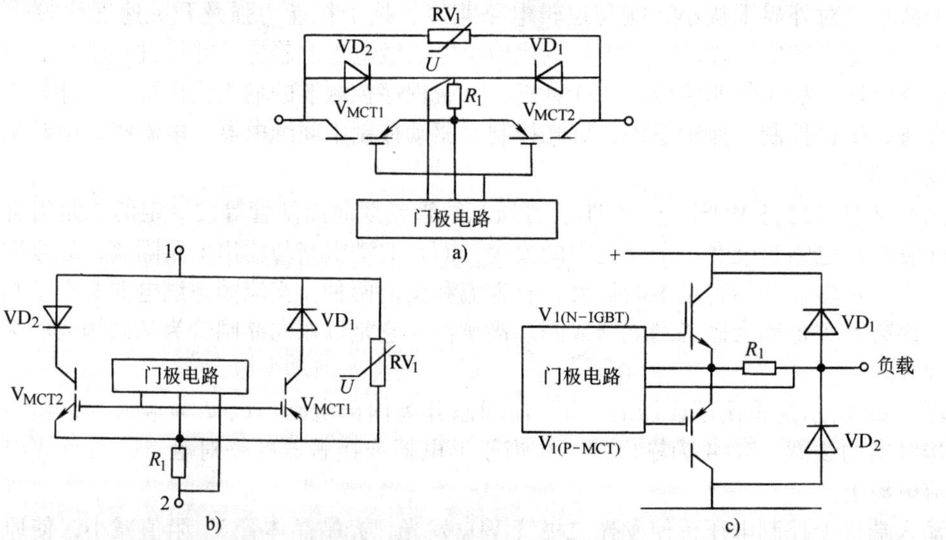

图 7-7　MCT 组成的交流开关

a）串联式交流开关　b）推挽式交流开关　c）MCT 与 IGBT 组合的直流桥臂

第二节　单相交流调压电路

单相交流调压电路可由一只双向晶闸管组成，也可以用两只普通晶闸管或 GTR 等其他全控器件反并联组成。由双向晶闸管组成的单相交流调压电路，线路简单、成本低，在工业加热、灯光控制、小容量感应电动机调速等场合得到广泛应用。下面对其工作原理进行分析。

一、电阻负载

电路如图 7-8a 所示，由一只双向晶闸管组成主电路，接电阻负载。当电源电压为正半波时，在 $\omega t=\alpha$时晶闸管 VT 被触发导通，便有电流 I 流过负载电阻 R，其上有电压 u_R。当 $\omega t=\pi$ 时，电源电压过零，$i=0$，VT 自行关断，$u_R=0$。在电源的负半波 $\omega t=\pi+\alpha$ 时，VT 再次触发导通，负载电阻得电，u_R 变为负值。在 $\omega t=2\pi$ 时，$i=0$，VT 又自行关断，$u_R=0$。下个周期重复上述过程，在负载电阻上就得到缺角的交流电压波形，如图 7-8b 所示。通过改变 α 可得到不同的输出电压的有效值，从而达到交流调压的目的。若由两只单向晶闸管反并连组成的电路，则需要两组独立的触发电路分别控制两只晶闸管，在正负半周对称的相应时刻（$\omega t=\alpha$，$\omega t=\pi+\alpha$）给触发脉冲，便与双向晶闸管电路一样，负载上可得到同样的可调交流电压。

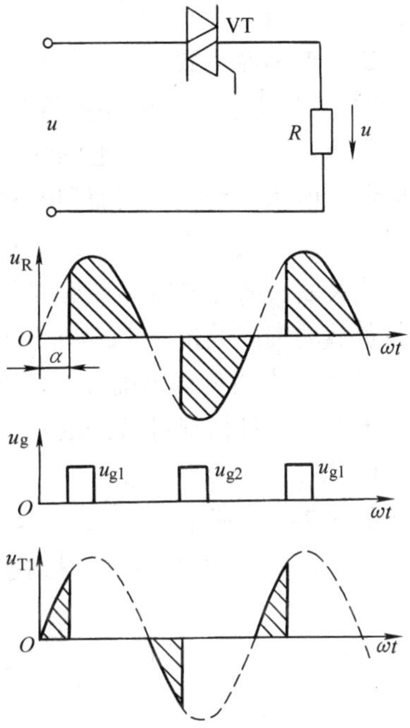

图 7-8　单向交流调压电阻负载电路
a）电路图　b）波形图

电阻为负载时单相交流调压的关系如下：

1. 输出交流电压有效值和电流有效值

$$U_R=U_2\sqrt{\frac{1}{2\pi}\sin2\alpha+\frac{\pi-\alpha}{\pi}} \tag{7-1}$$

$$I=\frac{U_R}{R}=\frac{U_2}{R}\sqrt{\frac{1}{2\pi}\sin2\alpha+\frac{\pi-\alpha}{\pi}} \tag{7-2}$$

2. 流过晶闸管的电流有效值

该有效值与式（7-2）相同。

3. 功率因数

$$\cos\varphi=\frac{P}{S}=\frac{U_R I}{U}=\frac{U_R}{U}=\sqrt{\frac{2(\pi-\alpha)+\sin2\alpha}{2\pi}} \tag{7-3}$$

图 7-9 所示为一可调光台灯的实用电路，是由双向晶闸管组成的单相调压电路。调节 RP 的大小将改变电源电压对电容 C_1 的充电时间，从而改变 C_1 端达到双向晶闸管所需触发电平的时间（VD 为触发二极管），即改变了双向晶闸管的移相角 α 的大小，达到交流调压的目的。双向晶闸管 VT 工作于Ⅰ、Ⅲ的触发方式。在 α 角较大时，由于电位器 RP 阻值较大，使电容 C_1 充电缓慢。α 大时，由于电源电压已过峰值并降得很低，造成 C_1 充电电压过

小，u_{C1}电压不足以击穿双向二极管。为此，实用电路中增设R_2、C_2阻容电路，使得在大α角时（即小导通角时）获得一个滞后的电压u_{C2}，它给电容C_1增加一个充电“电源”，使在小导通角时u_{C1}能够达到晶闸管所需的触发电平，以保证晶闸管VT可靠触发导通，增大调压范围。

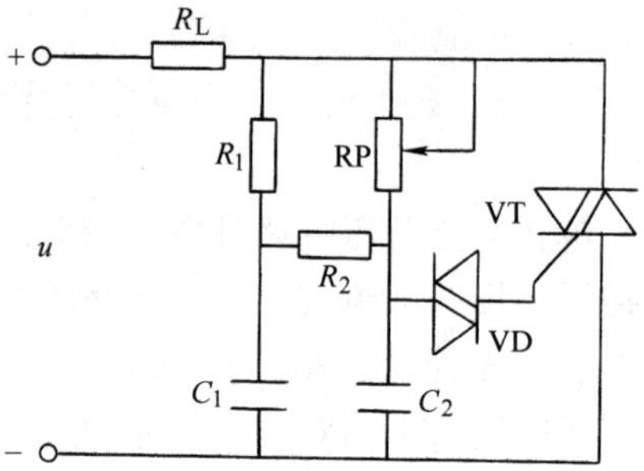

图7-9　双向晶闸管调压电路

二、电感性负载

图7-10所示为单向晶闸管反并联接电感负载的单相交流调压电路。由于电感性负载电路中电流的变化要滞后电压的变化，因而和电阻负载相比就有一些新的特点。当电源电压由正半波过零反向时，由于负载电感中产生的感应电动势要阻止电流变化，电压过零时电流还未到零，晶闸管无法关断，故还要继续导通到负半周。晶闸管导通角θ的大小，不但与控制角α有关，而且与负载功率因数角φ［$\varphi = \text{arctg}(\omega L/R)$］有关。控制角越小则导通角越大，负载功率因数角$\phi$越大，表明负载感抗大，自感电动势使电流过零的时间越长，因而导通角θ越大。

下面分三种情况进行讨论

1. $\alpha > \varphi$

如图7-10a所示，$\alpha > \varphi$，$\theta < 180°$，正负半波电流断续。α愈大，θ愈小。即α的移相在$180° - \phi$的范围内，可以得到连续可调的交流电压。电流电压波形如图7-10a所示。

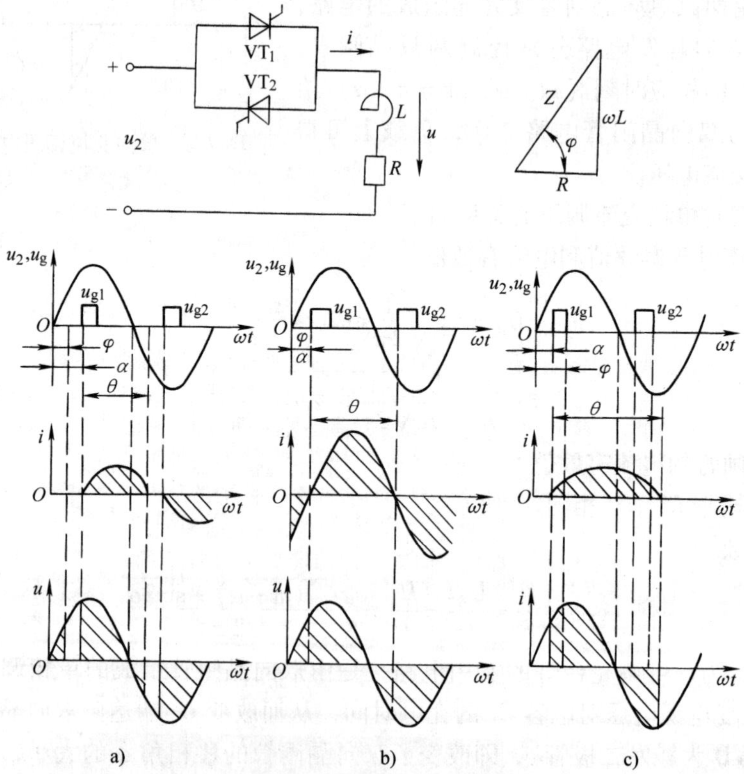

图7-10　单相交流调压电感负载电路及波形

2. $\alpha=\varphi$

如图 7-10b 所示，$\alpha=\varphi$ 时，$\theta=180°$，即正负半周电流临界连续。相当于晶闸管失去控制。

3. $\alpha<\varphi$

如图 7-10c 所示，$\alpha<\varphi$，$\theta>180°$，在这种情况下若 VT_1 管先被触发导通，而且 $\theta>180°$。如果采用窄脉冲触发，当 u_{g2} 脉冲出现时，VT_1 管的电流还未到零，VT_1 管关不断，VT_2 管不能导通。等到 VT_1 管中流过的电流为零并关断时，u_{g2} 脉冲已经消失，此时 VT_2 管虽受正压，但也无法导通。到第三个半波时，u_{g1} 又触发 VT_1 导通。这样负载电流只有正半波部分，出现很大直流分量，电路不能正常工作。因而在电感性负载的电路中，晶闸管不能用窄脉冲触发，可采用宽脉冲或脉冲列触发。这样即使 $\alpha<\varphi$，则在刚开始触发晶闸管的几个周波内，两管的电流波形还是不对称的，但经过几周波后，负载电流即成为对称连续的正弦波，电流滞后电压 φ 角。

综上所述，单相交流调压有以下特点：

1）电阻负载时，负载电流波形与单相桥式可控整流交流侧电流一致。改变控制角 α 可以连续改变负载电压的有效值，达到交流调压的目的。

2）电感性负载时，不能用窄脉冲触发。否则当 $\alpha<\varphi$ 时，会出现一个晶闸管无法导通，产生很大直流分量电流，烧毁熔断器或晶闸管。

3）电感性负载时，最小控制角 $\alpha_{min}=\varphi$（阻抗角）。所以 α 的移相范围为 $\varphi\sim180°$；电阻负载时移相范围为 0 ~ 180°。

三、晶闸管交流稳压电路

图 7-11 所示为一个简单的单相交流稳压电路。带抽头的自耦变压器 1、0 端为输入端；变压器高电压的 3 端接双向晶闸管 VT_1；低电压的抽头 2 端接双向晶闸管 VT_2；4、0 为接负载的输出端。当输入电压 u_{10} 在 10% 变化时，适当设计 1—3、1—2 间的匝数，u_0 可稳定在 220V 附近。其稳压原理如下：

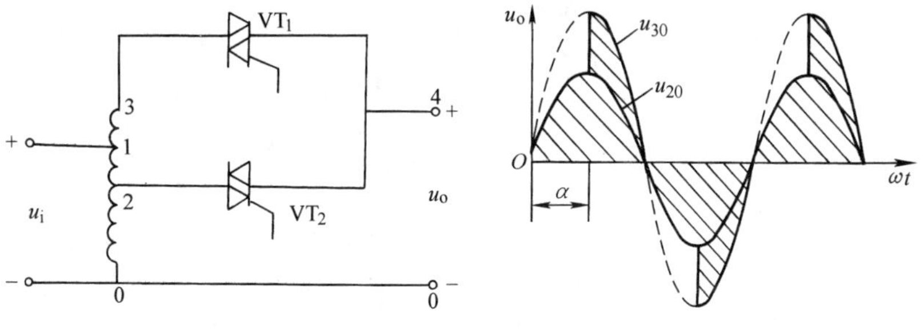

图 7-11　单相交流稳压电路

晶闸管 VT_2 的触发脉冲加在交流电源电压的正负半周的过零点，当电源电压波动 +10%，$u_{10}=242V$，VT_1 管脉冲封锁或 $\alpha=180°$，由 VT_2 担任调节输出电压的任务，使输出电压为 $u_{40}=u_{10}-u_{12}\approx220V$。当电源电压因某种原因波动 −10%，$u_{10}=198V$。调节 VT_1 触发脉冲 $\alpha=0°$，VT_1 管全导通，输出电压 $u_{40}=u_{10}+u_{31}\approx220V$。以上两种极端情况的输出波形都是正弦波。当电源电压 u_i 在 198 ~ 242V 之间变化时，可改变 VT_1 管的控制角在 0 ~ 180° 之间变化，保证输出在 220V 之间不变。图 7-11b 即为 $\alpha=90°$时输出电压的波形。这种电路能自动稳压，当电源电压波动或负载变化时，可由输出电压取样反馈，自动调整 VT_1、VT_2 管的控制角的大小，达到自动稳压的目的。由于这种稳压电路输出的电压波形不是完全正弦的，因此在对波形要求较高的场合，若采用此装置，应在输出端增加电容、电感滤波环节。

第三节　相位控制器

上述交流调压是通过控制单、双向晶闸管导通时刻的相位角来改变输出电压的大小，管子导通后一直到电流为零才自然关断，即导通可控，而何时关断则不可控。若将图 7-8 的单相交流调压控制器中的晶闸管用 IGBT 管取代，可构成如图 7-12a 所示的电路。它除了实现交流调压应用之外，还是一个相位控制器。由于 IGBT 是受栅极驱动信号控制的自关断器件，所以可以用栅极信号控制 IGBT 的导通与关断时刻。如输入电压 $u_i=U_m\sin\omega t$，电阻性负载，如图 7-12b 所示，当 $\omega t=\alpha_1$ 时给 VT_1 加栅极驱动信号 u_{g1}，在 $\omega t=\alpha_2$ 时撤消 u_{g1}；此后，在 $\omega t=\pi+\alpha_1$ 时给 VT_2 加栅极驱动信号 u_{g2}，在 $\pi+\alpha_2$ 时撤消 u_{g2}。这样负载上所得的电压仅是电源电压正、负半周 α_1 ~ α_2 区间的值，负载电压有效值为

$$U_0=\frac{U_m}{\sqrt{2}}\sqrt{\frac{1}{\pi}\left(\alpha_2-\alpha_1-\frac{\sin2\alpha_2-\sin2\alpha_1}{2}\right)} \tag{7-4}$$

当 $\alpha_2=\pi-\alpha_1$ 时，即电压在（0 ~ π）之间对称，则输出电压有效值为

$$U_0=\frac{U_m}{\sqrt{2}}\sqrt{\frac{1}{\pi}(\pi-2\alpha_1+\sin2\alpha_1)} \tag{7-5}$$

输出电流有效值为

$$I_0=\frac{U_0}{R}=\frac{U_m}{R\sqrt{2}}\sqrt{\frac{1}{\pi}(\pi-2\alpha_1+\sin2\alpha_1)} \tag{7-6}$$

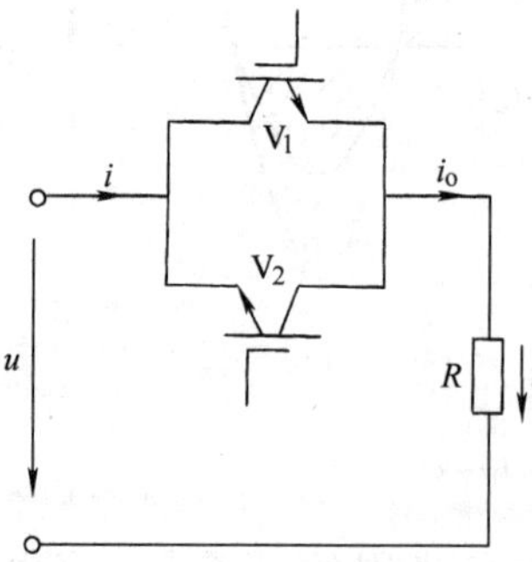

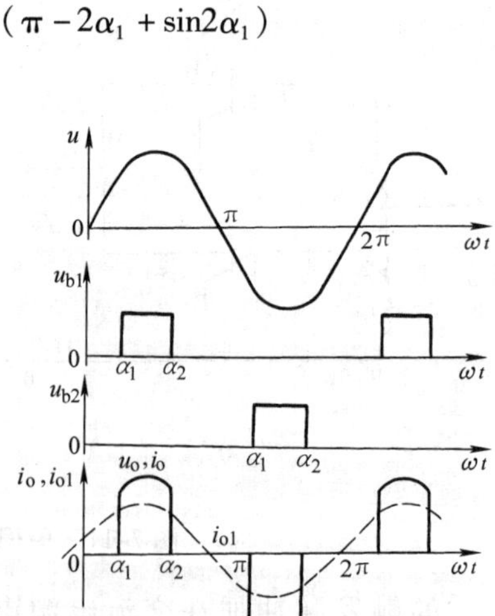

图 7-12　相位控制器及其波形

输出电流的基波分量如图 7-12b 中的虚线所示，它较输入电压有一定的相位移。若改变 α_1、α_2 出现的时刻与间隔，就可改变输出电压的大小和输出与输入之间的相差。当要求输出电压有效值一定时，α_1 和 α_2 有多种取值，取值不同，输出与输入的相位就不同，因此把图 7-12a 所示的交流电压控制器称之为相位控制器。该电路的输入电流就是输出电流，所以调节 α_1 和 α_2 便改变了电流与电压的相位差。因此相位控制器可以调节负载平均功率、功率因数、谐波分量等参数。即便是电感负载也可以通过调节 α_1 和 α_2 使电流超前电压，对于异步电动机可用三相相位控制器进行调压调速控制，且可以使它的功率因数为 1，以克服异步电动机轻载时功率因数低的缺点。现在电力电子技术在电力系统中应用的一个重要方面——有源无功补偿系统，也就是利用这种工作原理。

相位控制器除了使用上述 IGBT 作功率开关器件外，也可以采用功率晶体管 GTR 等其他自关断器件实现，特别在大容量运行时，常用门极关断晶闸管取代 IGBT 管，如图 7-13 所示。

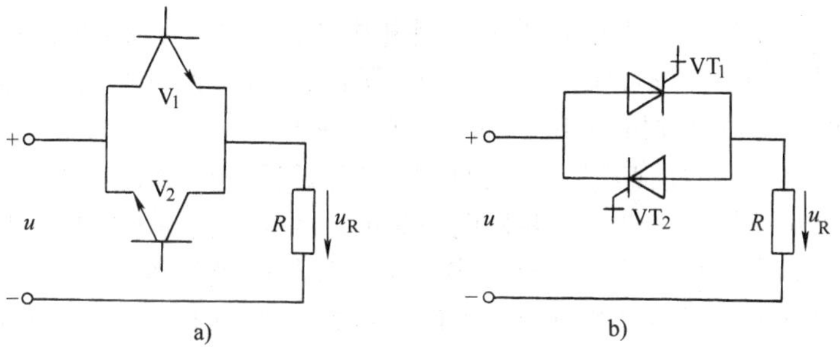

图 7-13　其他自关断元件组成的相控器

a）由 GTR 组成　b）由 GTO 组成

第四节　三相交流调压电路

单相交流调压适用于单相负载，对于三相负载特别是大容量的三相负载，如三相电热炉、大容量异步电动机的软起动装置、高频感应加热、电解与电镀等设备，若需要调压或调节输出功率，可用三相交流调压电路来实现。三相交流调压的电路有多种形式，下面分别介绍较为常用的几种接线方式。

一、星形联结带中线的三相交流调压电路

带中线的三相交流调压电路，实际上就是三个单相交流调压电路的组合，如图 7-14 所示。工作原理和波形分析与单相交流调压相同。由于双向晶闸管可看成是两只普通晶闸管的反并联，因而同普通晶闸管反并联组成的星形带中线的三相交流调压电路的性能、工作原理及使用场合等均一样。

在图 7-14a 所示的三相负载对称调压电路中，每相都接一只双向晶闸管，每只管子均可假想为两半，分别担负两个方向的导通任务。

当 $\alpha = 0°$时，每只双向晶闸管都相当于两只整流二极管反并联。电路工作过程和正常三相四线制电路一样，其触发脉冲排列及导通元件如图 7-14b 所示：

0°～60°双向元件5、6、1导通；60°～120°双向元件6、1、2导通；

120°～180°双向元件1、2、3导通；180°～240°双向元件2、3、4导通；

240°～300°双向元件3、4、5导通；300°～360°双向元件4、5、6导通。

因此在每一瞬间均有三只元件导通，方向总是两正一负或两负一正（此时正负是相对于中性点而言，进为正，出为负）。

当$\alpha=30°$时，触发脉冲的排列和导通元件如图7-14所示：

30°～60°双向元件5、6、1导通；60°～90°双向元件6、1导通；

90°～120°双向元件6、1、2导通；120°～150°双向元件1、2导通。

其余类推。可见，在60°的导通角的范围内，前30°是三个元件半边导通，后30°是两个双向元件半边导通。

当$\alpha=60°$时，触发脉冲的排列和导通元件如图7-14d所示，任何瞬间都有两个元件的半边导通。

当$\alpha°\geqslant 120°$时，则始终是单个元件半边轮流导通。

在星形带中线系统中，移相角α的起点是相电压的过零点，移相范围为0°～180°；脉冲可以用单窄脉冲，但对于感性负载，要选用宽脉冲或用脉冲列触发；本相正负两个半周脉冲的相位差为180°，相邻两相的正负半周脉冲相位差为60°。

由以上分析可知，用双向晶闸管组成的三相交流调压电路的工作情况与普通晶闸管反并联是一样的，不过由于用的元件少，触发电路简单，因而装置的体积和成本都要减小。

值得注意的是，在三相正弦交流电路中，由于各相电流相位互差120°，故中线电流为零。在交流调压电路中，每相负载电流为正负对称的缺角正弦波，它包含有较大的高次谐波电流，主要是三次谐波电流。其谐波分量的大小与控制角α有关，当$\alpha=90°$时，三次谐波电流最大。在三相电路中各相三次谐波是同相的，因此中线电流为一相三次谐波电流的三倍，数值较大。如果电源变压为三柱式，则三次谐波磁通不能在铁心中形成通路，出现较大的漏磁通，引起变压器的发热和噪声，带来干扰。此外，当三相负载出现不平衡时，将会有很大的中线电流，则要求选取较大截面的导线作为中线。因此这种电路应用受到一定局限。

二、晶闸管与负载连接成内三角形的三相交流调压电路

接线如图7-15所示，客观存在实际上也是三个单相交流调压电路的组合，其优点是由于晶闸管串接在三角形内部，流过晶闸管的电流是相电流，故在同样线电流的情况下，晶闸管电流容量可以降低。另外，线电流中无三的倍数谐波分量。缺点是负载必须能拆成三个部分才能接成此种电路。

三、用三对反并联晶闸管连接成三相三线交流调压电路

电路如图7-16所示，负载可以连接成星形，也可以连接成三角形。触发电路和三相全控桥式整流电路一样，需采用宽脉冲或双窄脉冲。

现以电阻负载连接成星形为例，分析其工作原理。

1. 控制角$\alpha=0°$

$\alpha=0°$即在每相电压过零处给相应晶闸管触发脉冲，这就相当于将6只晶闸管换成6只整流二极管，因而三相正反向电流都畅通，相当于一般的三相交流电路。当每相的负载电阻为R时，各相的电流为$i_\phi=u_{2\phi}/R$。晶闸管的导通顺序为VT_1、VT_2、VT_3、VT_4、VT_5、VT_6。触发电路的脉冲间隔为60°；每管的导通角为$\theta=180°$，除换流点外，每时刻均有三只晶闸

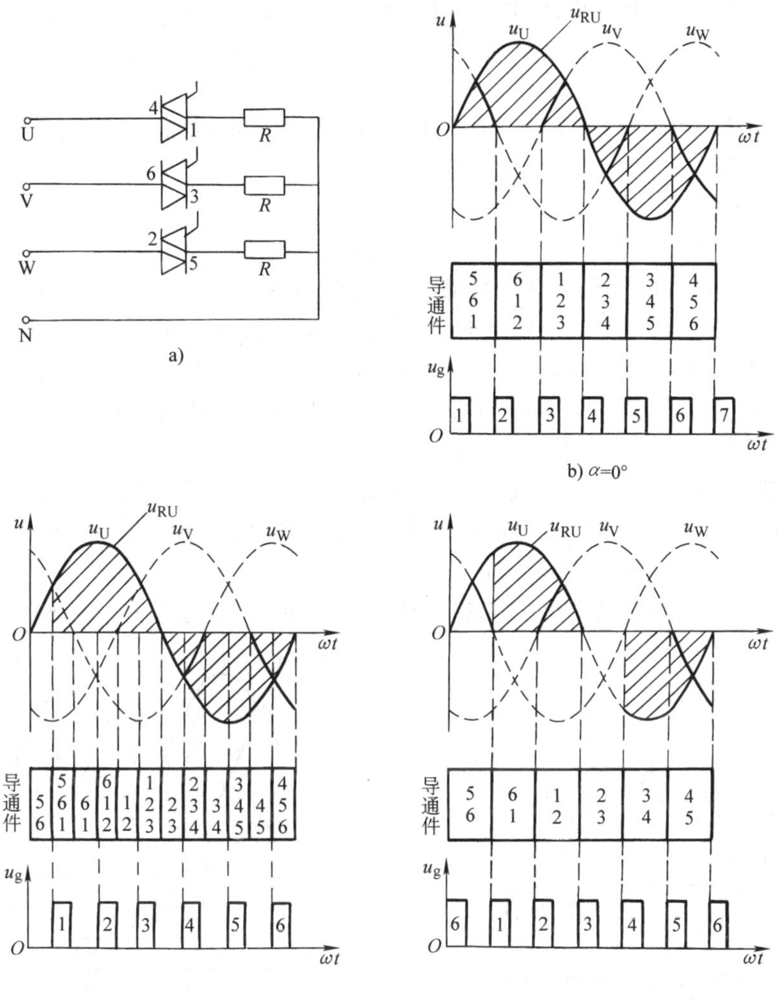

图 7-14　负载星形联结带中线的三相交流调压电路

管导通。

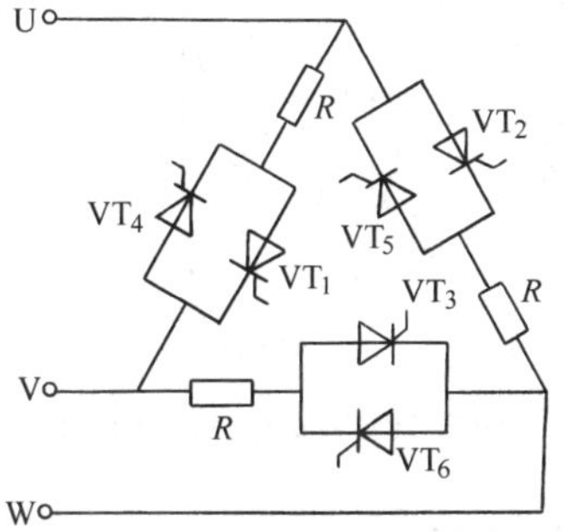

图 7-15　联结成内三角形的交流调压电路

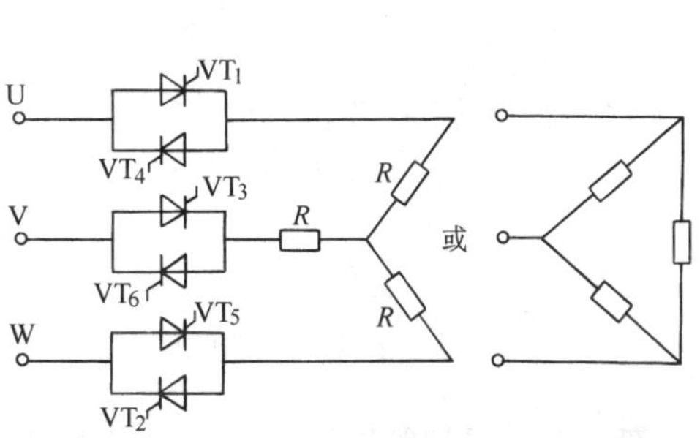

图 7-16　三相三线交流调压电路

2. 控制角 $\alpha = 60°$

U 相晶闸管导通情况与电流波形如图 7-17 所示，ωt_1 时刻触发 VT_1 管导通，与原导通的

VT_6 管构成电流回路，此时在线电压 u_{UV}的作用下 U 相电流为

$$i_U=\frac{u_{UV}}{2R}$$

ωt_2 时刻，VT_2 管被触发导通。此后，VT_1 与 VT_2 构成电流回路，此时在线电压 u_{UW}的作用下 U 相电流变为

$$i_u=\frac{u_{UW}}{2R}$$

ωt_3 时刻，VT_1 管被关断，VT_4 管还未导通，所以 $i_U=0A$。ωt_4 时刻，VT_4 管被触发导通，i_U 在 u_{UV}电压作用下，经 VT_3、VT_4 构成电流回路。同理在 $\omega t_5\sim\omega t_6$ 期间，u_{UW} 电压经 VT_4、VT_5 构成电流回路，电流 i_U 波形如图中剖面线所示。同样分析可得到 i_V、i_W 波形，其形状与 i_U 相同，仅相位互差 120°。当 $\alpha>90°$时，电流开始断续，如图 7-18 所示为 $\alpha=120°$时的电流波形。值得注意的是，当 VT_1 与 VT_6 从 ωt_1 导通到 ωt_2 时，由于 u_{UV}电压过零后反向，强迫 VT_1 管关断（而 VT_1 管已先导通 30°）。在 ωt_3 时刻，VT_2 管被触发导通，同时由于采用了脉宽大于 60°的宽脉冲或双窄脉冲的触发方式，故 VT_1 仍有脉冲触发。此时在线电压 u_{UW} 的作用下，经 VT_1、VT_2 构成回路，使 VT_1 又重新导通 30°。从图 7-20 可见，当 α 增大到 150°时，$i_U=0°$。此电阻负载电路的移相范围为 0° ~ 150°，导通角 $\theta=\pi-\alpha$。

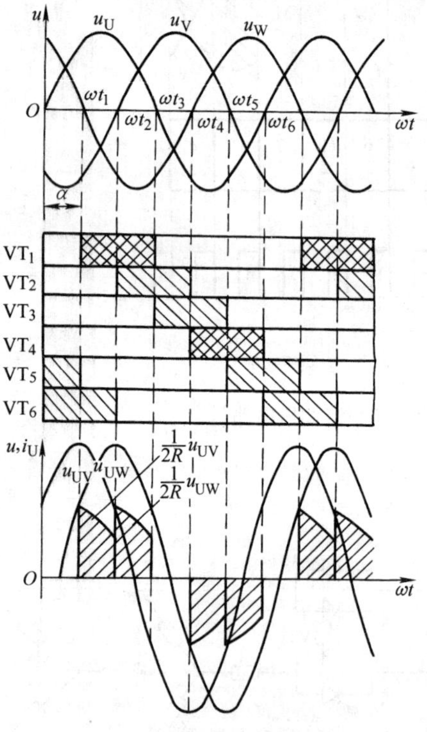

图 7-17　$\alpha=60°$时的波形

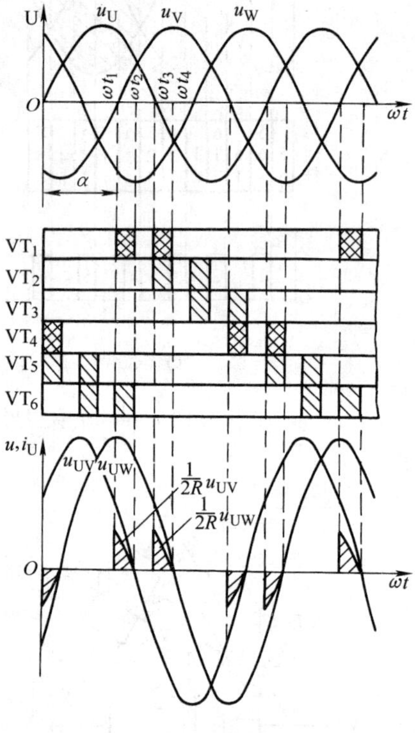

图 7-18　$\alpha=120°$时的波形

四、三个晶闸管连接于星形负载中点的三相交流调压电路

电路如图 7-19 所示。它要求负载是三个能分得开的单元，用连接成三角形的三个晶闸管（单相或双相管）来代替星形联结法负载的中点。现以三相平衡电阻负载为例来分析电路工作原理。

1. 控制角 $\alpha=0°$

此时每个晶闸管的导通角 $\theta=240°$，任何瞬间均有两只管子导通（除过零点外）。当忽略晶闸管正向压降时，u、v、w 可看成一点，相当于普通的三相电阻平衡负载电路，各相线电流分别为 $i_U=u_U/R$，$i_V=u_V/R$，$i_W=u_W/R$。因此当 $\alpha=0°$时，各相线电流波形与各相相电压波形相同。

2. 控制角 $\alpha=60°$

晶闸管 VT_1、VT_2、VT_3 导通的起始点相对于 $\alpha=0°$时后移 60°，如图 7-19c 所示。当有两只晶闸管导通时，$i=u_{2\phi}/R$（$u_{2\phi}$ 为电源相电压）；当只有一个管子导通时，$i=u_{21}/2R$（u_{21} 为线电压）。因此 U 相电流在图 7-19c 中 $\omega t'_1\sim\omega t_2$ 期间，VT_1、VT_3 管导通，$i_U=u_U/R$；$\omega t_2\sim\omega t'_2$期间，只有 VT_1 管导通，$i_U=u_{UV}/2R$；$\omega t'_2\sim\omega t_3$ 期间，VT_1、VT_2 管导通，$i_U=u_U/R$；$\omega t_3\sim\omega t'_3$期间，由于 VT_1、VT_3 均阻断，故 $i_U=0$；$\omega t_4\sim\omega t'_4$期间，$VT_5$ 管导通，$i_U=u_{UW}/2R$，故电流 i_U 波形如图中画斜线区所示。

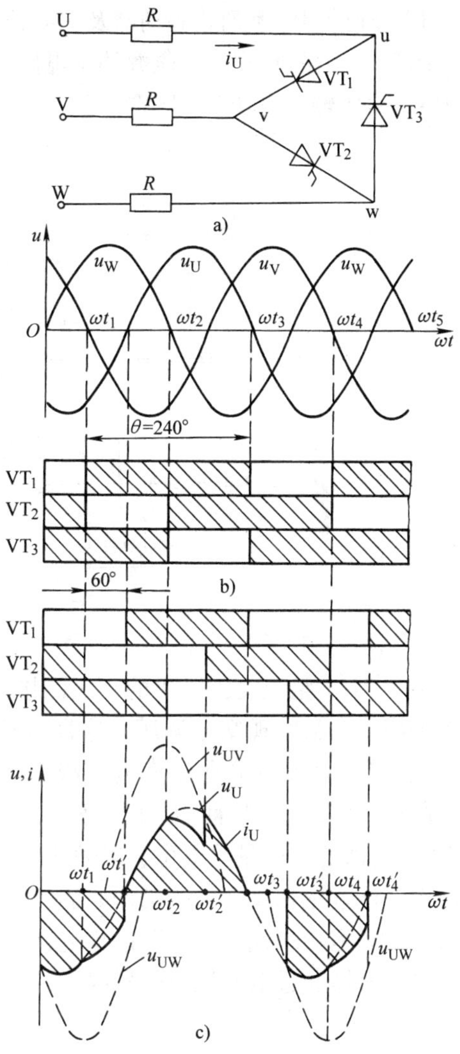

图 7-19 三只晶闸管控制负载中点的三相交流调压

同样可分析，当控制角 $\alpha\geq210°$时，触发脉冲作用于 VT_1 时，u_{UV}已过零变负，晶闸管无法被触发导通，所以本电路的移相范围为 210°。由图 7-19c 线电流波形可见，出现正、负半周波形不对称，但其正负面积通过数学计算可知是相等的，所以没有直流分量。此种电路使用晶闸管元件少，触发电路简单，但是由于电流波形正负半周不对称，因此谐波分量较大，对电源影响也较大。

五、三相交流调压应用实例

图 7-20 为用双向晶闸管组成的软起动器装置主电路。它可用于水泵、风机、压缩机及传送带等机械设备中的三相异步电动机起动和制动控制，电动机的功率范围从几千瓦到几百千瓦均可。

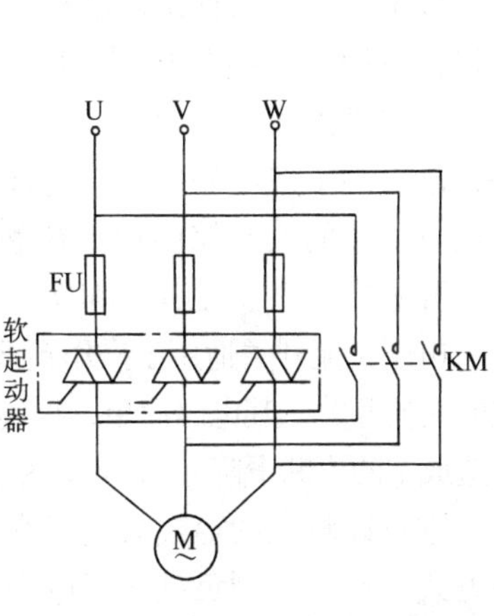

图 7-20 软起动器装置主电路

电动机在起制动过程中，将电压缓慢地加在电动机上，使电动机和负载平滑地进行加速及减速。通过软起动器装置相控调压，使起动转矩逐渐增加，减少损耗及维护，延长电动机和电源的寿命；另一方面，大大地降低初始浪涌电流，减少对电网的干扰。在不需要变速的场合下，它比变频器具有更好的性能价格比。市售产品如 ABB 公司的 PS 系列软起动器及三菱公司 MSS 系列软起动器（功率范围从 7.5 ~ 800kW）。

图 7-21 为晶闸管电镀电源的主电路，其交流输入电压 380V、50Hz；直流输出电流 0 ~ 1500A、直流输出电压 0 ~ 18V。

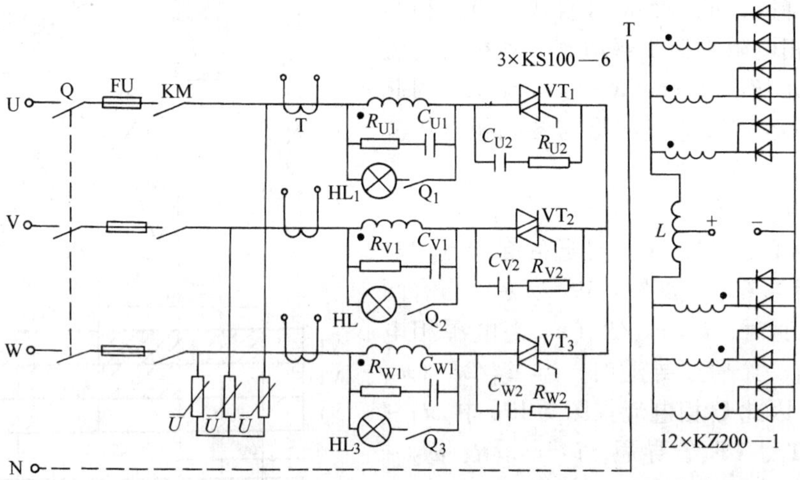

图 7-21　晶闸管电镀电源的主电路

图 7-21 中整流变压器 T 的一次侧接成星形三相四线制，每相用一只双向晶闸管与 T 的一次侧绕组串联实现交流调压，这样可选择电流容量小的晶闸管，这对低压大电流是有利的。变压器二次侧采用带平衡电抗器 L 的双反星形整流电路，用 12 只整流二极管，并联成 6 路输出。由于选择特性相近的元件以及有足够的电流余量，因此采用共阳极接法电路，这样 12 个元件的阳极是等电位，以便于固定在同一水箱壁上实现水冷散热。指示灯 HL_1 ~ HL_3 供操作者检查三相晶闸管的工作是否对称。当 Q_1 ~ Q_3 接通时，三个指示灯应该亮度一样，若某一相灯泡较暗或不亮，即该相电路工作不正常。FU 取用快速熔断器，T 为电流互感器，用于电流反馈和过电流保护信号取样，取样信号送到控制电路。

本章小结

以电力电子器件组成的交流开关，与传统的接触器 - 继电器系统相比，没有触头及可动的机械机构，不存在电弧、触头磨损和熔焊等问题。组成交流开关的电力电子器件可以是单、双向晶闸管及 IGBT、MCT 等自关断器件。其中，晶闸管的造价较其他全控型器件低廉，已得到了广泛的应用。此外，由于晶闸管总是在电流过零时关断，所以关断时不会因负载或电路中的电感储能而造成暂态电压的现象；而 IGBT 及 MCT 均为压控器件，控制功率小、开关频率高、尤其是 MOS 控制晶闸管（MCT）的导通压降最低，是发展应用的方向。

电子交流开关适用于操作频繁、可逆运行及有易燃、易爆气体的场合，特别是双向晶闸管组成的交流开关，其电路简单，得到越来越多的应用。随着 MCT 的制造工艺和结构的进一步完善，制造成本的不断下降，以 MCT 为核心的电力电子开关将是一种更为理想的交流开关。

本章以较大的篇幅讨论了交流调压电路，它的调节控制方式一般有两种：一种是通断控制方式，通过控制负载所得电压的周波个数，达到调节负载功率的目的，而它们的控制角一般是 $\alpha = 0°$；另一种就是常用的相位控制，它类似于单相可控整流电路那样调整输出电压，因此它们的相控分析方法是一致的。由于交流调压是交流变交流的应用，其参量均以有效值计算。

交流调压，电路简单，调整方便。但其含有较严重的谐波分量，不过对于加热炉、电光源、小容量的电动机等惯性较大的负载，谐波对工作的影响较小。故交流调压多用于加热或者机械惯性较大的负载功率调整。

异步电动机的软起动装置也属于双向晶闸管在交流调压方面的一种应用，应当提醒注意的是，软起动装置它不仅在电动机起动或制动时可起电压调节作用，在电动机运行中也可适当调节加于电动机上的电压，使电动机上的实际工作电压得到优化和保持。

交流调压也有单相和三相之分，对于本章所介绍的几种三相交流调压电路性能比较见表7-1。

表7-1　三相交流调压电路性能比较

电路	晶闸管工作电压（峰值）	晶闸管工作电流（峰值）	移相范围	线路性能特点
如图7-14所示	$\sqrt{\frac{2}{3}}U_1$	$0.45I_1$	0°～180°	可视为三个单相电路的组合；输出电压电流波形对称；中线电流含有谐波电流；适用于中小容量可接中线场合
如图7-15所示	$\sqrt{2}U_1$	$0.26I_1$	0°～180°	可视为三个单相电路的组合；输出电压电流波形对称；与星形电路相比，可取电流小、耐压高的器件。应用较少
如图7-16所示	$\sqrt{2}U_1$	$0.45I_1$	0°～180°	负载对称，三相有电流时相当三个单相组合；采用双窄或单宽脉冲触发；无三次谐波电流；适用于各类负载
如图7-19所示	$\sqrt{2}U_1$	$0.68I_1$	0°～210°	线路简单，适用于中性点能拆开的星形联结负载；采用单向管时为不对称控制；采用双向管时为对称控制

自　测　题

1. 交流调压开关通断控制与相位控制的优缺点是什么？适用于什么负载？

2. 图7-22为可编程序控制器（PLC）的输出模块中输出电路，分别用GTR、功率MOSFE及双向晶闸管组成，说明它们各自可通过什么信号？

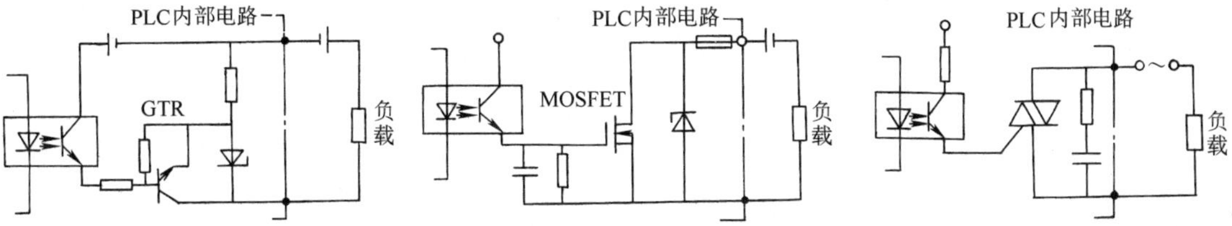

图7-22　题2图

3. 图7-23为双向晶闸管的零电压开关，说明VT_1管触发信号随机断开时，负载能在电源电压波形过零点附近接通电源；VT_1管触发信号随机导通时，负载能在电流过零点断开电源。

4. 利用双向晶闸管组成的单相调功电路采用过零触发，$U_2=220V$，负载电阻$R=1\Omega$，在控制的设定周期T_C内，使晶闸管导通0.3s，断开0.2s。试计算：

（1）输出电压的有效值。

（2）负载上所得的平均功率与假定晶闸管一直导通时所送出的功率。

（3）选择双向晶闸管型号。

5. 一台220V/10kW的电炉，采用单相晶闸管交流调压，现使其工作在功率为5kW的电路中，试求电路的控制角α，工作电流以及电源侧功率因数。

6. 图7-24单相交流调压电路，$U_2=220\text{V}$，$L=5.516\text{mH}$，$R=1\Omega$，试求：

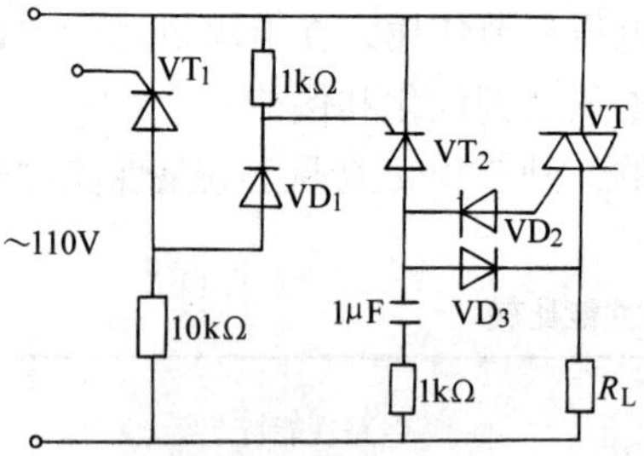

图7-23　题3图

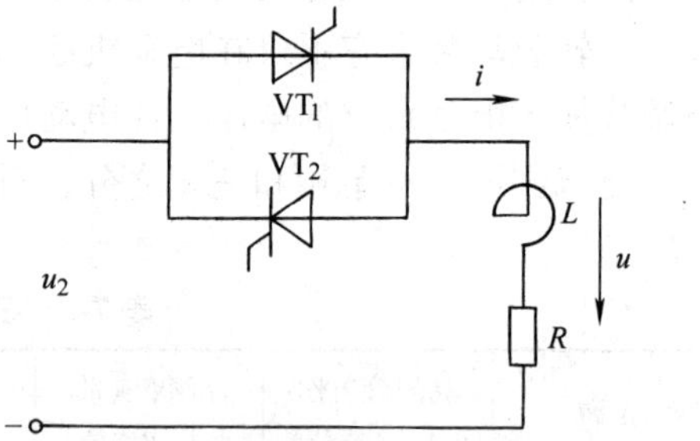

图7-24　题6图

（1）控制角移相范围。

（2）负载电流最大有效值。

（3）最大输出功率和功率因数。

（4）画出负载电压与电流的波形。

7. 将上题的晶闸管换成为GTO或GTR，当$\alpha_1=30°$、$\alpha_2=120°$时，试求输出电压的有效值并画出输出电压、电流波形。

第八章　逆 变 电 路

无源逆变是将直流电转变为负载所需要的不同频率和电压值的交流电。实现无源逆变的装置称为无源逆变器（简称逆变器），因无源逆变经常与变频概念联系在一起，所以又称为变频器。变频电路有交－交变频和交－直－交变频两种形式，其中交－直－交变频电路由交－直变换电路和直－交变换电路两部分组成，前一部分属于整流电路，后一部分就是本章所要讲述的逆变电路。

逆变电路应用广泛。在已有的各种电源中，蓄电池、干电池、太阳能电池等都是直流电源，当需要这些电源向交流负载供电时，就需要逆变电路。另外，交流电动机调速用变频器、不间断电源、感应加热电源等电力电子装置使用非常广泛，其电路的核心部分都是逆变电路。

第一节　无源逆变及基本电路

一、逆变器的工作原理

图 8-1a 所示为单相桥式逆变电路，4 个桥臂由开关构成，输入直流电压 E，逆变器负载是电阻 R。将开关 Q_1、Q_4 闭合，Q_2、Q_3 断开时，电阻上得到左正右负的电压；间隔一段时间后将开关 Q_1、Q_4 断开，Q_2、Q_3 闭合时，电阻上得到右正左负的电压。若以一定频率 f 交替切换 Q_1、Q_4 和 Q_2、Q_3，在电阻上就可以得到如图 8-1b 所示的电压波形。显然这是一种交变的电压，随着电压的变化，电流也从一个臂转移到另外一个臂，通常将这一过程称为换相或换流。在换流过程中，有的支路要从通态转移到断态，有的支路要从通态转移到断态。从断态向通态转移时，无论支路是由全控型还是半控型电力电子器件组成，只要给门极适当的驱动信号，就可以使其开通。但从通态向断态转移的情况就不同。全控型器件可以通过对门极的控制使其关断；而对于半控型器件的晶闸管来说，就不能通过对门极的控制使其关断，必须利用外部条件或采取其他措施才能使其关断。一般来说，要在晶闸管电流过零后再施加一定时间的反向电压，才能使其关断。因为使晶闸管关断要比使其开通复杂得多，因此，研究换流方式主要是研究如何使器件关断。对逆变器来说，关键的问题就是换流。

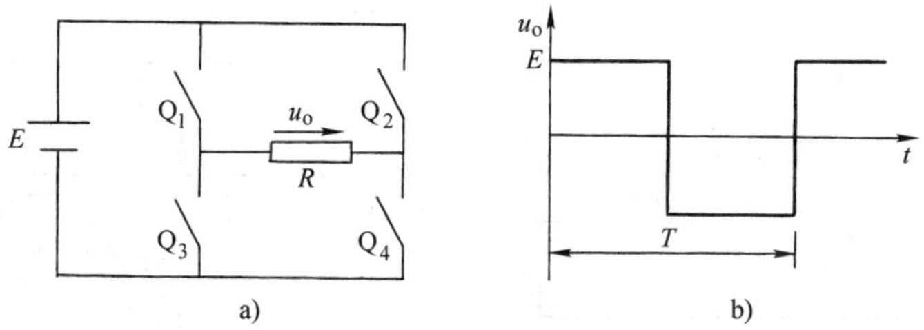

图 8-1　逆变器工作原理

a）单项桥式逆变电路　b）电压波形

换流方式主要有以下几种：

1. 器件换流

利用全控型器件自身所具有的自关断能力进行换流。

图 8-1a 中电路的开关，实际是各种半导体开关器件的一种理想模型。逆变器常用的开关器件有：普通型和快速型晶闸管（SCR）、门极关断晶闸管（GTO）、功率晶体管（GTR）、功率场效应晶体管（PMOSFET）、绝缘栅晶体管（IGBT）等。普通型和快速型晶闸管作为逆变器的开关器件时，因其阳极与阴极两端加有正向直流电压，只要在它的门极加正的触发电压，晶闸管就可以导通。但晶闸管导通后门极失去控制作用，要让它关断就困难了，必须设置关断电路，负载换流和强迫换流是晶闸管元件常采用的关断方式。其他几种新型的电力电子器件，属于全控器件，可以用控制极信号使其关断，换流控制自然就简单多了。所以，在逆变器应用领域，普通型和快速型晶闸管将逐步被全控型器件所取代。

2. 电网换流

由电网提供换流电压称为电网换流。

在第三章讲述的可控整流电路中，无论其工作在整流状态还是有源逆变状态，都是借助于电网电压实现换流的，都属于电网换流。第五章讲述的三相交流调压电路也是电网换流。在换流时，只要把负的电网电压施加在欲关断的晶闸管上即可使其关断。这种换流方式不需要器件具有门极可关断能力，也不需要为换流附加任何元件，但是不适用于没有交流电网的无源逆变电路。

3. 负载换流

由负载提供换流电压称为负载换流。

凡是负载电流的相位超前于负载电压的场合，都可以实现负载换流。当负载为电容性负载时，即可实现负载换流；当负载为同步电动机时，由于可以控制励磁电流使负载呈电容性，因而也可以实现负载换流；将负载与其他换流元件接成并联或串联谐振电路，使负载电流的相位超前负载电压，且超前时间大于管子关断时间，就能保证管子完全恢复阻断实现可靠换流。

图 8-2a 所示是基本的负载换流逆变电路，4 个桥臂均由晶闸管组成。其负载是电阻电

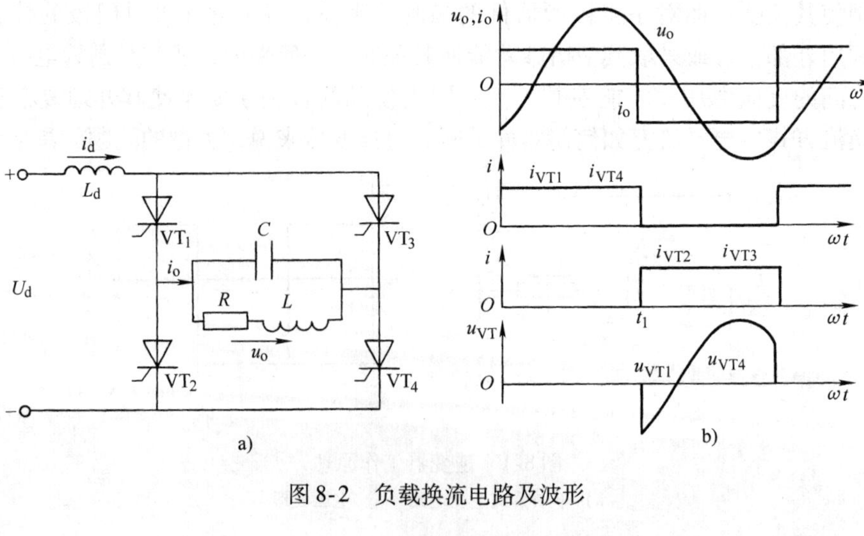

图 8-2　负载换流电路及波形

感串联后再和电容并联，整个负载工作在接近并联谐振状态而略呈容性。在实际电路中，电容往往是为改善负载功率因数，使其略呈容性而接入的。在直流侧串入了一个很大的电感 L_d，因而在工作过程中可以认为 i_d 基本没有脉动。

电路的工作波形如图 8-2b 所示。因为直流电流近似为恒值，4 个桥臂开关的切换仅使电流流通路径改变，所以负载电流基本呈矩形波。因为负载工作在对基波电流接近并联谐振的状态，故对基波的阻抗很大而对谐波的阻抗很小，因此负载电压 u_o，波形接近正弦波。设在 t_1 时刻前 VT_1、VT_4 为通态，VT_2、VT_3 为断态，u_o、i_o 均为正，VT_2、VT_3 上施加的电压即为 u_o。在 t_1 时刻触发 VT_2、VT_3 导通，负载电压 u_o 就通过 VT_2、VT_3 分别加到 VT_4、VT_1 上，使其承受反向电压而关断，电流从 VT_1、VT_4 转移到 VT_3、VT_2。触发 VT_2、VT_3 的时刻 t_1 必须在 u_o 过零前并留有足够的裕量，才能使换流顺利完成。从 VT_2、VT_3 到 VT_4、VT_1 的换流过程和上述情况类似。

4. 强迫换流

设置附加的换流电路，给欲关断的晶闸管强迫施加反向电压或反向电流的换流方式称为强迫换流。强迫换流通常利用附加电容上所储存的能量来实现，因此也称为电容换流。

图 8-3a 所示电路，称为直接耦合式强迫换流。该方式中，由换流电路内电容直接提供换流电压。在晶闸管 VT 处于通态时，预先给电容 C 按图中所示极性充电。如果合上开关 Q，就可以使晶闸管被施加反向电压而关断。

如果通过换流电路内的电容和电感的耦合来提供换流电压或换流电流，则称为电感耦合式强迫换流。图 8-3b、c 所示是两种不同的电感耦合式强迫换流原理图。图 8-3b 中晶闸管在 LC 振荡第一个半周期内关断，图 8-3c 中晶闸管在 LC 振荡第二个半周期内关断。因为在晶闸管导通期间，两图中电容所充的电压极性不同。在图 8-3b 中，接通开关 Q 后，LC 振荡电流将反向流过晶闸管 VT，与 VT 的负载电流相减，直到 VT 的合成正向电流减至零后，再流过二极管 VD。在图 8-3c 中，接通 Q 后，LC 振荡电流先正向流过 VT 并和 VT 中原有负载电流叠加，经半个振荡周期 $\pi\sqrt{LC}$后，振荡电流反向流过 VT，直到 VT 的合成正向电流减至零后再流过二极管 VD。在这两种情况下，晶闸管都是在正向电流减至零且二极管开始流过电流时关断。二极管上的管压降就是加在晶闸管上的反向电压。

图 8-3a 所示给晶闸管加上反向电压而使其关断的换流也叫电压换流，而图 8-3b 和图 8-3c 所示先使晶闸管电流减为零，然后通过反并联二极管使其加上反向电压的换流也叫电流换流。

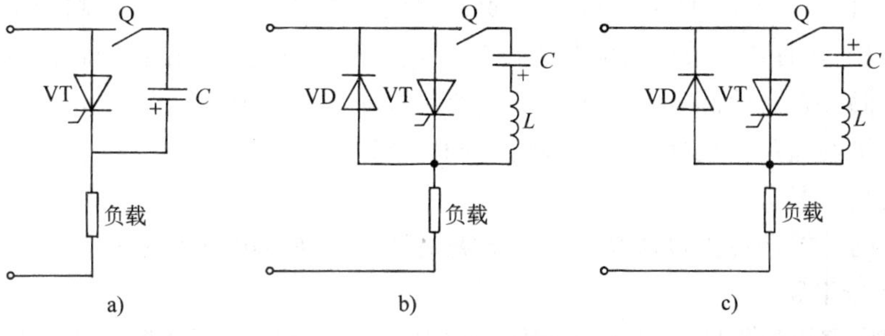

图 8-3　强迫换流电路

上述 4 种换流方式中，器件换流只适用于全控型器件，其余三种方式主要是针对晶闸管而言的。器件换流和强迫换流都是因为器件或变流器自身的原因而实现换流的，二者都属于自换流；电网换流和负载换流不是依靠变流器自身原因，而是借助于外部手段（电网电压或负载电压）来实现换流的，它们都属于外部换流。采用自换流方式的逆变电路称为自换流逆变电路，采用外部换流方式的逆变电路称为外部换流逆变电路。

二、基本逆变器电路

1. 半桥逆变电路

图 8-4a 所示为半桥逆变电路原理图，直流电压 U_d 加在两个串联的足够大的电容两端，并使得两个电容的连接点为直流电源的中点，即每个电容上的电压为 $U_d/2$。由两个导电臂交替工作使负载得到交变电压和电流，每个导电臂由一个电力晶体管与一个反并联二极管所组成。

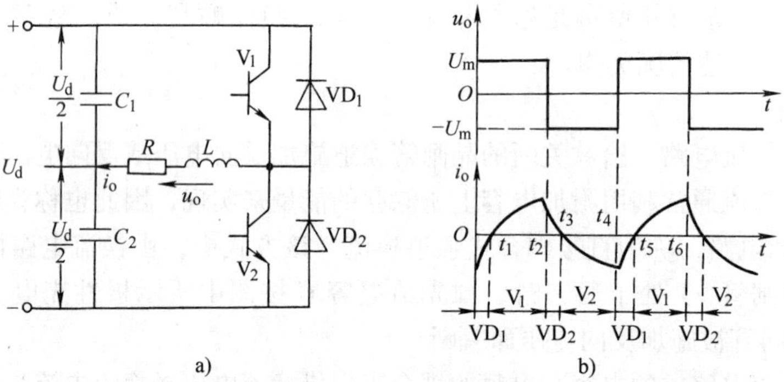

图 8-4　半桥逆变电路

a）电路原理　b）工作波形

电路工作时，两只电力晶体管 V_1、V_2 基极信号交替正偏和反偏，二者互补导通与截止。若电路负载为感性，其工作波形如图 8-4b 所示，输出电压为矩形波，幅值为 $U_m = U_d/2$。负载电流 i_o 波形与负载阻抗角有关。设 t_2 时刻之前 V_1 导通，电容 C_1 两端的电压通过导通的 V_1 加在负载上，极性为右正左负，得负载电流 i_o 由右向左。t_2 时刻给 V_1 关断信号，给 V_2 导通信号，则 V_1 关断，但感性负载中的电流 i_o 方向不能突变，于是 VD_2 导通续流，电容 C_2 两端电压通过导通的 VD_2 加在负载两端，极性为左正右负。当 t_3 时刻 i_o 降至零时，VD_2 截止，V_2 导通，i_o 开始反向。同样在 t_4 时刻给 V_2 关断信号，给 V_1 导通信号后，V_2 关断，i_o 方向不能突变，由 VD_1 导通续流。t_5 时刻 i_o 降至零时，VD_1 截止，V_1 导通，i_o 反向。

由上分析可见，当 V_1 或 V_2 导通时，负载电流与电压同方向，直流侧向负载提供能量；而当 VD_1 或 VD_2 导通时，负载电流与电压反方向，负载中电感的能量向直流侧反馈，反馈回的能量暂时储存在直流侧电容器中，电容器起缓冲作用。由于二极管 VD_1、VD_2 是负载向直流侧反馈能量的通道，故称反馈二极管；同时 VD_1、VD_2 也起着使负载电流连续的作用，因此又称为续流二极管。

如电路中的开关器件为普通晶闸管，则需附加电容换流电路才能正常工作。

2. 全桥逆变电路

全桥逆变电路可看作两个半桥逆变电路的组合。电路原理图如图 8-5a 所示。直流电压 U_d 接有大电容 C，使电源电压稳定。电路中的四个桥臂，桥臂 1、4 和桥臂 2、3 组成两对。两对桥臂交替各导通 180°，其输出电压 u_o 的波形和图 8-4b 的半桥电路波形 u_o 形状相同，也是矩形波，但其幅值高出一倍，$U_m = U_d$。在直流电压和负载都相同的情况下，其输出电

流 i_o 的波形当然也和图 8-4b 中的 i_o 形状相同，但幅值增加一倍。图 8-4a 中的 VD_1、V_1、VD_2、V_2 相继导通的区间，分别对应于图 8-5a 中的 VD_1 和 VD_4、V_1 和 V_4、VD_2 和 VD_3、V_2 和 V_3 相继导通的区间。关于无功能量的交换，对于半桥逆变电路的分析也适用于全桥逆变电路。

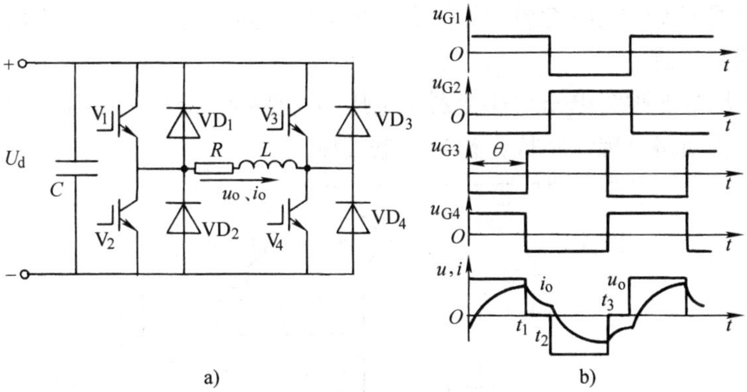

图 8-5　全桥逆变电路及波形

a）电路原理　b）工作波形

全桥逆变电路在单相逆变电路中应用最多，负载上的电压幅值 U_{0m}和有效值 U_0分别为

$$U_{0m}=\frac{4U_d}{\pi}=1.27U_d \tag{8-1}$$

$$U_0=\frac{2\sqrt{2}U_d}{\pi}=0.9U_d \tag{8-2}$$

上述公式对于半桥逆变电路也是适用的，只是式中的 U_d 要换成 $U_d/2$。

前面分析的都是 u_o 为正负电压各为 180°的脉冲时的情况。在这种情况下，要改变输出交流电压的有效值只能通过改变直流电压 U_d 来实现。

在阻感负载时，还可以采用移相的方式来调节逆变电路的输出电压，这种方式称为移相调压。移相调压实际上就是调节输出电压脉冲的宽度。在图 8-5a 的单相全桥逆变电路中，各 IGBT 的栅极信号仍为 180°正偏，180°反偏，并且 V_1 和 V_2 的栅极信号互补，V_3 和 V_4 的栅极信号互补，但 V_3 的基极信号不是比 V_1 落后 180°，而是只落后 θ（$0°<\theta<180°$）。也就是说，V_3、V_4 的栅极信号不是分别和 V_2、V_1 的栅极信号同相位，而是前移了 $180°-\theta$。这样，输出电压 u_o 就不再是正负各为 180°的脉冲，而是正负各为 θ 的脉冲，各 IGBT 的栅极信号 $u_{G1}\sim u_{G4}$及输出电压 u_o、输出电流 i_o 的波形如图 8-5b 所示。

设 t_1 时刻前 V_1 和 V_4 导通，输出电压 u_o 为 U_d，t_1 时刻 V_3 和 V_4 栅极信号反向，V_4 截止，因负载电感中的电流 i_o 不能突变，V_3 不能立刻导通，VD_3 导通续流。因为 V_1 和 VD_3 同时导通，所以输出电压为零。到 t_2 时刻 V_1 和 V_2 栅极信号反向，V_1 截止，而 V_2 不能立刻导通，VD_2 导通续流，和 VD_3 构成电流通道，输出电压为 $-U_d$。到负载电流过零并开始反向时，VD_2 和 VD_3 截止，V_2 和 V_3 开始导通，u_o 仍为 $-U_d$。t_3 时刻 V_3 和 V_4 栅极信号再次反向，V_3 截止，而 V_4 不能立刻导通，VD_4 导通续流，u_o 再次为零。以后的过程和前面类似。这样，输出电压 u_o 的正负脉冲宽度就各为 θ。改变 θ，就可以调节输出电压。

在纯电阻负载时，采用上述移相方法也可以得到相同的结果，只是 $VD_1\sim VD_4$ 不再导通，不起续流作用。在 u_o 为零的期间，4 个桥臂均不导通，负载也没有电流。

第二节　电压型及电流型逆变器

逆变电路根据直流侧电源性质的不同分为两类：电压型逆变器和电流型逆变器。

一、电压型逆变器

直流侧是电压源的称为电压型逆变器。电压型逆变器直流侧一般接有大电容，直流电压基本无脉动，直流回路呈现低阻抗，相当于电压源。

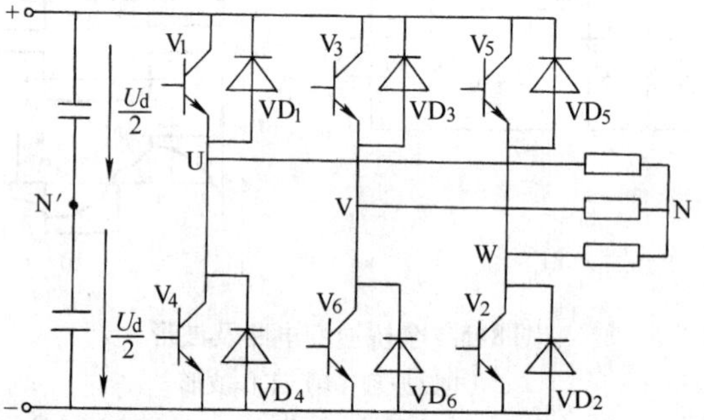

图 8-6　三相电压型桥式逆变电路

电压型逆变电路的主要特点有：

1）由于直流电压源的恒压作用，交流侧电压波形为矩形波，与负载阻抗角无关，而交流侧电流波形及其相位因负载阻抗角的不同而异。

2）当交流侧为电感性负载时，需要提供无功功率，直流侧电容起缓冲无功能量的作用。为了给交流侧向直流侧反馈的能量提供通路，各臂都需并联反馈二极管。

3）逆变电路从直流侧向交流侧传送的功率是脉动的，因直流电压无脉动，必然由直流电流的脉动影响功率的脉动。

图 8-6 所示为三相电压型桥式逆变器的主电路。电路采用电力晶体管作为可控元件，由三个半桥即 6 个桥臂组成。为了分析问题方便，图 8-6 中的直流侧电源画出了假定中性点 N′。电压型三相桥式逆变电路的基本工作方式是 180°导电方式，即每个桥臂的导电角度为 180°，同一组（即同一半桥）上下两个臂交替导电，因为每次换相都是在同一相上下两个桥臂之间进行的，因此称为纵向换相。6 个管子控制导通的顺序为 $V_1 \sim V_6$，控制间隔为 60°，这样，在任一瞬间，将有三个臂同时导通。可能是上面一个臂下面两个臂，也可能是上面两个臂下面一个臂同时导通。

我们将逆变器输出的三相电压分别称为 U 相、V 相和 W 相。对于 U 相来说，当 VT_1 导通时，$u_{UN'} = U_d/2$，当 VT_4 导通时，$u_{UN'} = -U_d/2$。因此 $u_{UN'}$ 的波形是矩形波。V、W 两相的情况和 U 相类似，$u_{VN'}$、$u_{WN'}$ 的波形形状和 $u_{UN'}$ 相同，只是相位依次相差 120°。有关逆变器输出的电压电流波形如图 8-7 所示。

$$\begin{aligned} u_{UN} &= u_{UN'} - u_{NN'} \\ u_{VN} &= u_{VN'} - u_{NN'} \\ u_{WN} &= u_{WN'} - u_{NN'} \end{aligned} \tag{8-3}$$

设负载中性点 N 与直流电源假定中点性 N′之间的电压为 $u_{NN'}$，则负载各相的相电压可由上面各式相加并整理求得

$$u_{NN'} = \frac{1}{3}(u_{UN'} + u_{VN'} + u_{WN'}) - \frac{1}{3}(u_{UN} + u_{VN} + u_{WN}) \tag{8-4}$$

设负载为三相对称负载，则有 $u_{UN} + u_{VN} + u_{WN} = 0$，故可得

$$u_{NN'} = \frac{1}{3}(u_{UN'} + u_{VN'} + u_{WN'}) \tag{8-5}$$

$u_{NN'}$的波形如图 8-7 所示，也为矩形波，幅值为 $U_d/6$，频率为 $u_{UN'}$的 3 倍。

由式（8-3）和式（8-5）可以绘出 u_{UN}、u_{VN}和 u_{WN}的波形。

根据 $u_{UN} - u_{VN} = u_{UV}$，也可以画出电压 u_{UV}的波形。电压 u_{VW}和 u_{WU}的波形与 u_{UV}波形形状相同，只是依次相差 120°。

相电流的波形与负载的阻抗角 φ 有关，图 8-7 画出的是感性负载 $\varphi < 60°$时 i_U 波形。与电压波形一样，电流 i_V 和 i_W 的波形与 i_U 波形形状相同，也是依次相差 120°。图 8-7 最后给出了直流侧电流 i_d 的波形。

二、电流型逆变器

直流侧是电流源的逆变器称为电流型逆变器。一般在直流侧串接有大电感，使直流电流基本无脉动，直流回路呈现高阻抗，相当于电流源。

电流型逆变电路的主要特点有：

1）逆变电路中的开关器件主要起改变直流电流流通路径的作用，故交流侧电流为矩形波，与负载性质无关，而交流侧电压波形及相位因负载阻抗角不同而异，电感负载时其波形接近正弦波。

2）直流侧电感起缓冲无功能量的作用，因电流不能反向，故开关器件不必反并联二极管。

3）逆变器从直流侧向交流侧传送的功率是脉动的，因直流电流无脉动，输出直流电压脉动引起功率的脉动。

常用的电流型逆变电路主要有单相桥式和三相桥式逆变电路。图 8-8a 所示是电流型三相桥式逆变电路，图中的 GTO 使用反向阻断型器件。使用反向导电型 GTO 时，必须给每个器件串联二极管以承受反向电压。

在电流型逆变器中，为了吸收换相时负载电感中的能量，在交流输出侧设置电容器。在换相时，由于负载电感中的电流给电容充电，使电流型逆变器的输出中出现了浪涌电压。

电流型三相桥式逆变电路的基本工作方式是 120°导通方式。即每个臂导通 120°，按 VT_1 到 VT_6 的顺序每隔 60°依次导通。控制过程与三相全控桥整流电路相同，例如在触发 VT_1、VT_6 导通时，$i_U = I_d$，$i_V = -I_d$，间隔 60°后，触发 VT_2、VT_1，$i_U = I_d$，$i_W = -I_d$，依次类推。这样，每个时刻共阴极组三臂和共阳极组三臂中都各有一个臂导通。换相时，是在共阴极组或共阳极组内依次换相，是横向换相。

画电流型逆变电路波形时，总是先画电流波形，因为电流波形和负载性质无关，是简单的矩形波。图 8-8b 给出了逆变电路输出的三相电流波形及线电压波形。在电感性负载情况下，线电压波形近似为正弦波。

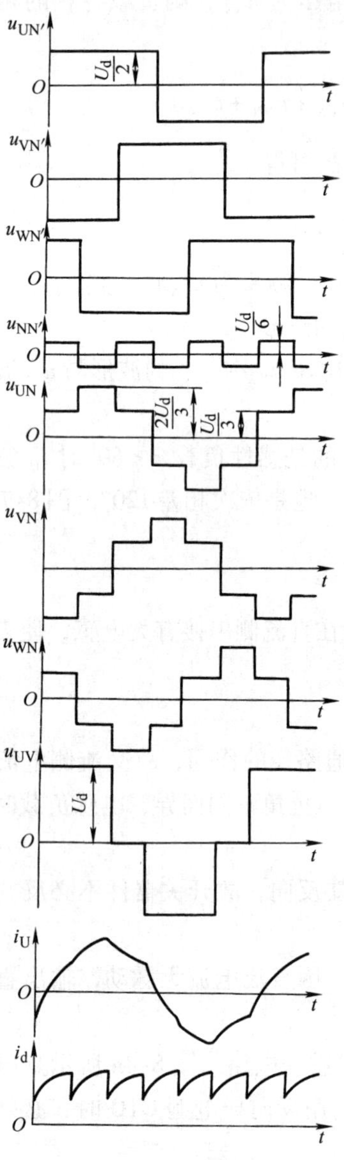

图 8-7 三相电压型桥式逆变器工作波形

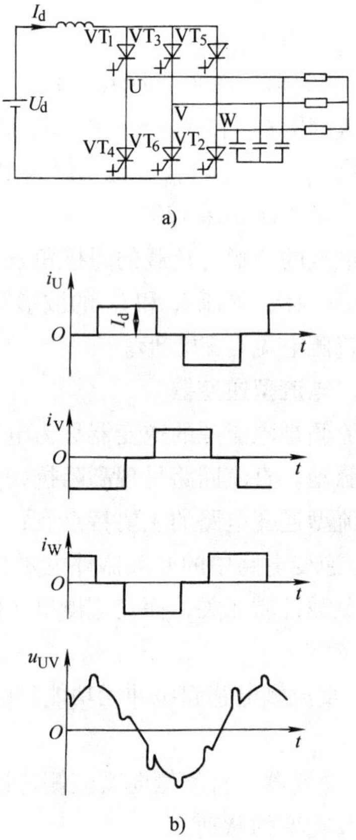

图 8-8 电流型三相桥式逆变电路及输出波形

第三节 脉宽调制（PWM）型逆变电路

PWM 控制技术在逆变电路中的应用最为广泛，现在大量应用的逆变电路中，绝大部分是 PWM 型逆变电路。

PWM 技术把直流电压“斩”成一系列脉冲，改变脉冲的占空比来获得所需的输出电压。改变脉冲的占空比就是对脉冲宽度进行调制，只是因为输入电压和所需要的输出电压都是直流电压，因此脉冲既是等幅的，也是等宽的，仅仅是对脉冲的占空比进行控制，这是

PWM 控制中最为简单的一种情况。

全控型电力电子器件的出现，使得性能优越的脉宽调制（PWM）逆变电路应用日益广泛。这种电路的特点主要是：可以得到相当接近正弦波的输出电压和电流，减少了谐波，功率因数高，动态响应快，而且电路结构简单。PWM 控制方式就是对逆变电路开关器件的通断进行控制，使输出端得到一系列幅值相等而宽度不等的脉冲，用这些脉冲来代替正弦波所需要的波形。按一定的规则对各脉冲的宽度进行调制，既可改变逆变电路输出电压的大小，也可改变输出电压的频率。

一、PWM 控制的基本原理

正弦波脉宽调制的控制思路，是利用逆变器的开关元件，由控制线路按一定的规律控制开关元件的通断，从而在逆变器的输出端获得一组等幅、等距而不等宽的脉冲序列。其脉宽基本上按正弦分布，以此脉冲列来等效正弦电压波型。图 8-9a 所示为正弦波的正半周波形，并将其划分为 N 等份，这样就可把正弦半波看成由 N 个彼此相连的脉冲所组成的波形。这些脉冲的宽度相等，都等于 π/N，但幅值不等，且脉冲顶部是曲线，各脉冲的幅值按正弦规律变化。如果将每一等份的正弦曲线与横轴所包围的面积用一个与此面积相等的等高矩形脉冲代替，就得到图 8-9b 所示的脉冲序列。这样，由 N 个等幅而不等宽的矩形脉冲所组成的波形与正弦波的正半周等效，正弦波的负半周也可用相同的方法来等效。完整的正弦波形用等效的 PWM 波形表示称为正弦波脉宽调制 SPWM 波形。

在理论上可以严格地计算出各分段矩形脉冲的宽度，作为控制逆变电路开关元件通断的依据，但计算过程十分繁琐。较为实用的方法是采用调制的方法，即把希望得到的波形作为调制信号，把接受调制的信号作为载波，通过对载波的调制得到期望的 PWM 波形。这里借用了通信电路中对信号进行调制－解调的概念，也是电力电子电路中应用弱电技术的一个例证。

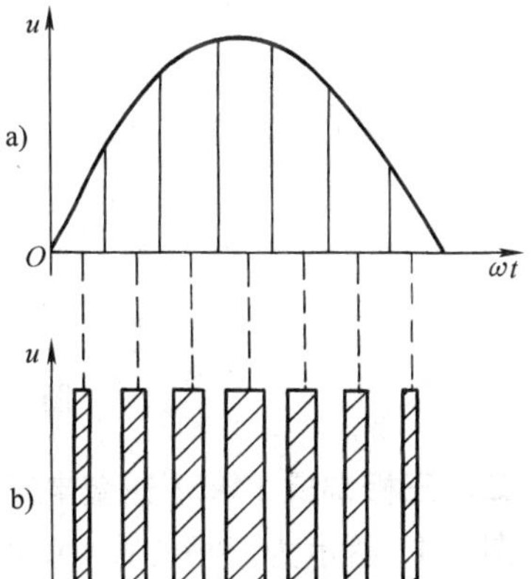

图 8-9　PWM 控制的基本原理示意图

实用的 PWM 逆变装置由三部分组成，即直流电源、中间滤波环节和逆变电路。其中直流电源是不可控整流电路，没有调压功能。中间滤波环节通常都是采用电容（或电感）滤波。而逆变电路采用脉宽调制的方法就可在把直流变成交流的同时，既能调压又能调频。PWM 逆变电路的实质是依靠调节脉冲宽度改变输出电压，通过改变调制周期达到改变输出频率的目的。

脉宽调制的方法很多，分类方法也没有统一，较常见的分类法有：

1）根据调制脉冲的极性可分为单极性和双极性调制两种。

2）根据载频信号和基准信号的频率之间的关系，可分为同步式和异步式两种。

3）根据基准信号的不同可分为矩形波脉宽调制和正弦波脉宽调制等。矩形波脉宽调制法的特点是输出脉冲列是等宽的，只能控制一定次数的谐波。正弦波脉宽调制法的特点是输出脉冲列是不等宽的，宽度按正弦规律变化，故输出电压的波形接近正弦波。

正弦波脉宽调制SPWM控制是采用一个正弦波与三角波相交的方案确定各分段矩形脉冲的宽度。通常采用等腰三角波作为载波，因为等腰三角波上下宽度与高度成线性关系，且左右对称，当它与任何一个平缓变化的调制信号波相交时，如在交点时刻控制电路中开关器件的通断，就可以得到宽度正比于信号波幅值的脉冲，这正好符合PWM控制的要求。当调制信号波为正弦波时，所得到的就是SPWM波形。SPWM波形在实际应用较多。

图8-10所示为单相桥式PWM逆变电路，负载为电感性，IGBT管作为开关器件，对IGBT管的控制方法为：在正半周期，让 V_2、V_3 一直处于截止状态，而让 V_1 一直保持导通，晶体管 V_4 交替通断。当 V_1 和 V_4 都导通时，负载上所加的电压为直流电源电压 U_d。当 V_1 导通而使 V_4 关断时，由于电感性负载中的电流不能突变，负载电流将通过二极管 VD_3 续流，忽略晶体管和二极管的导通压降，负载上所加电压为零。如负载电流较大，那么直到使 V_4 再一次导通之前，VD_3 一直持续导通。如负载电流较快地衰减到零，在 V_4 再次导通之前，负载电压也一直为零。这样输出到负载上电压 u_o 就有零和 U_d 两种电平。同样在负半周期，让晶体管 V_1、V_4 一直处于截止状态，而让 V_2 保持导通，V_3 交替通断。当 V_2、V_3 都导通时，负载上加有 $-U_d$，当 V_3 关断时，VD_4 续流，负载电压为零。因此在负载上可得到 $\pm U_d$ 和0三种电平。

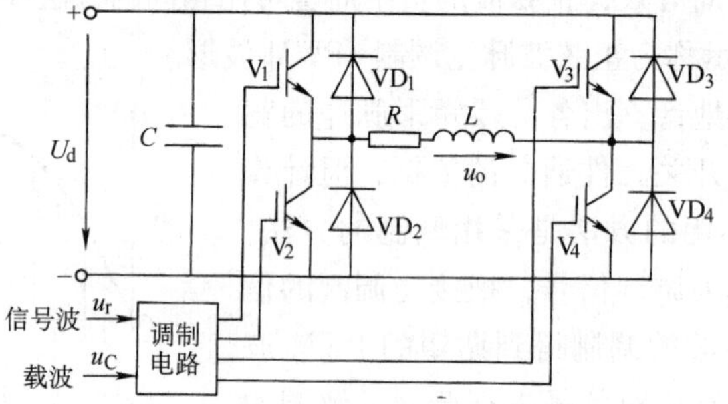

图8-10　单相桥式PWM逆变电路图

二、三相桥式PWM逆变电路

图8-11所示为三相桥式PWM型逆变电路及其波形，其控制方式采用双极性方式。U、V和W三相的PWM控制公用一个三角波载波 u_c，三相调制信号 u_{rU}、u_{rV}、u_{rW} 的相位依次相差120°，U、V和W各相功率开关器件的控制规律相同。现以U相为例说明如下：当 $u_{rU} > u_c$ 时，给电力晶体管 V_1 以导通信号，给 V_4 以关断信号，则U相相对于直流电源假想中点N的输出电压 $u_{UN} = U_d/2$。当 $u_{rU} < u_c$ 时，给 V_4 以导通信号，给 V_1 以关断信号，则 $u_{UN'} = -U_d/2$。V_1 和 V_4 的驱动信号始终是互补的。由于电感性负载对电流的方向和大小的影响，在控制过程中，当给 V_1 加导通信号时，可能是 V_1 导通，也可能是二极管 VD_1 续流导通。其他的电力晶体管与续流二极管的导通情况与 V_1、VD_1 相同，V相和W相的控制方式和U相相同。这里不再赘述。$u_{UN'}$、$u_{VN'}$ 和 $u_{WN'}$ 的波形如图8-11b所示。线电压 u_{UV} 的波形可由 $u_{UN'} - u_{VN'}$ 得到。可以看出，这些波形都只有 $\pm U_d$ 两种电平。由于调制信号 u_{rU}、u_{rV}、u_{rW} 为三相对称电压，每一瞬时有的相为正，有的相为负，在公用一个载波信号情况下，这个载波只能是双极性的，不能用单极性控制。

在双极性PWM控制方式中，同一相上下两个臂的驱动信号都是互补的。但实际上为了防止上下两个臂直通而造成短路，在给一个臂施加关断信号后，再延迟 Δt 时间，才给另一个臂施加导通信号。延迟时间的长短取决于开关器件的关断时间。但这个延迟时间对输出的 PWM 波形将带来不良影响，使其与正弦波产生偏离。

三、PWM 逆变电路的控制方式

在 PWM 逆变电路中，载波频率 f_c 与调制信号频率 f_r 之比 $m=f_c/f_r$ 称为载波比。根据载波和信号波是否同步及载波比的变化情况，PWM 逆变电路可以有异步调制和同步调制两种控制方式。

1. 异步调制

载波信号和调制信号不保持同步关系的调制方式称为异步调制。图 8-11 所示波形就是异

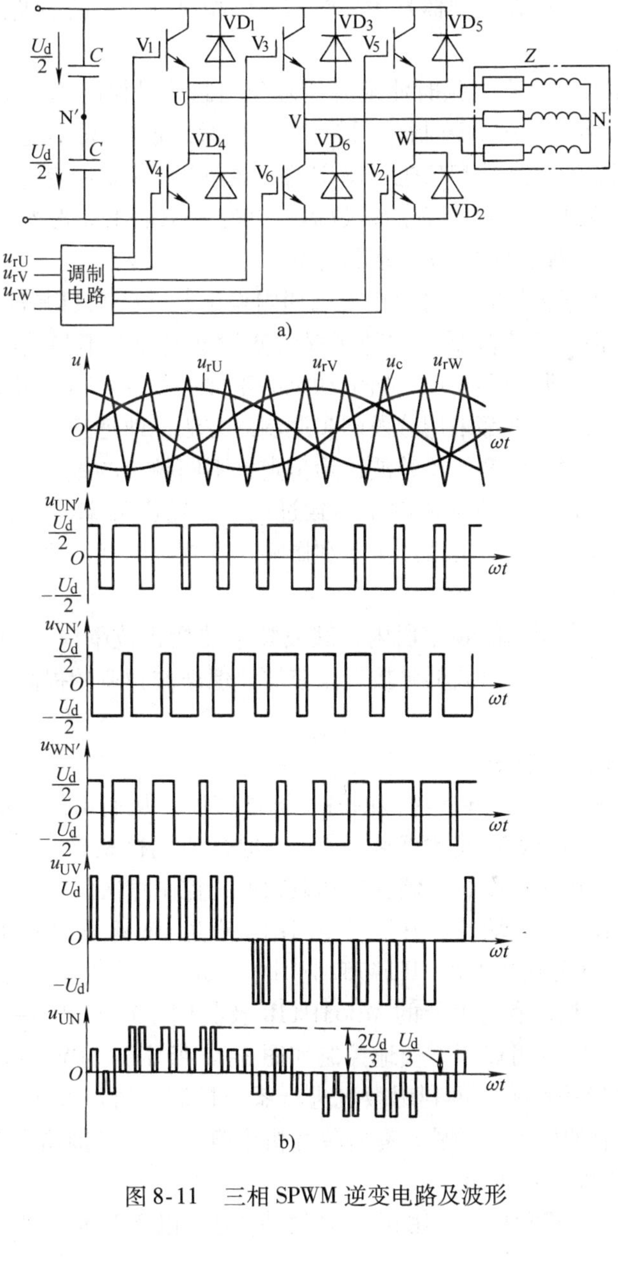

图 8-11　三相 SPWM 逆变电路及波形

步调制时的三相 SPWM 波形。在异步调制方式中，调制信号频率 f_r 变化时，通常保持载波频率 f_c 固定不变，因而载波比 m 是变化的。这样，在调制信号的半个周期内，输出脉冲的个数不固定，脉冲相位也不固定，正负半周期的脉冲不对称，同时，半周期内前后 1/4 周期的脉冲也不对称。

当调制信号频率较低时，载波比 m 较大，半周期内的脉冲数较多，正负半周期脉冲不对称和半周期内前后 1/4 周期脉冲不对称的影响都较小，输出波形接近正弦波。当调制信号频率增高时，载波比 m 就减小，半周期内的脉冲数减少。输出脉冲的不对称性影响就变大，还会出现脉冲跳动。同时，输出波形和正弦波之间的差异也变大，电路输出特性变坏。对于三相 PWM 型逆变电路来说，三相输出的对称性也变差。因此，在采用异步调制方式时，希望尽量提高载波频率，以使在调制信号频率较高时仍能保持较大的载波比，改善输出特性。

2. 同步调制

载波比 m 等于常数，并在变频时使载波信号和调制信号保持同步的调制方式称为同步调制。在基本同步调制方式中，调制信号频率变化时载波比 m 不变。调制信号半个周期内输出的脉冲数是固定的，脉冲相位也是固定的。在三相 PWM 逆变电路中，通常公用一个三角波载波信号，且取载波比 m 为 3 的整数倍，以使三相输出波形严格对称。同时，为了使一相的波形正、负半周镜对称，m 应取为奇数。

当逆变电路输出频率很低时，因为在半周期内输出脉冲的数目是固定的，所以由 PWM 调制而产生的谐波频率也相应降低。这种频率较低的谐波通常不易滤除，如果负载为电动机，就会产生较大的转矩脉动和噪声，给电动机的正常工作带来不利影响。

为了克服上述缺点，通常都采用分段同步调制的方法，即把逆变电路的输出频率范围划分成若干个频段，每个频段内都保持载波比为恒定，不同频段的载波比不同。在输出频率的高频段采用较低的载波比，以使载波频率不致过高。在输出频率的低频段采用较高的载波比，以使载波频率不致过低而对负载产生不利影响。各频段的载波比应该都取 3 的整数倍且为奇数。

分段同步调制时，在不同的频率段内，载波频率的变化范围应该保持一致，f_c 在 2kHz 以上。提高载波频率可以使输出波形更接近正弦波，但载波频率的提高受到功率开关器件允许最高频率的限制。

四、PWM 波形的产生方法

采用微机可方便地计算出 PWM 波形的各个脉冲宽度，从而由微机输出 PWM 波形（微机也可用查表法直接生成 PWM 或 SPWM 信号），但是应用微机产生 PWM 或 SPWM 波形，其效果受到指令功能、运算速度、存储容量和兼顾系统控制算法的限制，难以很好地实现实时控制。随着微电子技术的发展，已开发出专门用于产生 PWM 或 SPWM 控制信号的高级专用集成芯片，如 Mullard 公司生产的 HEF4752 芯片、PhiliPs 公司生产的 MK—Ⅱ、Siemens 公司生产的 SLE4520、Sanken 公司生产的 MB63H110 及我国生产的 ZPS—101、THP—4752 等型号的芯片。利用这些芯片可以很方便地控制如图 8-11 所示的 SPWM 主电路，从而达到产生 SPWM 变压变频波形的目的。再利用微机进行系统控制，可以在中、小功率异步电动机的变频调速中得到满意的效果。另外，有些单片机本身就带有直接输出 SPWM 信号的端口，如 Intel8098、IntelSXC196MC 等。

图 8-12 给出了 HEF4752V（适用于开关频率 1kHz 以下）的引脚图，表 8-1 给出了

HEF4752V 的基本功能。

实际使用中应注意以下几点：

1）RCT、OCT 一般应接固定频率的时钟源，f_{RCT} 的适用条件是保持 f_{FCT} 在 0.043～0.8f_{RCT} 范围内，并满足 $f_{FCT}/f_{RCT}<0.5$。

2）为保证每相互补输出之间有较大的延时时间，提高系统的可靠性，K 端一般接 +5V。

3）I 端根据逆变器功率开关元件确定。

4）CW、L 根据控制系统的要求确定。通过控制 CW 端电平，可改变异步电动机的运行方向。

5）一般用电压/频率转换器将频率指令信号和电压指令信号转换成与频率成正比的方波信号，作为频率时钟信号 u_{FCT} 和电压时钟信号 u_{VCT}，分别加在 FCT 和 VCT 两端。

在整个调频范围内若维持 f_{VCT} 恒定，且满足 $f_{FCT}/f_{VCT}\leqslant 0.5$ 的条件时，可自动保持逆变器输出电压频率比为恒值，即 $U_1/f_1=$ 恒值，实现恒压频比例控制。

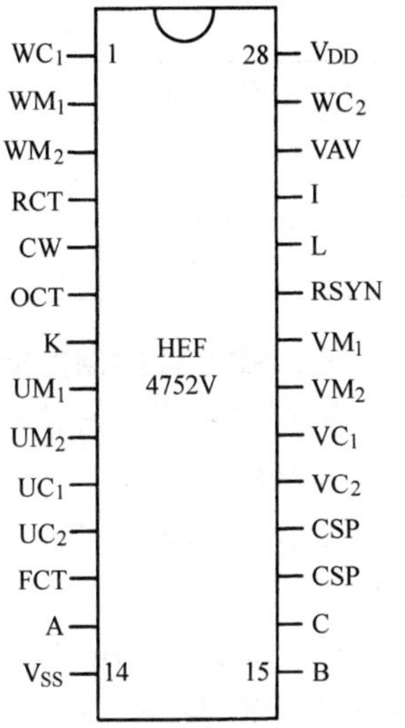

图 8-12　HEF4752V 引脚图

表 8-1　HEF4752V 的基本功能

	管　脚	功　能	说　明
逆变器输出驱动信号端	UM_1、UM_2、VM_1、VM_2、WM_1、WM_2	逆变器主驱动信号输出端。数字 1、2 表示同一桥臂上的上、下两个开关元件的驱动信号	驱动信号经放大后才能驱动逆变器的开关元件
	UC_1、UC_2、VC_1、VC_2、WC_1、WC_2	逆变器辅助驱动信号输出端。用于控制逆变器辅助关断晶闸管。其余含义同上	逆变器若采用全控型开关元件，这 6 个信号不用
时钟输入端	FCT	频率控制时钟，控制逆变器的输出频率：$f_{FCT}=3360f_1$	f_1 为逆变器输出频率
	VCT	电压控制时钟，控制逆变器的输出电压：$f_{VCT(nom)}=6720f_{1(nom)}$	$f_{1(nom)}$ 为当载波为 100% 调制时逆变器输出频率。$f_{VCT(nom)}$ 为 f_{VCT} 的标称值
	RCT	频率参考时钟，控制逆变器的最高载波频率：$f_{RCT}=280f_{c(max)}$、$f_{c(min)}=0.6f_{c(max)}$	$f_{c(max)}$、$f_{c(min)}$ 为逆变器最高/低载波频率（即最高/低开关频率），$f_{c(min)}$ 由电路内部自动设定
	OCT	输出延时时钟， $t_d=8/f_{OCT}$　（K=0） $t_d=16/f_{OCT}$　（K=1）	与 K 端配合使用，控制每一相互补输出之间的延时时间及最小脉冲宽度
控制输入端	I	逆变器输出模式控制端	I=0，晶体管模式 I=1，晶闸管模式
	CW	输出相序控制端	CW=0，UWV 相序 CW=1，UVW 相序
	L	逆变器驱动信号封锁端	L=0，封锁 SPWM 控制信号 L=1，输出 SPWM 控制信号
	K	与 OCT 配合使用	
	A、B、C	厂家测试端	正常使用时接地

（续）

	管　脚	功　能	说　明
控制信号 输出端	VAV	逆变器输出线电压平均值模拟输出端	
	RSYN	U 相同步信号	供示波器外同步用
	CSP	逆变器开关频率输出信号	用以指示理论的开关频率

五、SPWM 控制的交-直-交变频器

图 8-13 所示为异步电动机交-直-交变频调整系统框图，其中使用了 HEF4752V 产生三相 SPWM 驱动信号。三相 380V 交流电经二极管桥式整流和电容器滤波后（电压型）得到的直流电压 U_d 约为 530V，经霍尔电流传感器送到晶体管逆变器，逆变器输出接三相异步电动机。

该电动机在 50Hz 时的线电压为 380V。HEF4752V 的驱动输出信号经隔离、放大后送至相应晶体管的基极。

HEF4752V 的控制输入 A、B、C、K 和 I 接 V_{SS}（低电平），因此 CW 根据相序的要求，或者接高电平或者接低电平，可以转换，L 通过控制和时序电路完成初始化和故障封锁功能。

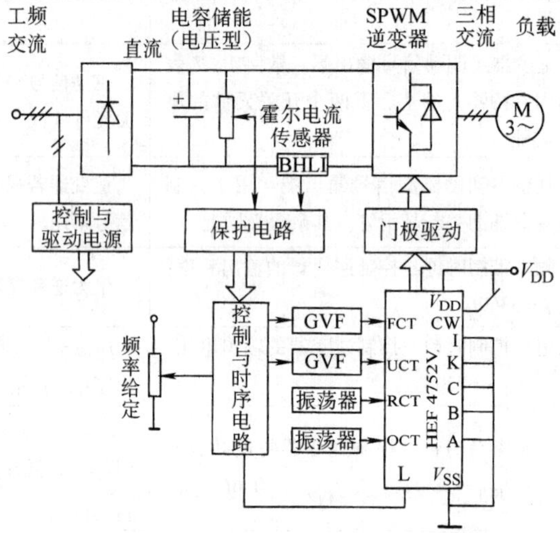

图 8-13　SPWM 控制的交-直-交变频调速系统框图

GVF—压控振荡器　FCT—频率控制时钟输入

UCT—电压控制时钟输入　RCT—参考时钟输入　OCT—互锁延迟时间设置时钟

第四节　软开关技术

电力电子电路对于电能的处理有两种不同的方式：一是在上一节讨论的 PWM（硬性开关）电路，它在几瓦到几百千瓦的 DC-DC、DC-AC 变换器中占主导地位；二是刚兴起的谐振软性开关电路，它是零电压、零电流开关（简称软开关）与谐振电路相结合的产物，是一种高效率、高性能的新型电路。

现代电力电子装置的发展趋势是小型化、轻量化、高频化，同时对装置的效率和电磁兼容性也提出了更高的要求。正是在这一发展趋势的促进下，软开关技术在电力变换应用中发挥重要作用，谐振软开关电路在一定领域内将有替代 PWM 硬性开关电路的可能。

一、软开关的基本概念

1. 硬开关与软开关

在本书前面章节的分析中，总是将电路理想化，特别是将开关理想化，忽略了开关过程对电路的影响。这样的分析方法便于理解电路的工作原理，但必须认识到，在实际电路中开关过程是客观存在的，一定条件下还可能对电路的工作造成重要影响。

在通常的电路中，硬开关电路存在的主要问题是开关损耗和开关噪声较大。开关损耗随着开关频率的提高而增加，使电路效率下降，阻碍了开关频率的提高；开关噪声给电路带来严重的电磁干扰问题，影响周边电子设备的正常工作。

软开关电路在电路中增加了小电感、电容等谐振元件，在开关过程前后引入谐振，使开关条件得以改善，从而降低开关损耗和开关噪声。因此，软开关有时也被称为谐振开关。

一种典型的软开关电路——零电压开关准谐振电路及其开关过程的理想化波形如图 8-14a 所示，作为对比，图 8-14b 给出了与其相应的硬开关电路及波形。

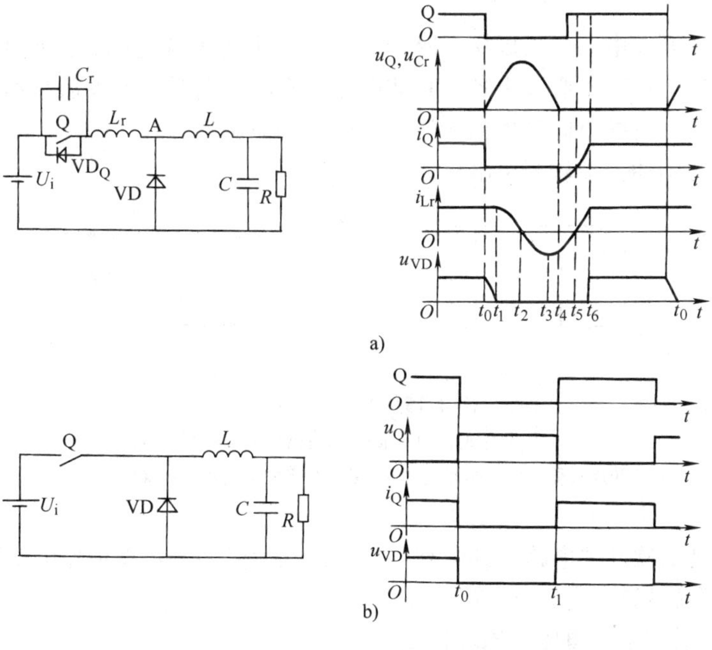

图 8-14　软硬开关对比图

a）零电压（软）开关谐振电路及波形　b）硬开关电路及波形

同硬开关电路相比，软开关电路中增加了谐振电感 L_r 和谐振电容 C_r，与滤波电感 L、电容 C 相比，L_r 和 C_r 的值小得多。另一个差别是，在开关 Q 处增加了反并联二极管 VD_Q，而硬开关电路中不需要这个二极管。

软开关电路中 Q 关断后 L_r 与 C_r 间发生谐振，电路中电压和电流的波形类似于正弦半波。谐振减缓了开关过程中电压、电流的变化，而且使 Q 两端的电压在其开通前就降为零。这使得开关损耗和开关噪声都大大降低。

2. 零电压开关与零电流开关

使开关开通前其两端电压为零，则开关开通时就不会产生损耗和噪声，这种开通方式称为零电压开通；使开关关断前其电流为零，则开关关断时也不会产生损耗和噪声，这种关断方式称为零电流关断。在很多情况下，不再指出开通或关断，仅称零电压开关和零电流开关。零电压开通和零电流关断要靠电路中的谐振来实现。

与开关并联的电容能使开关关断后电压上升延缓，从而降低关断损耗，有时称这种关断过程为零电压关断；与开关相串联的电感能使开关开通后电流上升延缓，降低了开通损耗，有时称之为零电流开通。简单的利用并联电容实现零电压关断和利用串联电感实现零电流开通一般会给电路造成总损耗增加、关断过电压增大等负面影响，因此是得不偿失的。

二、软开关电路的分类

软开关技术问世以来，经历了不断的发展和完善，前后出现了许多种软开关电路，而且各自有不同的特点和应用场合。根据电路中主要的开关元件是零电压开通还是零电流关断，可以将软开关电路分成零电压电路和零电流电路两大类。通常，一种软开关电路要么属于零电压电路，要么属于零电流电路。

根据软开关技术发展的历程可以将软开关电路分成准谐振电路、零开关 PWM 电路和零转换 PWM 电路。

由于每一种软开关电路都可以用于降压型、升压型等不同电路，因此可以用图 8-15 中的基本开关单元来表示，不必画出各种具体电路。实际使用时，可以从基本开关单元导出具体电路，开关和二极管的方向应根据电流的方向做相应调整。

下面分别介绍上述三类软开关电路。

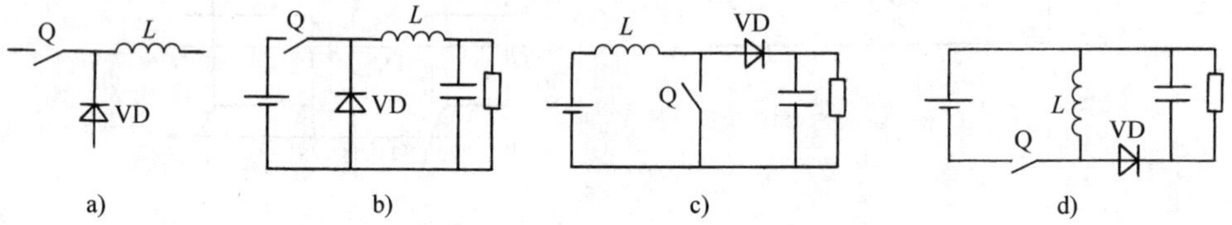

图 8-15　基本开关单元

a）基本开关单元　b）降压斩波器中的基本开关单元

c）升压斩波器中的基本开关单元　d）升降压斩波器中的基本开关单元

1. 准谐振电路

这是最早出现的软开关电路，其中有些现在还在大量使用。准谐振电路可以分为：

1）零电压开关准谐振电路（ZVSQRC）。

2）零电流开关准谐振电路（ZCSQRC）。

3）零电压开关多谐振电路（ZVSMRC）。

4）用于逆变器的谐振直流环节电路（Resonant DC Link）。

图 8-16 给出了前三种软开关电路的基本开关单元，谐振直流环节的电路见图 8-17。

准谐振电路中电压或电流的波形为正弦半波，因此称之为准谐振。谐振的引入使得电路的开关损耗和开关噪声都大大下降，但也带来一些负面问题：谐振电压峰值很高，要求器件耐压必须提高；谐振电流的有效值很大，电路中存在大量的无功功率的交换，造成电路导通损耗加大；谐振周期随输入电压、负载变化而改变，因此电路只能采用脉冲频率调制方式来控制，变频的开关频率给电路设计带来困难。

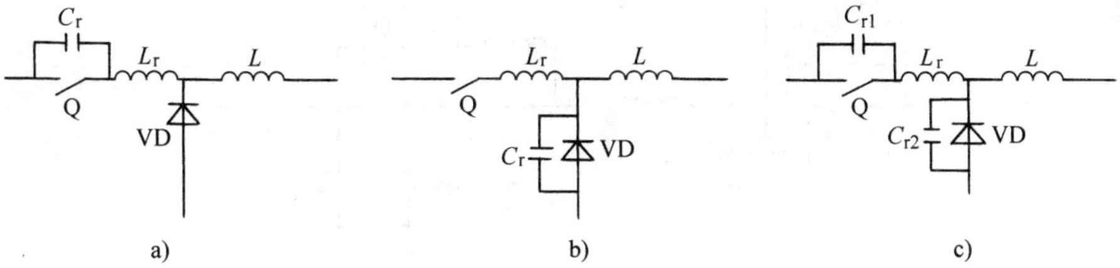

图 8-16　准谐振电路中的基本开关单元

a）零电压开关准谐振电路中的基本开关单元

b）零电流开关准谐振电路中的基本开关单元　c）零电压开关多谐振电路中的基本开关单元

2. 零开关 PWM 电路

这类电路中引入了辅助开关来控制谐振的开始时刻，使谐振仅发生于开关过程前后。零开关 PWM 电路可以分为：

1）零电压开关 PWM 电路（ZVS PWM）。

2）零电流开关 PWM 电路（ZCS PWM）。

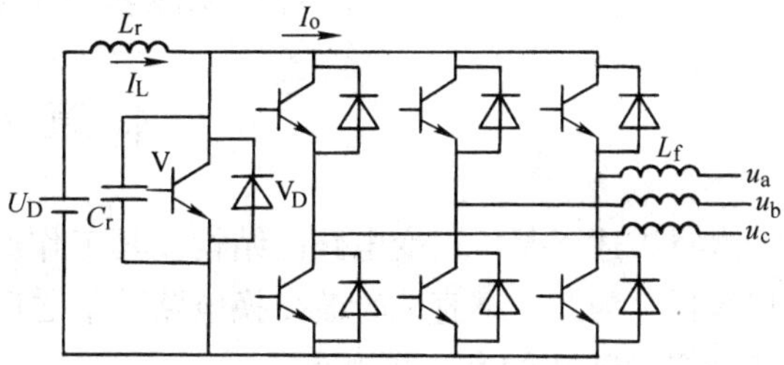

图 8-17　谐振直流环节电路原理图

这两种电路的基本开关单元如图 8-18 所示。

同准谐振电路相比，这类电路有很多明显的优势：电压和电流基本上是方波，只是上升沿和下降沿较缓，开关承受的电压明显降低，电路可以采用开关频率固定的 PWM 控制方式。

3. 零转换 PWM 电路

这类软开关电路还是采用辅助开关控制谐振的开始时刻，所不同的是，谐振电路是与主开关并联的，因此输入电压和负载电流对电路的谐振过程的影响很小，电路在很宽的输入电压范围内并从零负载到满载都能工作在软开关状态。而且电路中无功功率的交换被削减到最小，这使得电路效率有了进一步提高。零转换 PWM 电路可以分为：

1）零电压转换 PWM 电路（ZVT PWM）。

2）零电流转换 PWM 电路（ZVT PWM）。

这两种电路的基本开关单元如图 8-19 所示。

对于上述各类电路详细分析，读者可参阅有关资料及专著。

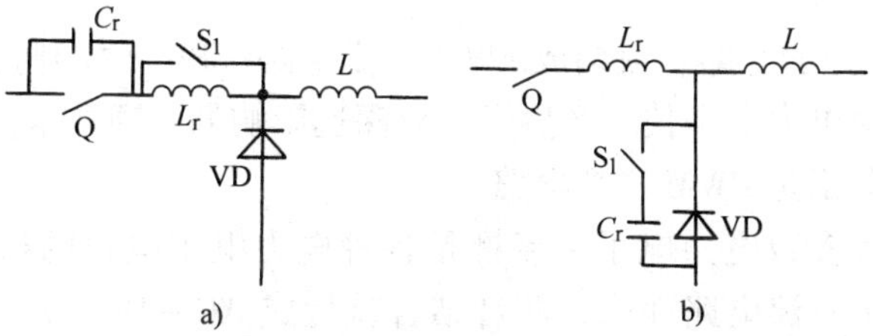

图 8-18　零开关 PWM 电路的基本开关单元

a）零电压开关 PWM 电路的基本开关单元

b）零电流开关 PWM 电路的基本开关单元

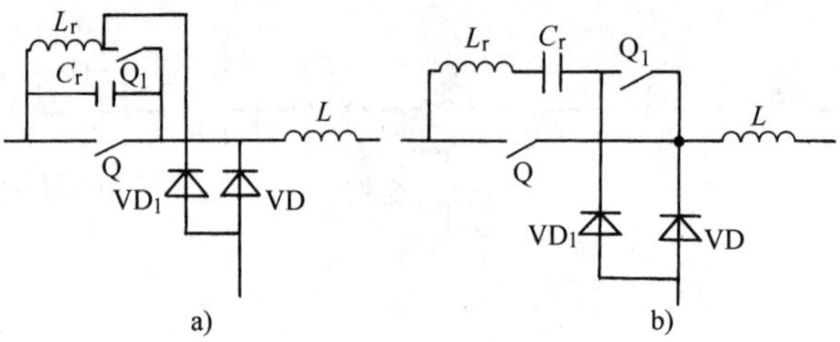

图 8-19　零转换 PWM 电路的基本开关单元
a）零电压转换 PWM 电路的基本开关单元
b）零电流转换 PWM 电路的基本开关单元

本章小结

本章讲述了基本逆变电路的结构及其工作原理。PWM 控制技术在逆变电路中的应用最具代表性。为此，继直流斩波变换电路一章之后，再次讲述了 PWM 控制技术，但在本章主要是介绍 SPWM 的有关知识。

在 AC－DC、DC－DC、AC－AC 和 DC－AC 四大类基本变流电路中，AC/DC 和 DC/AC 两类电路，即整流电路和逆变电路，是最为基本又很重要的两大类。

本章首先介绍了换流方式。实际上，换流并不是逆变电路特有的概念，四大类基本变流电路中都有换流的问题，但在逆变电路中换流的概念表现得最为集中。换流方式分为外部换流和自换流两大类，外部换流包括电网换流和负载换流两种，自换流包括器件换流和强迫换流两种。在晶闸管时代，换流的概念十分重要。到了全控型器件时代，换流概念的重要性已有所下降，但它仍是电力电子电路的一个重要而基本的概念。

逆变电路的分类有不同方法。可以用换流方式来分类，也可以用输出相数来分类，还可以用直流电源的性质来分类。本章主要采用了按直流侧电源性质分类的方法，即把逆变电路分为电压型和电流型两类。值得指出的是，电压型和电流型电路也不是逆变电路中特有的概念。把这一概念用于整流电路等其他电路，也会使我们对这些电路有更为深刻的认识。例如，负载为大电感的整流电路可看成为电流型整流电路，电容滤波的整流电路可看成为电压型整流电路。对电压型和电流型电路的认识，源于对电压源和电流源本质和特性的理解。深刻地认识和理解电压源和电流源的概念和特性，对正确理解和分析各种电力电子电路都有十分重要的意义。

把 PWM 技术用于逆变电路，就构成 PWM 逆变电路。PWM 控制技术是在电力电子领域有着广泛的应用，并对电力电子技术产生了十分深远影响的一项技术。在当今应用的逆变电路中，可以说绝大部分都是 PWM 逆变电路。

在实际应用中，大多数电力电子装置都是各种电力电子电路的组合。对于逆变电路来说，其直流电源往往由整流电路而来，两者结合就构成 AC－DC－AC 电路，即间接交流变流电路。如果其中的逆变电路输出频率可调，这种间接交流变流电路就构成变频器。变频器广泛用于交流电动机调速，在电力电子技术中占有突出的地位，变频器中的核心电路就是逆变电路。UPS（不间断电源）采用的也是 AC－DC－AC 电路，但其输出频率是固定的，UPS 的核心电路也是逆变电路。DC－AC－DC 电路，即间接直流变流电路大量用于开关电源。

开关电源中的核心电路仍是逆变电路。

另一方面，以 PWM 控制技术为代表的斩波控制技术正在越来越占据着主导地位。相位控制和斩波控制分别简称相控和斩控。把斩控和相控这两种技术对照起来学习，可使我们对电力电子电路的控制技术有更为明晰的认识。

在本章提出了有关软开关的一些概念及分类。电力电子装置正朝小型化、轻量化方向发展，最直接的途径是电路的高频化。但在提高开关频率的同时，开关损耗也随之增加，电路效率严重下降，电磁干扰也增大了，所以简单的提高开关频率是不行的。针对这些问题出现了软开关技术，它主要解决电路中的开关损耗和开关噪声问题，使开关频率可以大幅度提高。

自 测 题

1. 无源逆变电路和有源逆变电路有何不同？
2. 换流方式有哪几种？各有什么特点？
3. 什么是电压型逆变电路？什么是电流型逆变电路？二者各有何特点？
4. 电压型逆变电路中反馈二极管的作用是什么？为什么电流型逆变电路中没有反馈二极管？
5. 试说明 PWM 控制的基本原理。
6. 单极性和双极性 PWM 调制有什么区别？在三相桥式 PWM 型逆变电路中，输出相电压（输出端相对于直流电源中点的电压）和线电压 SPW 波形各有几种电平？
7. 什么是异步调制？什么是同步调制？两者各有何特点？
8. 什么是软开关？什么是硬开关？二者的主要差别是什么？

第九章　电力电子器件的应用与实训

用电力电子器件组成的装置具有体积小、重量轻、可靠性高、性能好等优点，其应用范围已经从传统的交通、电力等部门，扩大到信息通信、家用电器以及航空航天等领域，电力电子技术已成为一种无所不在的技术。

第一节　晶闸管的应用

晶闸管是问世最早且应用最广泛的电力电子器件，至今还在可控整流、变频调速、交流调压、固态开关等领域发挥重要作用。

一、直流电动机可控调速

图 9-1 所示为典型的直流电动机可控整流调速电路，适用于中小容量的直流电动机转速的调节。

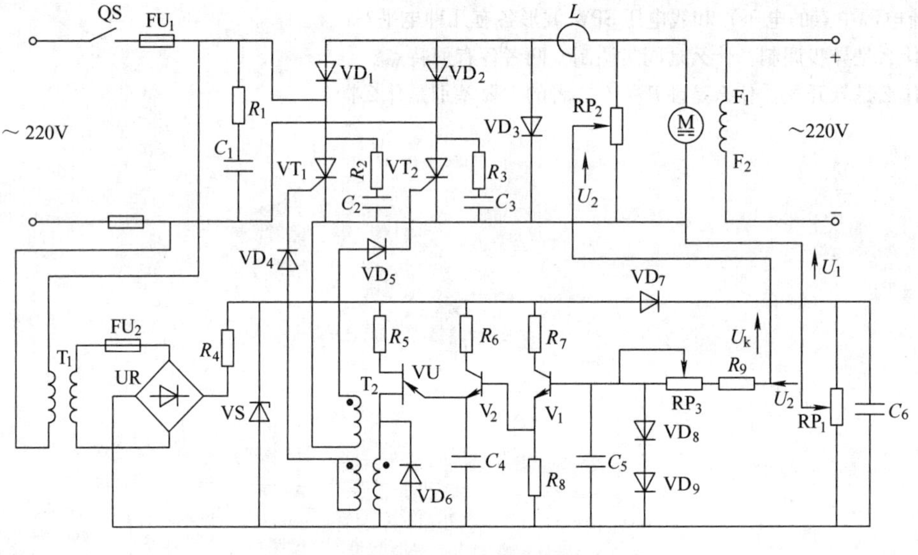

图 9-1　直流电动机可控整流调速电路

在该电路中，主电路由二极管 VD_1、VD_2 和晶闸管 VT_1、VT_2 组成单相半控桥式整流电路。电抗器 L 和续流二极管 VD_3 能保持电动机电流的连续，并减小电流的脉动，快速熔断器 FU 作过电流保护，R_1、C_1、R_2、C_2、R_3、C_3 组成阻容吸收电路作过电压保护。

晶闸管的触发电路采用有放大环节的单结晶体管（VU）触发电路。脉冲变压器 T_2 的两个二次绕组输出两组相同的脉冲，分别触发晶闸管 VT_1 和 VT_2。二极管 VD_4、VD_5 的作用是隔离触发信号中的负脉冲，以免晶闸管的门极被反向击穿。VD_6 是续流二极管。变压器 T_1 的二次电压经单相桥式 UR 整流、R_4 限幅和 VS 稳压削波后形成梯形波电压，作为触发电路的同步电源电压。削波的目的是为了扩大触发脉冲的移项范围。

晶体管 V_1 的控制电压 U_k 是给定电压 U_1 与反馈电压 U_2 的电压差。给定电压 U_1 是由同步电源的梯形波电压经电容器 C_6 滤波，获得平滑的直流电压后，从电位器 RP_1 的滑动端输出的。VD_7 是隔离二极管，其作用是将同步电源电压与给定电压隔离，不致因有 C_6 的滤波而把脉冲发生器的梯形波变为平滑直流，保证电源电压的每个半周到来时，C_4 上的电压都从零值开始充电，使触发控制角 α 保持恒定，保证晶闸管输出电压稳定。反馈电压 U_2 由电位器 RP_2 的滑动端输出，U_2 与直流电动机的电枢电压成正比。调节 RP_1 的滑动端，VT_1 的基极控制电压 U_k 随之改变，触发电路的控制角 α 亦随之改变，达到调整电动机转速的目的。

二极管 VD_8、VD_9 的作用是限制 VT_1 的基极电压，不致因 U_k 过大而损坏 VT_1。C_5 的作用是限制 U_k 的突变，使调速过程比较平稳。

反馈环节由电位器 RP_2、电阻 R_9 和电位器 RP_3 组成，RP_3 又是速度调节电位器。如果电动机的负载增大，引起转速降低时，电枢电流增大，输出电压降低，反馈电压 U_2 也相应降低，控制电压 U_k 增大，触发脉冲控制角 α 减小，使主电路输出电压增高，从而补偿了输出电压的降低，使电动机的转速不因负载增大而下降，提高了电动机转速的平稳性和机械特性的硬度。

二、过电压保护电路

过电压保护电路如图 9-2 所示。在图中的 TS 是同步变压器，二极管 VD_1 ~ VD_4 和晶闸管 VT_1 组成主电路电子开关。当 VT_1 导通时，电子开关接通，负载得电工作；当 VT_1 关断时，电子开关关断，主电路无输出。

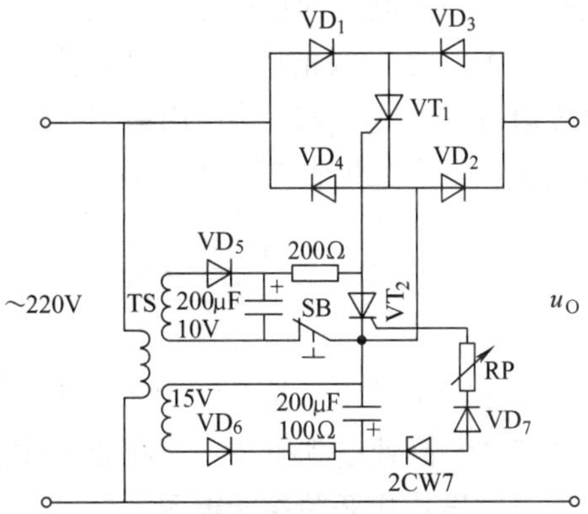

图 9-2　过电压自断电晶闸管保护电路

当电源电压值在正常范围时，稳压管 2CW7 截止，VT_2 关断，同步变压器 TS 的二次绕组电压（10V）经 VD_5 对 200μF 的电容器充电而获得直流电压，作为 VT_1 的触发电压，使 VT_1 导通，主电路电子开关接通，允许输出。

VD_6 整流滤波所形成的直流取样电压的变化反映了交流电网电压的变化。当输入的电网电压超过允许范围时，稳压管 2CW7 被击穿，晶闸管 VT_2 被触发导通。由于 VT_2 导通后两端的管压降不到 1V，不足以触发晶闸管 VT_1 导通，故主电路电子开关被关断，自动切断电源，使用电器得到保护。待电网电压恢复正常后，要按下常闭按钮 SB，关断 VT_2，当 SB 复位时，VT_1 触发导通，电子开关重新接通主电路，电路恢复正常供电。

调试电路时，要先将输入的电源电压升至 240V，调整电阻 RP，使 VT_2 被触发导通，VT_1 关断，这时的 VT_2 门极电压即为电路的过电压保护点。再将输入的电源电压降至 220V 左右，电子开关应能自动接通，主电路有正常电压输出，调试工作即告结束。

三、大功率充电电路

采用晶闸管组成的大功率充电电路如图 9-3 所示。该电路的最大特点是结构简单、输出功率大，电池充满电后可自动停止工作。该电路的输出电流可以达到 100A，并有 12V 和 24V 两个输出电压，使用方便灵活。

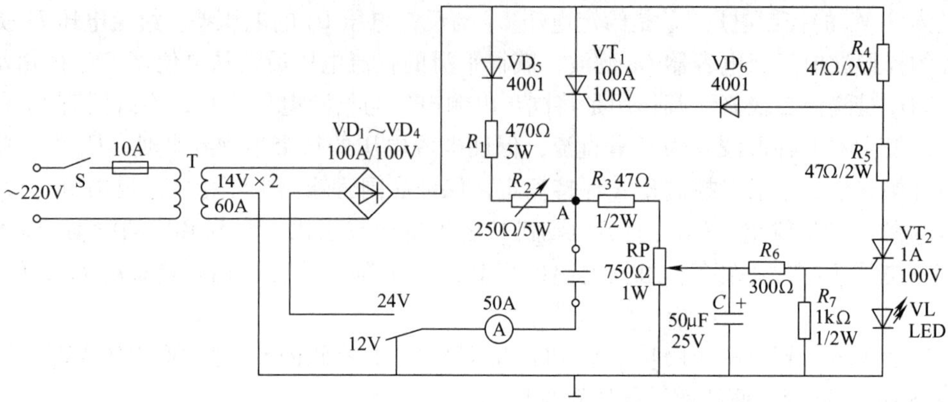

图 9-3　采用晶闸管组成的大功率充电电路

220V 交流电压经变压器 T 降压后，再由二极管 VD_1 ~ VD_4 桥式整流得到脉动直流电压。直流电流经限流电阻 R_4 和二极管 VD_6 流入晶闸管 VT_1 门极，VT_1 触发导通后，电流经 VT_1 给电池充电。随着充电过程的延续，A 点的电位逐渐升高，当 U_A = 13V 时，VT_1 因反偏而截止，实现大电流的自动停止充电。

当 VT_1 处于截止状态后，直流电流经二极管 VD_5、电阻 R_1、R_2 以很小的电流继续给电池充电以防过充；VT_2 的作用是当 $U_A \approx 13V$ 时，晶闸管 VT_2 被触发导通，发光二极管 VL 导通发光，发光二极管 VL 发光后即表明电池已充满，因而 VL 可作为充电指示灯使用。

第二节　功率场效应晶体管的应用

由于功率场效应晶体管 MOSFET 的工作频率可以超过 100kHz，因而适合于在中小功率的逆变器和高速电动机调速等场合工作。

一、三片式开关稳压电源

若交流电压直接经过工频整流、滤波后转换为直流电压，再经过电力电子器件以高频率的开通与关断进行功率变换（高频逆变），得到 20 ~ 50kHz 的高频脉冲交流电，然后再经过高频整流与滤波，得到所要求的直流，这样的电源即称为开关电源。

所谓三片式开关电源，是指以三个集成芯片为主要器件，辅以少量分立元件组成的闭环控制系统。这种电路不仅结构简单，而且性能优越。

图 9-4 所示为美国 MOTOROLA 公司生产的 100kHz、60W 三片式开关稳压电源的原理图。电路中的开关器件为功率场效应晶体管 MOSFET。MC34060 为 PWM 集成控制器。

MC34060 是采用 PWM 控制方式的单端输出开关稳压电源集成控制器，输出电流为 ±200mA，工作电压为 7 ~ 40V，最高振荡频率为 200kHz，工作温度范围为 0 ~ 70℃。图 9-5 所示是 MC34060 的引脚图和内部电路等效电路。

MC34060 的 1 脚（INA +）为误差放大器 A 的同相输入端；2 脚（INA −）为误差放大器 A 的反相输入端；3 脚（FB）为反馈/PWM 比较器的输入端；4 脚（T）为死区时间控制端；5 脚（C_T）为外接定时电容端；6 脚（R_T）为外接定时电阻端；7 脚（GND）为接地端；8 脚（E）为片内晶体管发射极；9 脚（C）为片内晶体管集电极；10 脚（V_{cc}）为电源

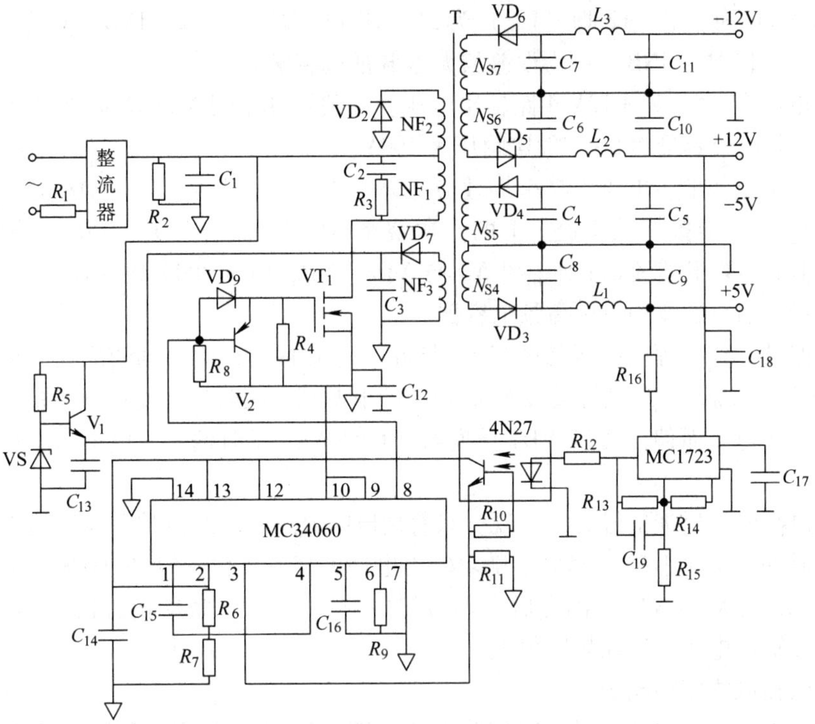

图 9-4　三片式开关电源电路图

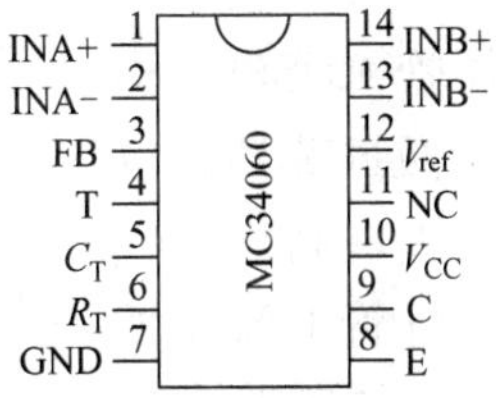

a)

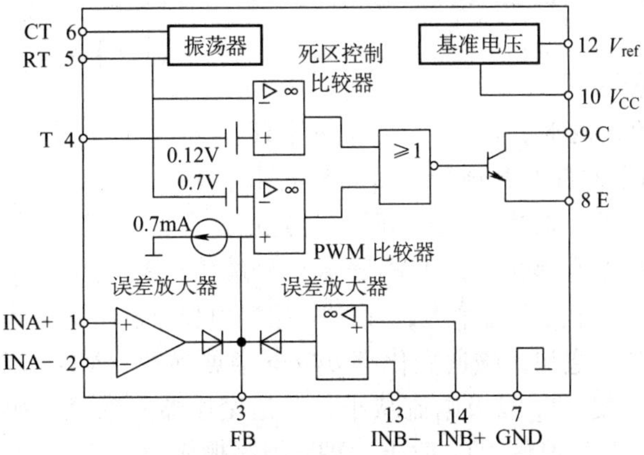

b)

图 9-5　MC34060 引脚图和内部电路等效电路

a）MC34060 的引脚图　b）内部等效电路

端；11 脚（NC）为空脚；12 脚（V_{ref}）为5V 基准电压端；13 脚（INB－）为误差放大器 B 的反相输入端；14 脚（INB＋）为误差放大器 B 的同相输入端。

该稳压电源有 ±5V 和 ±12V 4 路输出电压。开关器件采用 MTP5N40 型功率场效应晶体管 MOSFET，其电流容量为5A，额定耐压为400V。

三片式开关电源的主电路由功率场效应晶体管 VT_1 和变压器 T 的一次绕组 N_{F1}、N_{F2}以及二极管 VD_2 组成准推挽式电路。T 的二次绕组 N_{S4}和 N_{S5}与 VD_3、VD_4（肖特基二极管 MBR1035）构成5V 组整流器；N_{S6}和 N_{S7}与 VD_5、VD_6（MVR805 型快恢复二极管）构成 12V 组整流器，输出滤波均采用高频电容器。

控制电路的工作电源由高压晶体管 V_1 获得。V_1 接成射极输出器的形式，它的基极电位由 12V 稳压管 VS 确定，而发射极接 MC34060 的电源端，同时接至变压器 T 的反馈绕组 N_F。当绕组中有感应电压而使二极管 VD_7 导通时，可使 VT_1 反向偏置。电容 C_{13}为软启动电容器。

刚接通电源时，反馈信号尚未出现，只有由电阻 R_6 和 R_7 组成的分压网络来控制死区时间，使导通脉冲占空比不超过45%。随着输出电压的建立，由＋5V 电压输出端取出反馈信号，经 MC1723 放大、4N27 隔离之后引入 MC34060 的 3 脚（PWM 比较器），调制控制脉冲的占空比，使输出电压稳定在规定值上。

二、高频自激式振荡电源

以往的荧光灯都采用镇流器限制灯管电流，镇流器不仅笨重，而且自身功耗大（约占灯具总功耗的30%）、功率因数低，所以在大量使用荧光灯照明的公共场所需要用体积很大的电容器作无功补偿。

图 9-6 所示为由功率场效应晶体管 MOSFET 构成的用于节能型荧光灯电源的高频自激振荡器，电路的工作频率在 30kHz 以上，可以大大提高灯管气体电离的效率，在同样发光强度下，灯管电流比低频供电时小，发光没有闪烁感，可以实现即时启动，在大量使用荧光灯照明的公共场所也不需要另加补偿电容。

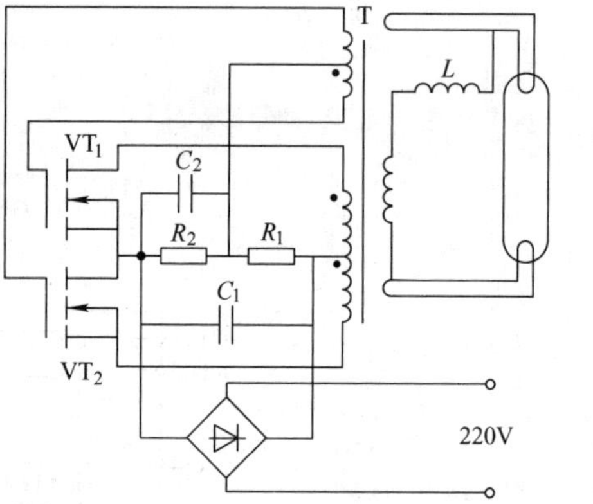

图 9-6　功率 MOSFET 高频自激振荡器电路

该电路的工作原理如下：

当220V 交流电源接通时，功率场效应晶体管 MOSFET VT_1、VT_2 两个器件的开通滞后时间和电流上升时间不可能完全一致，其中开通时间短一点的管子（假如 VT_2）电流上升得快，则变压器带星号端感应高电位，于是通过磁通耦合，使 VT_2 栅极电位上升，VT_2 漏极电流增大，而 VT_1 栅极电位下降并趋向截止。随着 VT_2 漏极电流增大，变压器磁路趋向饱和，磁通变化率 $d\Phi/dt$ 急剧减小，VT_2 栅极电压随之迅速降低，而 VT_1 栅极电位上升，使 VT_2 漏极电流减小，于是变压器一次绕组感应电动势反向，通过耦合，VT_2 栅极电压反向，迫使 VT_2 截止。VT_1 则因栅极电压上升而导通，完成一次换相。可以看出，利用变压器磁路饱和，电路可以连续振荡，振荡频率由变压器二次侧负载电阻、高频扼流圈 L 和变压器漏感决定。

交流电经整流和电容 C_1 滤波后的直流电压在 R_1、R_2 上分压，R_2、C_2 两端电压同时加到两只功率场效应晶体管 MOSFET 的栅极，其值略大于器件的开启电压 $U_{GS(th)}$ 值，以便在启动时 VT_1、VT_2 同时出现电流，再利用电路的自然不对称和正反馈作用引起振荡。

由于功率场效应晶体管 MOSFET 的高频功率开关特性比 GTR 优越且温度稳定性也好，因此在这类振荡电源中使用功率场效应晶体管 MOSFET 更为适宜。

类似的高频振荡电源经过某些改动，可以派生出其他多种用途，例如：

1）增加变压器二次侧匝数，则二次侧可以输出高频高压，用于各种触发点火装置。若将高频高压再用高压硅堆二极管整流成直流高压，则又可以用于高压耐压绝缘试验、电子束管的加速电源等。

2）将图 9-6 中整流部分改用电池供电，适当选择变压器匝数比，可以在变压器二次侧输出任意所需的电压，在各种便携式仪器中有广泛的应用，也可将此用于应急照明中。

由于这类高频振荡电源摆脱了笨重的变压器和滤波器，所以十分轻便，制造也简单。这类电源的缺点是高频振荡会干扰电网，也会通过空间电磁辐射干扰通信，所以应注意屏蔽和交流电源输入端的滤波。

第三节　电力晶体管的应用

由于电力晶体管具有控制方便、开关时间短、通态压降低、高频特性好等优点，故在交流电动机调速、不间断电源（UPS）以及家用电器等中小容量的变流装置中应用广泛。

一、彩色电视机开关电源电路

图 9-7 所示为东芝四片机芯彩色电视机开关电源电路。

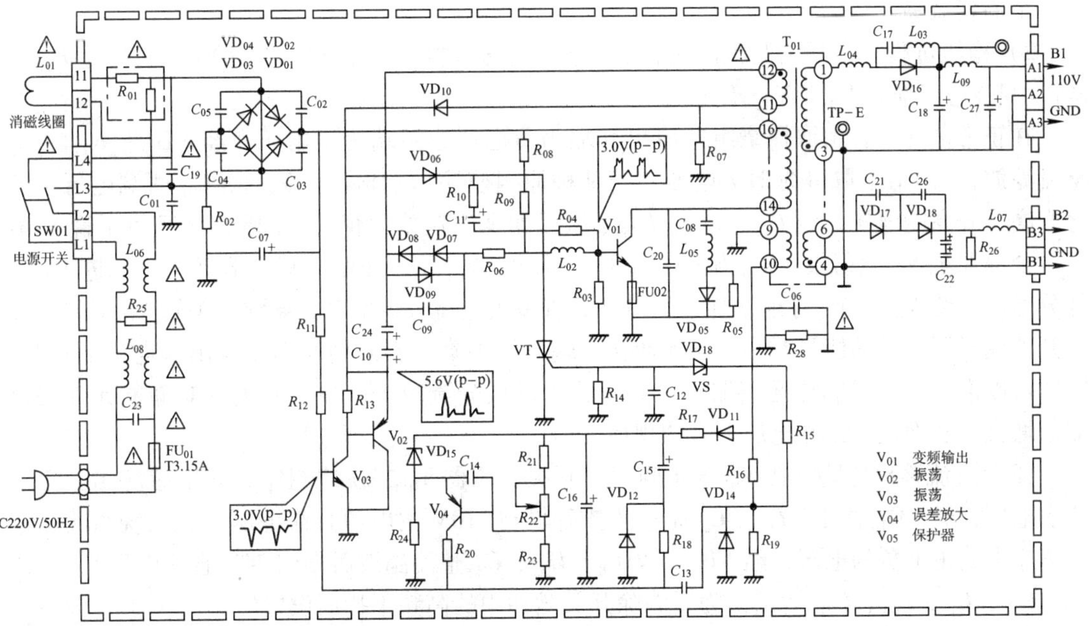

图 9-7　东芝四片机芯彩色电视机开关电源电路

1. 电路的组成

该开关稳压电源由整流滤波部分、开关调整部分、直流输出电路和保护电路组成。另由R_{01}、L_{01}组成消磁电路。

（1）整流滤波部分　220V/50Hz 交流电从插头引入，经熔断器 FU_{01}，两级互感滤波器L_{08}、C_{23}、L_{06}等滤除外来干扰信号（同时也防止开关振荡信号窜入电网）后，送入 VD_{01} ~ VD_{04}进行全波整流，再经 C_{07}滤波后得到 300V 左右的纹波直流电压。

C_{02} ~ C_{05}是为高频信号提供通路，防止高频信号影响整流电路的正常工作而设置的。R_{25}是压敏电阻，用来吸收开机和关机等产生的过电压和浪涌电流，保护整流二极管。

（2）开关调整部分　开关调整部分包括自激振荡电路和取样稳压电路两部分。

自激振荡电路由开关管 V_{01}、R_{08}、R_{09}、R_{04}//L_{02}、开关变压器 T_{01}的启动组⑯、⑭，正反馈绕组⑫、⑪和正反馈网络 VD_{09}//C_{09}、R_{06}等组成。

1）自激振荡的建立过程：300V 左右的直流电压，经启动电阻 R_{08}、R_{09}、R_{04}//L_{02}加至开关管 V_{01}基极，同时经启动绕组⑯、⑭加至 V_{01}的集电极，使 V_{01}导通。因其集电极电流增加，在启动绕组⑯端感应出正电压，⑭端感应出负电压，根据同名端可知，在正反馈绕组上感应出⑫端为正电压，⑪端为负电压。⑫端正电压经正反馈网络 VD_{09}//C_{09}、R_{06}、R_{04}//L_{02}加至 V_{01}基极，强烈的正反馈使 V_{01}饱和。与此同时，⑫端正电压通过正反馈网络对 C_{09}充电，在 C_{09}上形成左正右负的电压，对 V_{01}起反偏作用，当充电使 C_{09}两端电压满足 V_{01}退出饱和条件时，因 V_{01}集电极电流减小，则启动绕组感应出⑯端为负电压，⑭端为正电压，根据同名端，在正反馈绕组上感应出⑫端为负电压，⑪端为正电压。⑫端负电压经正反馈网络 VD_{08}、VD_{07}、R_{06}、R_{04}//L_{02}加至 V_{01}基极，强烈的正反馈使 V_{01}截止。当 C_{09}经 VD_{09}放电和 300V 纹波直流经 R_{08}、R_{09}、R_{06}对 C_{09}反充电，使 V_{01}基极电位升高至导通电平时，V_{01}开始下一个周期振荡。

2）稳压过程：由开关变压器 T_{01}的取样绕组⑨、⑩，比较放大电路 VD_{15}、V_{04}、R_{20} ~ R_{23}，调整稳压部分 V_{03}、V_{02}等组成。

在正常情况下，由取样绕组感应出⑨端为负电压，⑩端为正电压，经 VD_{11}、R_{17}、C_{16}整流滤波，在 C_{16}上取得约 21V 电压。若某种原因使输出端电压升高时，C_{16}两端电压也随之升高，升高的电压，经 R_{21}、R_{22}、R_{23}分压后加至比较放大管 V_{04}基极，又经稳压管 VD_{15}后，全部加至 V_{04}发射极。V_{04}为 PNP 型管，因此，V_{04}导通加剧，其集电极电流流进 V_{03}的部分增加，使 V_{03}和 V_{02}导通期加长，对开关管基极电流分流增多，导致开关管 V_{01}对储能元件开关变压器提供的能量减小，从而使输出端电压下降。若某种原因使输出端电压下降时，同样可以推出 V_{03}、V_{02}导通期缩短，对开关管基极分流减少，导致开关管对储能元件提供能量增大，从而使输出端电压上升的规律。

（3）直流输出电路　在 V_{01}截止期间，开关变压器 T_{01}二次绕组①、③上感应出上正下负的电压，经 VD_{16}整流，L_{09}、C_{27}π 型滤波后得到 110V 主电源直流电压。二次绕组⑥、④上感应出上正下负的电压，经 VD_{17}、VD_{18}、C_{22}、C_{25}整流滤波后得到 24V 直流电压。

C_{17}、L_{03}，L_{04}、C_{21}、C_{26}是为了滤除开关脉冲中的高频干扰而设置的。

（4）保护电路

1）过压保护电路：过压保护电路主要由晶闸管 V_{05}、稳压管 VD_{13}等组成。当电路产生过压时，取样绕组的⑨、⑩端感应出上负下正的电压，经地（GND）、R_{14}和R_{16}、R_{15}加至稳压管 VD_{13}两端，使 VD_{13}击穿导通，触发晶闸管 V_{05}导通，使它的阳极接地。经 R_{09}、R_{04} // L_{02}使 V_{01}因基极电位下降而截止，使电路得到保护。

2）开关管保护电路：接在开关管 V_{01}的集电极与发射极两端的 C_{20}、C_{08}、L_{05}、VD_{05} // R_{05}组成缓冲电路，用以降低反峰电压的幅度，避免因反峰电压过高而使 V_{01}击穿。

2. 电路特点

开关管 V_{01}与输入、输出端并联；启动时没有其他振荡激励；开关管 V_{01}基极没有输入型逆程脉冲，强迫开关管振荡同步，因此该稳压电源属于单端反激式（储能式）开关电源，亦称为并联自激调频型开关电源。

二、GTR 直流斩波器

将直流电源的恒定电压通过电力电子器件的开关作用，变换为可调直流电压的装置称为直流斩波器，亦称直流-直流变换器。直流斩波器具有效率高、体积小、重量轻、成本低等优点，可广泛用于直流牵引调速，如地铁车辆、城市无轨电车和电动汽车等；直流斩波器还广泛用于可调直流开关电源和电池供电的设备中，如通信电源、远程控制器和移动电话等。随着电力电子新器件的不断发展，直流斩波器将更加广泛地应用于工业和家庭生活中。直流斩波器的主控器件可以采用半控型电力电子器件（如晶闸管），也可以采用全控型电力电子器件（如 GTR 等）。

图 9-8 所示为 GTR 组成的直流斩波电路的主电路，它具有电动车辆牵引、能耗回馈和制动功能。电路主要由电力晶体管 GTR（VT）、续流二极管 VD_1、制动回路二极管 VD_2 和串励直流电动机 M 组成。电路中 HL 是霍尔电流检测器件，R_Z 是能耗制动电阻，VT_1 是能耗制动用的快速晶闸管，C_F 是滤波电容，L_F 是滤波电感，L 是电动机的励磁绕组。

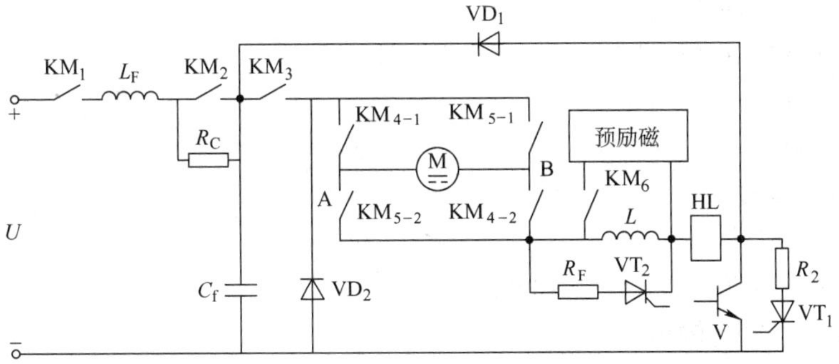

图 9-8　GTR 组成的直流斩波电路的主电路

下面通过分析电动车辆牵引、牵引-制动转换和电制动三种情况说明其工作原理。

1. 牵引过程的工作原理

将接触器触点 KM_1、KM_2、KM_3、KM_{4-1}、KM_{4-2}闭合。当 VT（GTR）导通时，电源 U 通过 $U^+ - KM_1 - KM_2 - KM_3 - KM_{4-1} - M - KM_{4-2} - L - HL - VT - U^-$ 回路向电动机 M 供电，电压极性为左正右负，电动机两端电压 $u_{AB} = U$。当 VT 截止时，电流续流回路为 $M - KM_{4-2} - L - HL - VD_1 - KM_3 - KM_{4-1} - M$，电动机两端电压 $u_{AB} = 0$。控制 VT 的导通和截止

时间，就可以控制电动机两端的平均电压，其平均电压为 $U_{AB}=(\tau/T)U$，τ 为脉宽，T 为周期。由此可见，改变 τ 和 T 就可以调节 U_{AB}，从而改变电动机的转速，达到斩波调速的目的。触发快速晶闸管 VT_2 可进入弱磁运行。在牵引工作时采用恒流控制来获得恒加速度启动。

2. 牵引－制动转换过程的工作原理

VT 截止，电枢电流通过 $M-KM_{4-2}-L-HL-VD_1-KM_3-KM_{4-1}-M$ 回路续流，由于回路中存在的电阻很小，电枢电流很快衰减到零，当 HL 检测到电枢电流为零时，接触器进行切换，KM_3、KM_4 断开，KM_5 闭合，为形成制动回路做好准备，同时 KM_6 闭合，投入预励磁，加快反电动势的产生，一旦反电动势电压建立后 KM_6 自动断开。

3. 电制动过程的工作原理

电制动分为能耗制动和回馈制动，主要根据负载情况而定。

能耗制动：当 VT 导通时，电流通路为 $M-KM_{5-2}-L-HL-VT-VD_2-KM_{5-1}-M$，这一过程是电流不断下降的过程。在 VT 截止的同时触发 VT_1 导通，这时电流不通过 VT 而是通过 VT_1 和 R_Z 形成制动回路，能量消耗在电阻 R_Z 上。

回馈制动：当 VT 导通时，电流通路与能耗制动时相同，这一过程是电流上升贮存能量的过程。而当 VT 截止时，KM_3、KM_4 断开，KM_5 闭合，电流经 $M-KM_{5-2}-L-HL-VD_1-U-VD_2-KM_{5-1}-M$ 形成回路，向电源回馈能量。

第四节　IGBT 的应用

随着全控型器件（目前主要是功率场效应晶体管 MOSFET 与 IGBT）的广泛应用以及脉宽调制技术的成熟，高频开关稳压电源获得了极快发展。下面以 28V/100A 开关电源为例，来说明 IGBT 的主要应用。

该电源的主要技术指标如下：

输入电压：单相 220V ±10%

输出电压：28V

输出电流：100A

电压调整率：≤1%

电流调整率：≤1%

输出纹波：$U_{rms}\leqslant 50mV$、$U_{rp-p}\leqslant 150mV$

效率：≥80%（额定输出）

功率因数：≥0.8

MTBF（平均无故障时间）：≥6000h

一、开关电源主电路的工作原理

28V/100A 开关电源的原理框图如图 9-9 所示，电路由主电路和控制电路两部分组成。主电路由工频整流滤波、功率转换（高频逆变器）、高频整流滤波三部分组成，它实质上是一个交－直－交－直逆变电路。控制部分由脉冲发生器、脉宽调制器（PWM）、驱动电路、误差比较器等部分组成，其核心部分是脉宽调制器。控制部分的任务是控制主电路中功率转换器的开通与关断；根据负载或输出电压的变化及时调整功率转换器的脉冲宽度，达到稳定输出电压的目的；对电路实施过电压与过电流等保护。

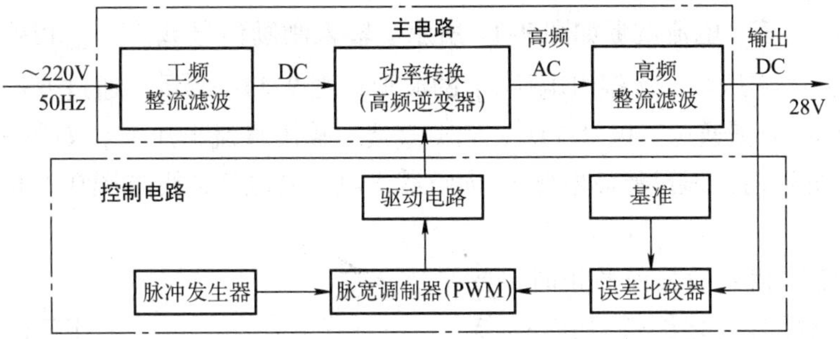

图 9-9　28V/100A 开关电源的原理框图

图 9-10 所示为开关电源的主电路，由图可知这是一个半桥式逆变电路。

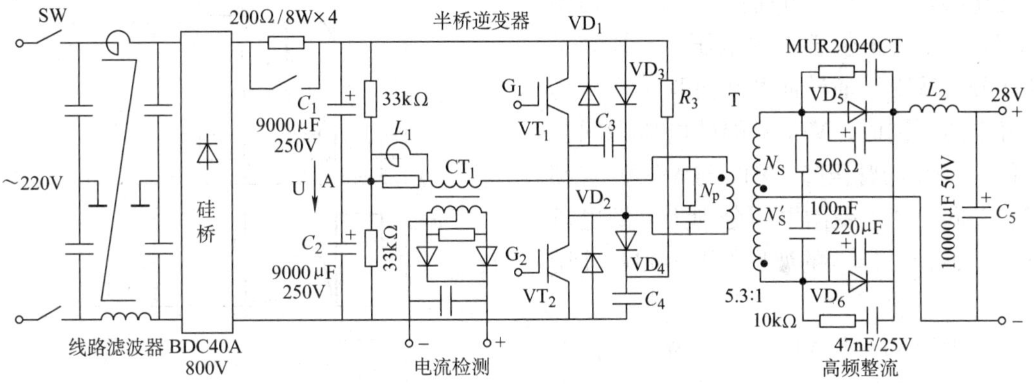

图 9-10　28V/100A 开关电源的主电路

220V 交流输入电压经开关 SW、线路滤波器和硅桥 BDC40A/800V 整流，再经限流电阻（200Ω/8W 并联）和 C_1、C_2 滤波，变换为 280V 左右的直流。半桥式逆变器由 IGBT 管 VT_1、VT_2，电容 C_1、C_2 以及高频变压器 TS 组成，将直流电变换为 20kHz 的正负矩形波高频电压。高频电压经 TS 降压（电压比约为 5.3∶1），送至高频整流、滤波电路得到 28V 的直流输出电压。VD_3、C_3、VD_4、R_3 为 IGBT 的缓冲电路。

当 VT_1 与 VT_2 均截止时，直流电压经 C_1、C_2 分压，电容两端的电压均为 $0.5U$。

当 VT_1 导通时，VT_2 截止，直流电压 U 经 VT_1、高频变压器的一次绕组 N_P 对 C_2 充电，C_1 通过 VT_1 对变压器一次绕组 N_P 放电；当 VT_2 导通时，VT_1 截止，直流电压经 VT_2、变压器一次绕组 N_P 对 C_1 充电，C_2 通过 VT_2 对变压器一次绕组 N_P 放电。可见 VT_1 导通时，电流由下至上流过变压器的一次绕组，VT_2 导通时，电流由上至下流过变压器的一次绕组，流过该绕组的电流是双向的。为避免 VT_1 与 VT_2 “共同导通”，发生直流电压短路的故障，VT_1 与 VT_2 的导通时间必须小于 $(1/2)T$，即通过控制驱动脉冲的占空比，设置“死区”时间 δ，通常占空比的范围为 0.85 ~ 0.9。

二、开关电源的电压、电流波形分析

开关电源的电压、电流波形如图 9-11 所示。输入激励信号 u_{G1}、u_{G2} 相差 180°，使 VT_1 与 VT_2 交替通断。变压器一次绕组电压 u_P 的波形如图 9-11d 所示。通过变压器耦合，次级绕组电压 u_S 和 u'_S 分别通过二极管 VD_5、VD_6 整流，输出直流电压 u'_o，如图 9-11i 所示。当 u_S 使 VD_5 正偏导通时，通过滤波电感 L_2 向负载供电，其电流波形如图 9-11h 所示，此时 L_2 储能。

当 VT_1 因激励信号消失而截止时，变压器漏感储能及部分磁化能量将在 N_P 绕组中产生上正下负与原来相反的感应电势，于是磁能经两路释放：一路是经过 C_2、VD_4 释放，另一路是通过 C_1、U、VD_4 释放，其作用一方面将储能反馈给电源，提高变换器效率；另一方面由于 VD_4 导通使 VT_1 上电压被箝位于电源电压 U，抑制了功率开关管由导通转向截止过程中产生的尖峰电压，同时，VT_2 两端的电压瞬间被箝位于 VD_4 的管压降。VT_1 与 VT_2 两管都截止期间，其承受的电压分别为电源电压的一半，u_{ce1} 与 u_{ce2} 的波形如图 9-11e、f 所示。

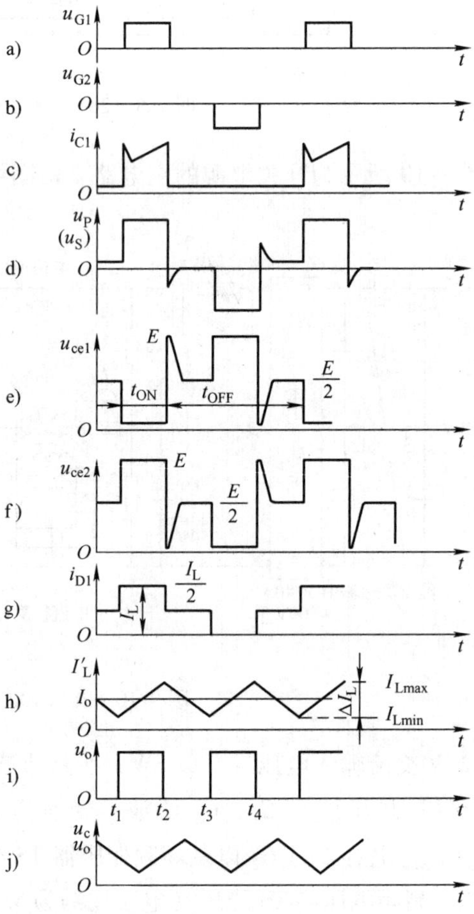

图 9-11　半桥变换电路波形

二极管 VD_5 与 VD_6 轮流工作，经滤波后，负载上得到平滑的电压波形。VD_5 开始导通时，电感上产生左正右负的感应电压。

在 $t_2 \sim t_3$ 期间，u'_o为零，i_L 企图消失，电感上产生右正左负的感应电压，L_2 中的磁能分别通过 VD_5、VD_6、负载释放，负载继续有电流通过，所以 VD_5、VD_6 既是整流二极管又是续流二极管。此时通过 VD_5、VD_6 的电流为负载电流 I_L 的一半。

图 9-11h 所示是电感电流 i_L 的波形，包括直流电流 I_o 及其上叠加的锯齿波电流 ΔI_L。锯齿波电流最大值为 I_{Lmax}，最小值为 I_{Lmin}，在 $t_1 \sim t_2$ 期间 i_L 表达式为 $I_{Lmin}+\frac{U'_S-U_o}{L}t$；在 $t_2 \sim t_3$期间，i_L 表达式为 $I_{Lmax}-\frac{U_o}{L}t$。由图可知，$\Delta I_L=I_{Lmax}-I_{Lmin}$。

显而易见，锯齿上升部分是从电感流向电容 C_5 的充电电流，表明通过电感的电流一方面向负载供电，另一方面给电容器充电。锯齿下降部分则是电容向负载放电的电流，表明电容器向负载供电，以补偿电感电流的不足。滤波电路的工作过程，是电感储能与电容器充放电能量转换的过程。

三、主要元器件的选择与参数

1. IGBT 管的电压、电流计算与选择

（1）IGBT 的电压　交流 220V 电压经桥式整流滤波，加至逆变桥的电压约为 300V，考虑到裕量，通常选用 600V 等级的 IGBT 管。IGBT 模块的电压等级一般为 600V、1200V、1700V 三种。

（2）IGBT 的电流　由于 IGBT 管工作在脉冲调制状态，计算有效电流值较困难，器件的高频开关损耗又与工作频率和缓冲电路等因素有关，工程计算是以实际流过管子的最大峰值电流再考虑两倍左右的裕量来确定管子的电流。在本装置中，输出电流为 100A，高频变压器的电压比为 5.3∶1，变压器一次电流即 IGBT 管峰值电流约为 100A/5.3≈19A，可选 50A 的 IGBT 管。管子的电流容量还与器件的散热条件有关，确定管子的电流时要充分考虑散热条件。本电源采用的 IGBT 是德国西门康公司生产的 SKM50GB123D。

2. 高频变压器铁心材料与高频整流元件的选择

高频变压器的作用是电压变换、功率传递和输入输出隔离。高频变压器对电路的工作状况有十分重要的影响，主要体现在变压器漏感和励磁电流的影响，工作时变压器不能饱和，否则励磁电流会大大增加。选择铁心材料时要考虑高频铁损小、饱和磁密高的导磁材料，如 C 型超微晶磁心或铁氧体材料。绕组采用双绕组并绕中心抽头的工艺结构。

高频整流管必须采用快速恢复开关二极管，如采用普通整流管，由于其关断时有较长的反向恢复时间，会导致输出电压下降、整流管与 IGBT 管发热严重等现象。在本装置中采用美国 MOTOROLA 公司生产的超快速恢复功率二极管，型号为 MUR200 40CT，电流为 200V，电压为 40V，反向恢复时间 $t_{rr}<50ns$。

3. 滤波、软启动与软开关

在电路的输入端接有线路滤波器，其作用一是抑制和吸收电网中可能出现的强脉冲对电源的影响，二是利用线路滤波器良好的共模和差模插入损耗，抑制电源产生的高频干扰信号对电网的影响，实现电源与电网的隔离和减少电源对周围环境的电磁干扰。在本电路的输出端与负载之间亦接有滤波器。

为了防止交流电源合闸时浪涌电流对电容器 C_1、C_2 的冲击并引起整流桥过流，电路中串有合闸限流电阻（200Ω/8W 4 只并联），一般在合闸 500ms 后将电阻短接，电路进入工作状态。在脉宽控制电路中，设计有软启动电路，在电源启动时，使 IGBT 管的驱动脉冲由零逐渐展开，避免起动电流对 IGBT 的冲击。

为了限制 IGBT 管关断时出现的拖尾电流，减小关断损耗，在电路中串有饱和电抗器 L_1，利用 L_1 的阻抗阻止拖尾电流的增大，将电流近似箝位在零值，实现零电流开关。

四、IGBT 管的驱动与控制电路

1. IGBT 的控制电路

控制部分采用 CW494（或 TL495）集成脉宽调制器，它是控制部分的核心。该集成控制器与美国德克萨斯（TEXAS）公司生产的 TL495 功能一致，为双列直插式 16 脚集成电路。CW494 的引脚排列及内部功能框图如图 9-12 所示。

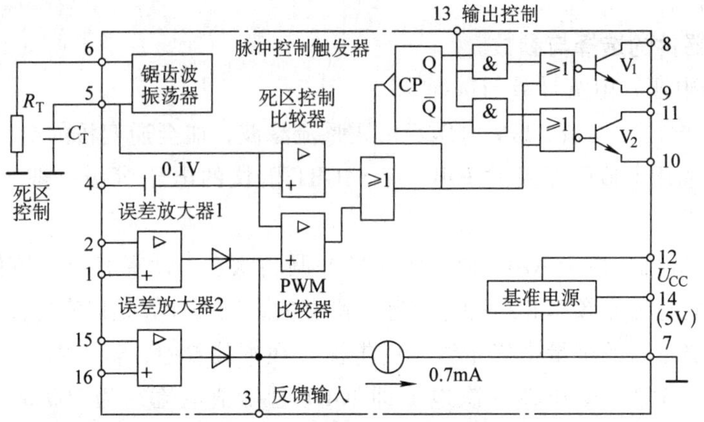

图 9-12　CW494 的引脚排列及内部功能框图

（1）锯齿波振荡器　其振荡频率由 5、6 脚外接 R_T、C_T 参数决定，（$f=1/(R_TC_T)$），对于双端输出，振荡频率应调整为两倍的逆变器频率即 40kHz。

（2）脉宽调制控制　脉宽调制主要由 PWM 比较器实现。比较器输出脉冲经过“或”门送到两个“或非”门，控制两只输出晶体管导通与关断，“或”门输出低电平时，晶体管导通。比较器输出的另一路是将脉冲送至脉冲控制触发器，其输出端 Q、$\overline{Q}$ 通过两只“与”门使两只输出晶体管轮流导通。13 脚是输出方式控制端，高电平时，两晶体管交替通断，适用于半桥和全桥逆变电路；低电平时，触发器封锁，两晶体管同时通断，适用于单端逆变电路，此时两管并联工作，输出驱动电流可达 400mA。

输出端 8、9、11、10 脚有两种连接方式，一种是将 8、11 脚接控制电源，9、10 脚接负载（发射极输出）；另一种是将 9、10 脚接地，8、11 脚经电阻接控制电源，由集电极 8、11 脚输出。

（3）死区时间控制　对于桥式逆变电路，IGBT 从一管关断到另一管导通之间必须留有死区时间，死区时间由死区控制比较器来实现。CW494 的死区时间由 4 脚外接电阻设定，通常设定死区时间约为振荡周期的 5%。

（4）稳压与过电压、过电流保护　稳压和保护功能由两个误差放大器来完成。通常放大器输入“负”端接基准电压，可由 14 脚分压供给；“正”端接开关电源的电压、电流采样信号。当交流输入过电压或欠电压时误差电压增大，封锁逆变桥，实现过电压、欠电压保护。逆变桥输出电流由电流互感器 CT_1 采样，当过电流时，误差电压增大，使逆变输出脉宽变窄，防止电源过电流。当输出直流电压波动时，通过封锁信号及时调整脉冲宽度以稳定输出电压。利用 PWM 控制可实现高精度的稳压和有效保护。CW494 还具有软启动功能。

2. IGBT 的驱动电路

IGBT 的驱动电路如图 9-13 所示。由 CW494（TL495）8、9 和 11、10 脚输出相位差 180°、频率为 20kHz、脉宽可调的驱动信号，经光耦合器或变压器隔离后，再经整形缓冲集成电路 4050 和分立元件功放电路（亦可采用 EXB 等系列集成驱动器），送到 VT_1 的 G、E 脚，驱动信号为正 15V。为了使 VT_1 可靠关断，电路中设置了 2CW5B6 稳压管，使 VT_1 关断时有 -6V 左右的负偏压。VT_2 的驱动电路与 VT_1 的驱动电路相同。

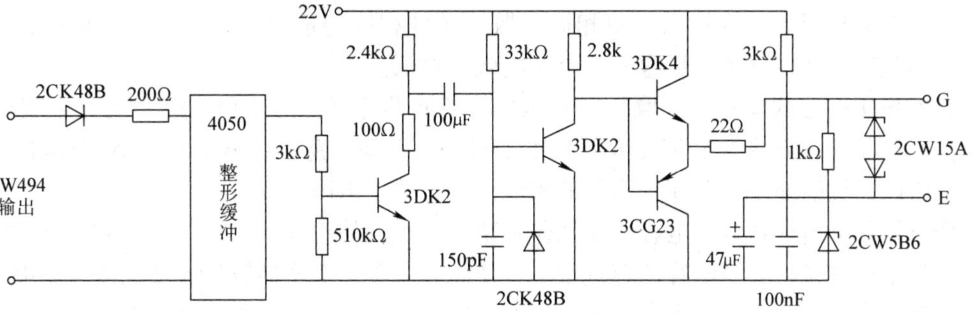

图 9-13　IGBT 的驱动电路

第五节　开关稳压电源的设计

开关稳压电源是电子设备或其他电器的重要组成部分，因为在开关稳压电源电路中，功率半导体器件工作在开关状态，所以称为开关稳压电源。

在开关稳压电源电路中，核心环节是将直流电转换为高频交流电的逆变环节，所以开关稳压电源的设计过程，本质上是逆变电路的设计过程。

开关稳压电路的设计是一项比较复杂的工作，本章主要介绍设计原则、设计方法、设计步骤及有关参数的计算等内容，希望通过设计实践，加深对逆变原理的理解，提高运用理论知识指导实践操作的能力。

一、开关稳压电源的设计原则

1. 主电路的选择

开关稳压电源的主电路，即是第四章中介绍的逆变电路，亦称变换电路。变换电路的形式要根据负载要求和给定的电源电压等技术条件进行选择，重点是合理选择功率开关管和高频变压器，以使电路结构简单经济。

（1）激励方式的选择　激励方式选择的主要依据是电源输出功率的大小。在输出功率较小的情况下，可以采用自激式变换电路；在输出功率较大的情况下，可以采用他励式变换电路。他励式变换电路容易实现自动控制。功率的大小是个相对的概念，没有统一的划分标准，一般将功率小于 100W 的称为小功率，百瓦数量级的称为中功率，千瓦数量级的称为大功率。

（2）电路结构的选择　电路结构选择的主要依据一是电源输出功率的大小，二是电路输入、输出电压的高低。一般在负载要求功率较小，而电路输入电压又较低的情况下，可采用单端变换电路；在负载要求功率较小，而电路输出电压较高时，可采用单端反激式变换电路；在负载要求功率较大而电路输入电压又较低时，可采用推挽式变换电路；在负载要求功率较大，而电路输入电压又较高时，可采用桥式变换电路。

（3）开关频率的选择　开关频率与主电路的工作模式，开关管的类型及发热程度，变压器、滤波器体积的大小，干扰抑制等因素有关，应综合考虑，不能顾此失彼。

目前，对于软开关电源，开关频率通常选在数百千赫以上；对于硬开关电源，开关频率通常选在 20～100kHz 之间。

通常 IGBT 的适宜开关频率范围为 20～40kHz。小功率场效应晶体管 MOSFET 的适宜开关频率在 50kHz 以上。在输出功率相同，散热条件相同的情况下，开关频率愈低，开关器件的发热程度愈高，开关损耗愈大，电源的效率愈低。

开关稳压电源的体积主要取决于变压器、滤波器等器件的体积。由公式 $U=4BS_c fN$ 可知，在变压器电压 U 和磁通密度 B 一定的条件下，频率 f 愈高，铁心尺寸 S_c 及绕组匝数 N 愈小。所以，从以缩小电源体积为目的来说，开关频率愈高愈好。

变压器各绕组存在分布电容，在工作频率不是很高的情况下，分布电容对电路的影响不大。当频率很高时，分布电容的容抗很小，使高频旁路，变换器输出波形变差，影响电路的工作状态。另外，开关频率愈高，干扰抑制等问题也愈复杂。所以，从分布电容的影响和抑制干扰的角度来说，开关频率不能选得太高。

2. 功率器件的选择

这里所说的功率器件，主要是指功率开关管。功率器件选用的主要依据是电源的输出功率、开关频率和主电路的结构形式。通常在负载功率较小的自激式变换中采用电力晶体管（GTR）；在负载功率较小，开关频率较高的变换电路中采用功率场效应晶体管（MOSFET）；在负载功率较大的桥式变换电路中采用 IGBT 或智能模块（IPM）。

3. 控制方式的选择

控制电路的核心是根据反馈控制原理，将期望输出电压信号与实际输出电压信号进行比较，利用两者的误差信号对功率开关器件的导通与关断时间进行比例调节，将实际输出电压维持在期望电压附近。控制方式有脉宽调制（PWM）、脉频调制（PFM）和混合调制等，目前脉宽调制（PWM）控制方式应用较多。能实现 PWM 控制的集成电路有多种，设计控制电路时应根据实际需要选用。

二、开关稳压电源的设计内容与方法

开关稳压电源设计的主要内容是主电路的设计与计算，以主电路的参数为依据，选择恰当的功率开关管、高频变压器及整流、滤波等元器件。对于控制电路来说，通常选用典型的集成控制器，只计算和选取可调元器件，而其他元器件可参照常用电路的经验数值或大致估算来选取。

1. 功率开关管的计算与选用

选择功率开关管时要考虑的主要因素是元器件可能承受的最高反向电压和流过元器件的最大电流。为了叙述方便，下面以电力晶体管（GTR）为例来说明。

（1）功率开关管耐压的选择　加在功率开关管集电极、发射极之间的电压与变换电路的类型有关，见表 4-1。在选择功率开关管的耐压时，不仅要考虑正常时可能承受的最高电压，还要考虑电压波动、干扰尖峰电压等影响，因此，必须留出充分的余量。

在半桥和全桥式变换电路中，功率开关管集电极、发射极间的电压应为最高直流输入电压 U_{max} 与干扰尖峰电压 U_γ 之和，即

$$u_{ce}=U_{max}+U_\gamma \tag{9-1}$$

在无工频变压器的情况下，市电 220V±10% 经整流滤波后，变换电路最高输入电压为

$$U_{max}=\sqrt{2}\times220\times1.1=342\text{V}$$

通常考虑干扰尖峰电压 U_γ 为输入最高直流电压的 (20～30)%，所以，

$$U_\gamma=68\text{V}\sim103\text{V}$$

则
$$u_{ce}=342+(68\sim103)$$
$$=410\sim445\text{V}$$
故应选用耐压450～500V的电力晶体管。

在推挽式变换电路中，功率开关管集电极、发射极间的电压应为两倍最高直流输入电压与干扰尖峰电压之和，即
$$u_{ce}=2U_{max}+U_{\gamma} \tag{9-2}$$
于是
$$U_{max}=2\sqrt{2}\times220\times1.1\times1.2\text{V}\approx820\text{V}$$
故应选用耐压≥850V的电力晶体管。

在单端正激变换电路中，由于能量释放绕组的箝位作用，功率开关管截止时，集电极、发射极间出现的尖峰电压比上述电压略低，因此，
$$u_{ce}=1.1\times2U_{max} \tag{9-3}$$
对于无工频变压器的单端正激变换电路，功率开关管集电极、发射极间承受的电压为：
$$u_{ce}=1.1\times2\times\sqrt{2}\times220\text{V}=682\text{V}$$
故应选耐压≥700V的电力晶体管。

在单端反激变换电路中，由于功率开关管在截止期间，集电极、发射极间承受的反向电压由公式 $U_{ce}=U_i+U_{Pmax}=U_i+\frac{N_P}{N_S}U_{Smax}$ 确定，但变压器一次、二次绕组间漏感产生的尖峰电压较大，应考虑较大的裕量，同时要尽可能减小漏感，通常由下式确定开关管的集电极、发射极间电压
$$u_{ce}=(2.5\sim4)U_i \tag{9-4}$$
对于无工频变压器的单端反激变换电路，功率开关管集电极、发射极间承受的电压为
$$u_{ce}=(2.5\sim4)\times342\text{V}=855\sim1368\text{V}$$
故应选耐压为1000～1200V的电力晶体管。

（2）功率开关管电流的选择　功率开关管电流的选择决定于晶体管的功耗和发热程度，所以通过开关管的电流应小于其极限参数 I_{cm}。功率开关管的集电极电流，应根据负载要求的直流功率、导通的时间及效率来确定。在选择功率开关管时，电路中有些参数，如效率、导通时间、截止时间等尚未确定，对于这些未知量，可以估算或假定。

对于单端反激变换电路
$$I_{cmax}=\frac{2P_i}{U_i}\cdot\frac{T}{t_{ON}}=\frac{2P_o}{\eta U_i}\cdot\frac{T}{t_{ON}} \tag{9-5}$$
或
$$I_{cmax}=\frac{2U_o^2}{\eta U_iR_L}\cdot\frac{1}{\delta} \tag{9-6}$$
式中　δ——占空比；

η——效率；

P_i——电源供给的功率；

P_o——负载得到的功率；

U_i——输入直流电压；

U_o——输出直流电压；

R_L——负载电阻。

在估算时，δ 通常估算为0.5～0.7，η 估算为0.7～0.9。

对于单端正激变换电路

$$I_{cmax}=\frac{P_i}{U_i}\cdot\frac{T}{t_{ON}}=\frac{P_o}{\eta U_i}\cdot\frac{1}{\delta}=\frac{U_oI_o}{\eta U_i}\cdot\frac{1}{\delta} \tag{9-7}$$

对于推挽变换电路

$$I_{cmax}=\frac{P_i}{U_i}=\frac{U_oI_o}{\eta U_i} \tag{9-8}$$

对于全桥变换电路

$$I_{cmax}\frac{P_i}{U_i}=\frac{U_oI_o}{\eta U_i} \tag{9-9}$$

对于半桥变换电路

$$I_{cmax}=\frac{2P_i}{U_i}=\frac{2U_oI_o}{\eta U_i} \tag{9-10}$$

考虑功率开关管导通的占空比，将计算出的 I_{cmax} 增大10%～30%，然后再选择功率开关管，选用增大后的 $I_{cmax}\leqslant I_{CM}$ 的电力晶体管。

上述计算公式适用于自激变换电路和功率不太大的他激变换电路。如果他激变换电路功率较大，则要充分考虑各项损耗，上述式中的 P_i 可用式（9-11）求得

$$P_i=(U_{omax}+U_F+U_i)\cdot I_o/\eta+P_B+P_\gamma \tag{9-11}$$

式中 U_{omax}——负载需要的最大直流电压；

U_F——变压器二次绕组侧整流二极管正向压降，通常为1.2V；

U_i——线路及扼流线圈压降，通常为0.6V；

η——变压器效率，通常取0.9左右；

P_B——功率开关管损耗；

P_γ——功率开关管集电极回路尖峰电压吸收回路的损耗。

选择功率开关管除了耐压与电流外，还希望存储时间短，饱和压降小，开关速度快。同时变换电路中各功率开关管的参数应尽量一致，以保证电路的对称性。

2. 主变压器的设计

主变压器设计的任务是选取变压器铁心，计算绕组匝数，确定导线直径，以及明确相应的工艺要求。

（1）变压器铁心的选取　根据变压器的视在功率（设计容量）确定铁心尺寸，根据变压器工作频率和效率选取铁心材料，两者综合确定铁心型号。

1）双端电路铁心的选取。对于推挽式、半桥式和全桥式等双端变换电路，变压器工作在磁化曲线的第一、三象限。变压器一次绕组在一个周期内的正半周和负半周中，施加的是幅度和导通宽度都相等而方向相反的矩形波电压，磁通的变化如图9-14所示。变压器一次绕组在正、负半周内，励磁电流大小相等，方向相反，直流分量彼此抵消。铁心中的磁通将沿着整个磁滞回线对称地上下移动，周而复始地循环。此类变压器铁心的设计方法，既适用于变换器中的变压器，又适用于普通变压器，而且又是单端电路设计的基础。

由变压器原理可知，变压器功率决定于绕组电压及电流，电流决定绕组导线的直径，导线直径决定绕组的占空体积即决定铁心窗口面积。铁心窗口面积要能放下变压器一次、二次绕组并与铁心有一定的间隙。因此，铁心窗口面积与绕组通过的电流、线径、匝数、电流密

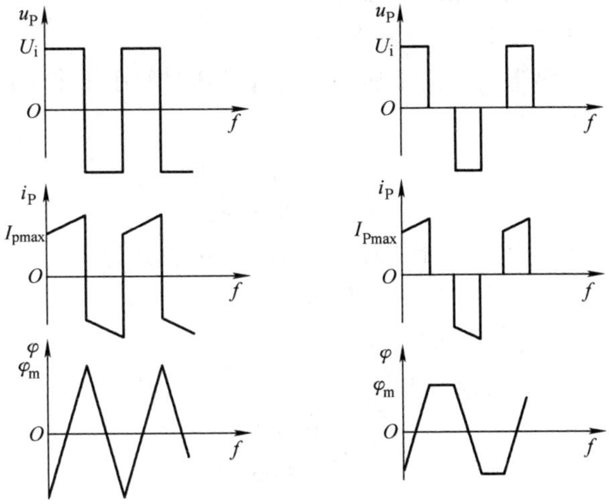

图 9-14　双端电路电压磁通变化规律

度应有下列关系

窗口面积

$$S_0=\frac{2IN\times10^{-2}}{K_0K_C} \tag{9-12}$$

式中　S_0——窗口面积，单位为 cm^2；

I——变压器一次绕组电流；

N——变压器一次绕组匝数；

K_0——导线在铁心窗口中的占空系数，取 0.2 ~ 0.5；

K_C——铁心叠片占空系数，硅钢片取 0.8 ~ 0.9，铁氧体取 1。

一次绕组电流

$$I=\frac{K_0K_CS_0}{2N\times10^{-2}} \tag{9-13}$$

变压器一次侧设计容量

$$\begin{aligned}P_T&=UI=4NfBS_C\times10^{-8}\times\frac{K_0K_C\,jS_0}{2N}\times10^2\\&=2f\,BK_0K_C\,jS_CS_0\times10^{-6}\end{aligned} \tag{9-14}$$

铁心尺寸 $S_C\cdot S_0$（单位为 cm^4）表示为

$$S_C\cdot S_0=\frac{P_T\times10^6}{2fBJK_0K_C} \tag{9-15}$$

式中　S_C——铁心截面积；

S_0——铁心窗口面积；

P_T——变压器一次侧设计容量或计算功率；

f——变压器工作频率；

B——磁感应强度，对于他激电路，为工作磁感应强度，取 $B=(1/3)B_S$(GS)。对于自激电路，为饱和磁感应强度；

J——导线电流密度，取（2~3）A/mm^2。

对于他激双端变换电路来说，由于功率开关管导通时间小于半个周期，所以通常用脉冲宽度 t_{ON} 表示 $S_C \cdot S_0$，则

$$S_C \cdot S_0 = \frac{P_T t_{ON} \times 10^{-6}}{BJK_0 K_C} \tag{9-16}$$

变压器一次侧计算功率 P_T 与二次侧计算功率 P_S 的关系为

$$P_S = \eta P_T \tag{9-17}$$

式中　η——变压器效率，通常取0.8~0.9。

如果用 P_S 表示 $S_C \cdot S_0$，则式（9-15）、式（9-16）分别变为

自激式电路
$$S_C S_0 = \frac{P_S \times 10^{-6}}{2fBj\eta K_C K_0} \tag{9-18}$$

他激式电路
$$S_C S_0 = \frac{P_S t_{ON} \times 10^{-6}}{Bj\eta K_C K_0} \tag{9-19}$$

变压器二次侧功率与负载要求的直流功率、整流滤波电路损耗功率的关系为

$$P_S = P_0 + P_T \tag{9-20}$$

根据负载要求，计算出 P_S 或 P_T，便可求得 $S_C S_0$ 的乘积，然后查阅标准铁心尺寸，分别确定 S_C 及 S_0 的值，再根据 S_C 确定铁心的具体尺寸，根据 S_0 确定窗口尺寸。

工作在开关状态的变压器，要求铁心材料具有较高的磁感应强度，较低的铁心损耗和较高的动态磁导率，通常采用铁镍合金或铁氧体。

2）单端电路铁心的选取。在单端变换电路中，变压器一次绕组在一个周期内施加的是单方向的矩形波电压，励磁电流也是单方向的，所以变压器铁心产生的磁感应强度只沿磁滞回线的第一象限上下移动，如图9-2所示。由图可知，磁感应强度变化量 $\Delta B = B_m - B_r$。在一个周期内，从 Φ_r 变化到 Φ_m，磁通的变化量 $\Delta\Phi = \Phi_m - \Phi_r$，单端电路磁滞回线工作情况如图9-15所示。

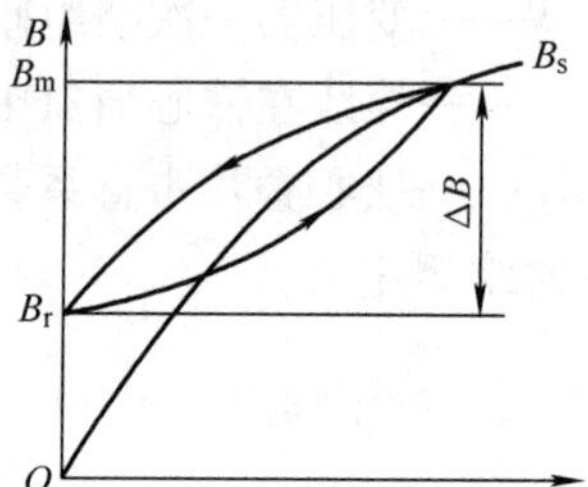

图9-15　单端电路磁滞回线工作情况

双端变换电路磁感应强度变化量为 $2B_m$，单端变换电路磁感应强度变化量为 $\Delta B = B_m - B_r$，由此可推理得出单端变换电路变压器铁心尺寸计算公式

自激式电路
$$S_C S_0 = \frac{P_T \times 10^6}{f\Delta BjK_C K_0} \tag{9-21}$$

他激式电路
$$S_C S_0 = \frac{2P_T t_{ON}}{\Delta BjK_C K_0} \tag{9-22}$$

从单端与双端变换电路变压器尺寸计算公式可以看出，在同样功率的情况下，单端电路变压器的体积比双端电路大。这是因为，单端电路变压器铁心只工作在磁化曲线的一侧，变压器铁心利用率低的缘故。单端变换电路电压磁通变化规律如图9-16所示。

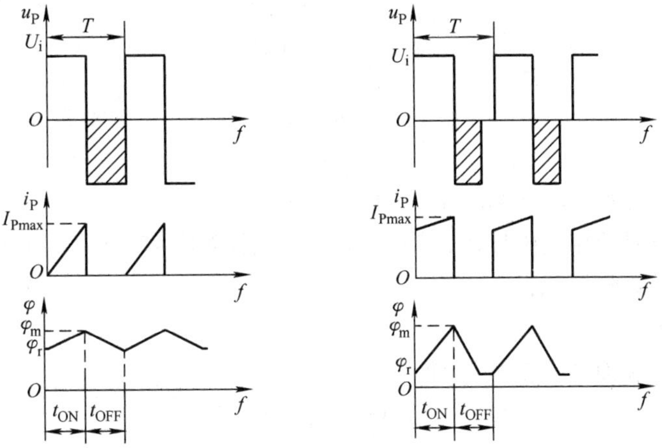

图 9-16　单端变换电路电压磁通变化规律

对于磁滞回线工作在第一象限的变压器，要求铁心材料具有较高的饱和磁感应强度，较低的剩磁感应强度，并要求有较大的有效磁导率和较小的铁损。

（2）绕组匝数的计算　首先根据铁心截面积确定变压器一次绕组的匝数 N_P，然后根据 N_P 确定二次绕组匝数 N_S。

1）一次绕组匝数的计算。对于进行方波转换的高频变压器，其基本设计公式为

$$N_P = \frac{U_i \times 10^8}{4fBS_C} \tag{9-23}$$

式中　N_P——变压器一次绕组匝数；

U_i——施加在一次绕组上的电压幅值；

B——工作磁通密度；

S_C——铁心有效截面积；

f——变压器的工作频率。

此外，还可用导通脉冲宽度来计算

$$N_P = \frac{U_i t_{ON}}{2BS_C} \times 10^2 = \frac{50U_i t_{ON}}{BS_C} \tag{9-24}$$

为了使 N_P 满足变换电路输出最高电压的要求，公式中的直流输入电压 U_i 及导通脉冲宽度 t_{ON} 均应取最大值。

对于半桥式变换电路

$$N_P = \frac{25U_i t_{ON}}{BS_C} \tag{9-25}$$

对于单端反激式变换器，其高频变压器既是变压器又作为储能电感，其设计方法和双端电路的设计方法有所不同。单端反激式变换电路变压器一次绕组匝数为

$$N_P = \sqrt{\frac{L_P l_C}{\mu_0 \mu_e S_C}} \tag{9-26}$$

采用铁氧体铁心时，铁氧体手册通常给出电感系数 A_L（nH/cm²），$1\text{nH/cm}^2 = 10^{-9}$（H/

匝^2），这时只要已知电感量 L_P 之值，便可求出变压器一次绕组的匝数

$$N_P=\sqrt{\frac{L_P}{A_L}\times 10^9} \tag{9-27}$$

电感量
$$L_P=\frac{\mu_0\mu_e N_P^2 S_C}{l_C} \tag{9-28}$$

式中 μ_0——真空磁导率，$\mu_0=4\pi\times10^{-9}$H/cm；

μ_e——铁心材料的相对磁导率，铁氧体的 μ_e 约为 800 ~ 5000，一般可取 1500；

S_C——铁心有效截面积；

l_C——平均磁路长度。

当为防止铁心饱和而留有空气隙时

$$L_P=\frac{0.4\pi N_P^2 S_C\times10^{-8}}{l_\delta+l_C/\mu} \tag{9-29}$$

式中 l_δ——铁心中空气隙的长度。

由式（9-28）或（9-29）计算出的 L_P 值，若大于由式 $L_P=\dfrac{U_i t_{ON}}{I_{Pmax}}$（$L_{Pmax}$ 为一次绕组电流最大值）计算的 L_P 值，则表示所确定的一次绕组符合电感要求，否则应增加一次绕组匝数。

单端正激变换器所用的变压器不像反激式变换电路对变压器有储能要求，但在设计时总是力求其励磁电流只占适当小的比例。由于单端电路变压器磁通仅工作在磁滞回线的一侧，因而要用磁通量的变化和脉冲磁导率来计算，在同样情况下，它比双端电路需要更多的匝数，其设计方法和双端电路相似。

2）二次绕组匝数的计算。变压器一次、二次绕组的匝比为

$$\frac{N_P}{N_S}=\frac{U_i}{U_o}\times\frac{t_{ON}}{t_{OFF}} \tag{9-30}$$

则二次绕组的匝数为

$$N_S=\frac{N_P U_o t_{OFF}}{U_i t_{ON}} \tag{9-31}$$

或
$$N_S=N_P\frac{U_{Smax}}{U_{Pmin}}=N_P\frac{(U_{omax}+U_F+U_r)K_1K_2}{U_{Pmin}} \tag{9-32}$$

式中 U_{Smax}——变压器二次侧最高输出电压；

U_{omax}——负载要求最高直流电压；

U_{Pmin}——变压器一次侧最小输入电压；

U_F、U_r——分别为整流元件及滤波扼流圈直流压降，通常估算为（2 ~ 3）V；

K_1——考虑整流电路影响的增大系数，通常取 1.1 ~ 1.2；

K_2——考虑变压器内阻压降、电路压降的增大系数，通常取 1.2 左右。

如果变压器二次侧有多个绕组，每个绕组的匝数可按同样方法进行计算。

应当指出，在同样功率的情况下，高频变压器的体积比工频变压器的体积小得多，所以设计高频变压器时，窗口占空系数、铁心占空系数等要选择恰当，使绕组能放进铁心窗口中。由于高频变压器体积小，所需铜、铁材料少，即使铁心选得大些，从经济效益来说也无

碍大局。因此，可利用求 N_PS_C 乘积的方法，试选铁心规格，确定 N_P。

双端电路由式（9-23）、式（9-24）求得：

$$N_PS_C=\frac{U_i\times10^8}{4fB} \tag{9-33}$$

或

$$N_PS_C=\frac{50U_it_{ON}}{B} \tag{9-34}$$

同理，单端电路可通过类似的方法求得 N_PS_C 的乘积。

求得 N_PS_C 的乘积后，初选铁心型号，确定铁心有效截面积 S_C 和窗口截面积 S_0 的尺寸，再根据 S_C 计算出 N_P。

$$N_P=\frac{(N_PS_C)}{S_C} \tag{9-35}$$

这种选择铁心的方法比较简单，但在实践中要经过反复验证和综合平衡。

（3）绕组导线截面的计算

1）集肤效应。交变电流在导体中流通时，有沿导体表面流动的特点，这种特点称为电流的集肤效应。由于电流的集肤效应，导线在交流电作用下的实际电阻将比它在直流电作用下要大，相当于导线有效截面积减小。显然，交变的频率越高，电阻的增大也越多。在工频情况下，1cm 线径以下的导线集肤效应现象甚微，只有在大截面导线时才要适当加以注意。PWM 型开关电源的工作频率一般在 20kHz 以上，在选择电流密度和导线线径时必须考虑由于集肤效应引起的有效截面积的减小。

导线通有高频交变电流时，有效截面积的减小可以用穿透深度 Δ 来表征。

Δ 的意义是：由于集肤效应，交变电流由导线表面开始所能到达的径向深度。它所具有的横截面积即为导线的有效截面积。Δ 随电流的交变频率 f、导线的导磁率 μ 以及电导率 r 的不同而异，有以下关系

$$\Delta=\sqrt{\frac{2}{\omega\mu r}}=\sqrt{\frac{2}{2\pi f\mu r}} \tag{9-36}$$

表 9-1 为频率为 1～50kHz 时铜导线的电流穿透深度。

表 9-1　铜导线的电流穿透深度

f/kHz	1	3	5	7	10	13	15	18
Δ/mm	2.089	1.206	0.9346	0.7899	0.6608	0.5796	0.5396	0.4926
f/kHz	20	23	25	30	35	40	45	50
Δ/mm	0.4673	0.4358	0.4180	0.3815	0.3532	0.3304	0.3115	0.2955

显然，在选用高频变压器一次、二次绕组导线线径时，应遵循小于两倍穿透深度的原则。当导线要求的截面积大于由穿透深度决定的最大有效截面积时，应采用小直径的多股导线并绕，二次大电流绕组最好能采用宽而扁的铜带，宽度和变压器铁心窗口的宽度接近，厚度则以穿透深度的两倍来限制。

2）一次、二次绕组电流的计算。变压器一次绕组电流的最大值及有效值分别为

$$I_{Pmax}=\frac{N_S}{N_P}I_{Smax}+I_{\mu} \tag{9-37}$$

式中　I_{μ}——励磁电流，通常为负载电流的10%～30%。

$$I_{p}=\sqrt{\frac{t_{ON}}{T}}I_{Pmax} \tag{9-38}$$

变压器二次绕组电流的最大值及有效值分别为

$$I_{Smax}=I_{o}+I_{omin} \tag{9-39}$$

$$I_{S}=\sqrt{\frac{t_{ON}}{T}}\ (I_{o}+I_{omin}) \tag{9-40}$$

式中　I_{o}——负载电流；

I_{omin}——负载电流，通常为负载电流的2%～2.5%。

3）导线截面积的计算

导线截面积S为

$$S=\frac{I}{J} \tag{9-41}$$

导线直径d为

$$d=\sqrt{\frac{4S}{\pi}}-\sqrt{\frac{4I}{J\pi}}$$

若取$J=2.5\text{A/mm}^2$

则
$$d=0.7\sqrt{I} \tag{9-42}$$

3. 整流、滤波元件的计算与选择

对于直流变换器来说，高频变压器二次侧接整流、滤波电路，其作用是将高频矩形波电压变成符合要求的直流电压。整流电路的主要形式有变压器中点抽头全波整流和桥式整流，前者用于输出低电压、大电流的情况，后者用于输出高电压、小电流的情况。由于中点抽头全波整流电路只用两只整流二极管，与桥式整流电路相比，可以减少二极管的管压降，提高变换器的效率。所以在满足输出电压要求的情况下，多数采用中点抽头全波整流电路。

由于变换器有滤波电路，所以通过整流管的电流要考虑电感电流的影响。对于不同的滤波电路，整流管的选择方法不同。

在单端反激变换电路中，通过整流管的电流等于负载电流与滤波电容器充电电流之和，它即是通过变压器一次绕组的电流。因此，通过整流管的最大电流由下式确定

$$I_{D}=\frac{t_{OFF}U_{o}}{L_{S}} \tag{9-43}$$

式中　L_{S}——滤波电感。

在双端变换电路中，通过整流管的电流等于负载电流与滤波电感电流的最大值与死负载电流之和，其值由下式确定

$$I_{D}=I_{o}+I_{omin}+\frac{U_{S}+U_{o}}{2L}t_{ON} \tag{9-44}$$

为简便起见，在滤波电感尚未确定之前，通过整流管的电流可按（1.1～1.2）I_{o}来考虑。

在双端逆变全波整流电路中，如果变换器功率很小，且采用电容滤波，则不存在电感续流影响。因此，通过整流管的电流，可按平均电流增大20%～30%的裕量考虑，即I_{D}'

$$I_D' = \frac{I_D}{2} \times (1.2 \sim 1.3) \tag{9-45}$$

根据上述各式计算出 I_D 后，选用 $I_D \leqslant I_{FM}$ 的整流二极管。

加在整流二极管上反向峰值电压为变压器二次侧电压最大值的两倍，再考虑瞬间冲击电压的影响，需增加30%的裕量。在实际应用中，若变压器输出电压不高（几伏或几十伏），则不必详细计算，按负载电压的3.5～4倍选择整流二极管的耐压。

为了提高二极管的开关速度，减小其开关损耗，应选用反向恢复电流小，反向恢复时间短的开关二极管。

在自激变换电路中采用电容滤波时，电容器的容量可由经验公式（9-46）确定

$$C \geqslant \frac{10P_o}{U_o^2} t_{ON} \tag{9-46}$$

在他激变换电路中采用电感、电容滤波时，要分别确定电感与电容的值。

为使变换器在空载状态下能够工作，电感续流的电流值要满足负载电流的要求，电流愈小，电感量愈大。显然，从电流连续性来说，电感愈大愈好，但电感太大时其体积增大，变换器效率降低，所以要以临界电感为限度。临界电感由下式确定

$$L = \frac{U_S - U_o}{2I_{omin}} t_{ON} \tag{9-47}$$

或

$$L = \frac{(U_S - U_o)\ U_o T}{4I_{omin} U_S} \tag{9-48}$$

实际电感量要大于（1.2～1.5）倍的临界电感值。

滤波电容可由式（9-49）确定

$$C = \frac{LI_L^2}{U_{omin}^2 - U_o^2} \tag{9-49}$$

在设计电路时，电容量按经验数值选取较为方便。一般为每安培输出电流取电容量500～1000μF。

选择滤波元件时，一般来说只要能满足脉动要求，采用较大的 L、较小的 C 或采用较小的 L、较大的 C 均可，但在实际中需考虑输出电压冲击值及变换器的动态响应特性，电感量愈大，冲击值愈大，动态响应愈差，所以多采用较小的 L、较大的 C。

由于电容器在高频状态下工作时，具有等效串联电阻、容抗和感抗，脉动电流在等效串联电阻上产生压降，影响了电容滤波效果。容抗随着频率的升高而降低，感抗随着频率的升高而增大。所以当变换器工作频率较高时，应将电容量计算结果增大2～10倍，并在实际调测中加以修正。在同样的电容量下，为减小等效串联电阻和感抗影响，采用多个小电容并联的效果更好。

三、开关稳压电源的设计实例

开关稳压电源设计的步骤，一般是确定电路的结构形式和工作频率、选择功率开关元件、变压器计算、整流滤波元件的计算与选择等。对于不同的变换器来说，设计要求和设计内容基本相同。这里以半桥式变换电路为例，说明电路的设计过程。

1. 电路结构形式与频率的选择

（1）主电路的选择　因为变换电路的输入电压较高，输出功率较大，不适于选用单端电路，半桥式变换电路具有卓越的抗不平衡能力，开关管承受的反向电压较低（近似等于电源电压 E），电路的可靠性较全桥电路好，所以主电路采用半桥式变换电路。

（2）控制电路的选择　因为TL494集成控制器保护性能完备，外围元器件少，安装调试简单，应用参考资料容易查找，所以采用该集成电路作为本变换电路的控制器。

（3）驱动电路的选择　为简化驱动电路的设计程序，提高电路的驱动效果，建议采用专用驱动集成电路EXB841为驱动器。

（4）主电路开关频率的确定　为了防止开关噪声对人的伤害，减小电源的体积和重量，开关频率取普遍采用的20kHz。

（5）功率开关的选择　为了减少开关管的驱动功率，又可适当降低开关损耗，提高电路效率，采用VMOS管为开关器件。

（6）变压器铁心的确定　为了降低高频变压器的损耗，铁心采用高频损耗小的铁氧体材料。另外，环形铁氧体的漏感小，有利于降低电路的漏抗干扰，所以采用环形铁氧体为高频变压器的铁心。

2. 半桥式变换电路稳压电源电路

半桥式变换电路稳压电源电路如图9-17所示。

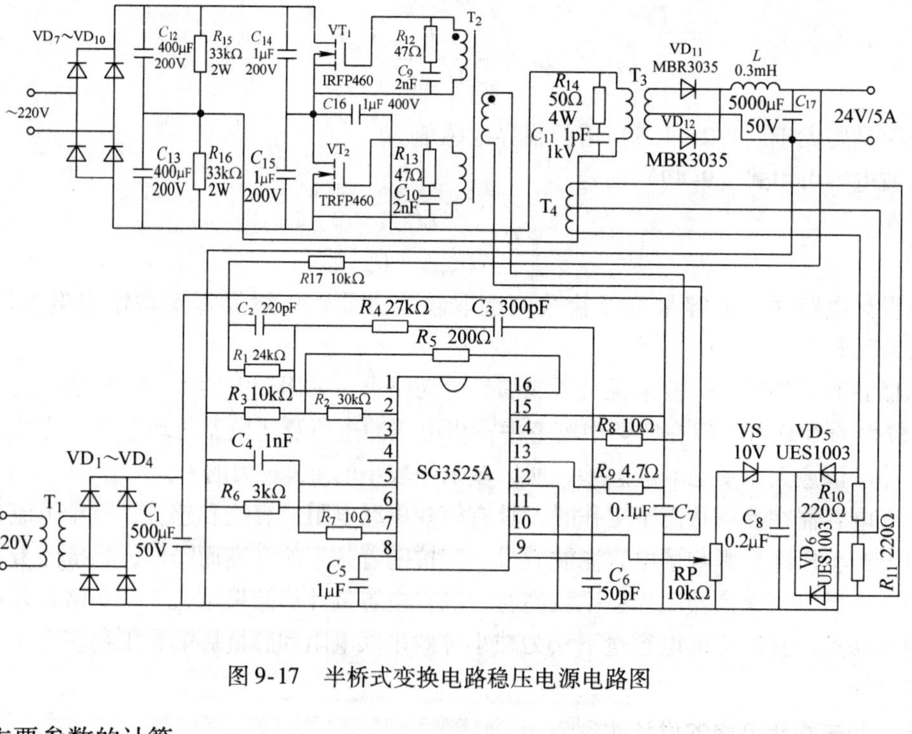

图9-17　半桥式变换电路稳压电源电路图

3. 主要参数的计算

（1）VMOS开关的参数选择　变换电路输入最高电势为

$$E_{\max} = \sqrt{2} \times 220 \times 1.1\text{V} = 342\text{V}$$

通常考虑干扰尖峰电压 U_r 为输入最高直流电压的20%～30%，所以

$$U_r = 68 \sim 103\text{V}$$

则 $$u_{DS} = 342\text{V} + (68 \sim 103)\text{V} = 410 \sim 445\text{V}$$

选用耐压450V或500V的VMOS管。

此稳压电源的最大输出为24V/5A，输出功率为120W，变压器的效率若取75%，则变压器一次功率为120W＋120W×25%＝150W。变压器一次电流为150W(342V/2)＝0.9A，考虑尖峰电流的影响，再增大10%，取电流为1A的VMOS管。

查功率场效应晶体管手册，选型号为IRFP460（4A/600V）的管子。

（2）变压器铁心尺寸的计算　铁心尺寸由下式计算

$$S_C S_0 = \frac{P_S t_{ON}}{Bj\eta K_C K_0}$$

此处磁通密度取 $B = 1000\text{GS}$，取 $P_S = 1.05P_0$，$t_{ON} = 20\mu\text{S}$，则

$$S_C S_0 = \frac{P_S t_{ON}}{Bj\eta K_C K_0} = \frac{1.05 P_o t_{ON}}{Bj\eta K_C K_0} = \frac{1.05 \times 120 \times 20}{1000 \times 3 \times 0.9 \times 1 \times 0.3}\text{cm}^4 = 3.1\text{cm}^4$$

选环形铁心TX36/23/15，铁心截面 $S_C = 0.975\text{cm}^2$，窗口截面 $S_0 = 4.15\text{cm}^2$，$S_C S_0 = 0.975 \times 4.15 = 4\text{cm}^4$，大于计算的 3.1cm^4，可以满足要求。

（3）绕组的计算　用导通脉冲宽度来计算一次绕组的匝数，其式为

$$N_P = \frac{U_i t_{ON}}{2BS_C} \times 10^2$$

式中　U_i—— 输入电压的最小值。对于交流220V输入电压，其直流电压平均值约为

$$U_i = 220 \times 0.9 \times 1.3\text{V} = 257.4\text{V} \approx 260\text{V}$$

在半桥电路中，变压器两端的电压为 $U_i/2$，

一次绕组匝数：$N_P = \dfrac{U_i t_{ON}}{2BS_C} \times 10^2 = \dfrac{130 \times 20}{2 \times 1000 \times 0.975} \times 10^2 = 133$ 匝

二次绕组匝数用下式计算

$$N_S = \frac{N_P(U_{omax} + U_F + U_L)K_1 K_2}{U_{Pmin}}\text{匝}$$

$$N_S = \frac{N_P(U_{omax} + U_F + U_L)K_1 K_2}{U_{Pmin}} = \frac{133 \times (24.48 + 2 + 2.5) \times 1.1 \times 1.2}{130} = 39$$

（4）电流的计算

变压器二次侧负载电流最大值：$I_{Smax} = I_o + I_{omin} = 5 + 5 \times 2\% = 5.1\text{A}$

变压器二次侧电流折合到初级的最大值：

$$I'_{Pmax} = \frac{N_S}{N_P} I_{Smax} = \frac{39 \times 5.1}{133}\text{A} = 1.5\text{A}$$

设励磁电流 $I_u = 0.2\text{A}$

一次侧电流最大值 $I_{Pmax} = I'_{Pmax} + I_u = (1.5 + 0.2)\text{A} = 1.7\text{A}$

一次侧电流有效值 $I_P = \sqrt{\dfrac{t_{ON}}{T}} I_{Pmax} = \sqrt{\dfrac{20}{50}} \times 1.7\text{A} = 1.1\text{A}$

（5）导线的选择

一次绕组导线：选用导线 $\phi0.72$，电流密度取 $3A/mm^2$ 时，导线额定电流为 1.222A，大于一次侧电流有效值 1.1A。

二次绕组导线：选用导线 $\phi0.86$，电流密度取 $3A/mm^2$ 时，导线额定电流为 1.743A，用 3 股并绕，额定电流为 5.229A，大于二次侧电流最大值 5.1A。

（6）滤波电容 C_{12}、C_{13}和 C_{17}的取值　滤波电容可以根据纹波要求及滤波电感值计算，但比较麻烦。为了简便起见，可按 1000μF/A 的经验数据选取电容器。本设计中变压器一次绕组电流为 1.1A，即 $C_{12}=C_{13}=1000\mu F$，可选取 2000μF/200V 高频电容两只，串联使用；负载电流为 5A，故选 $C_{17}=5000\mu F/50V$ 高频电容一只。

（7）滤波电感的计算　为了使输出电流连续及减小通过整流管的尖峰电流影响，滤波电感不得小于临界电感。临界电感应该在输入电压最高、负载电流最小的情况下由下式计算

$$L'=\frac{(U_S-U_o)t_{ON}}{2I_{omin}}$$

输入电压最高时，U_S 为

$$U_S=\frac{N_S}{N_P}E=\frac{39}{133}\times342V=100.29V$$

临界电感为

$$L'=\frac{(U_S-U_o)t_{ON}}{2I_{omin}}=\frac{(100.29-24)\times20\times10^{-6}}{2\times1}mH=0.76mH$$

滤波电感取值为临界电感的 1.4 倍，即

$$L=1.4L'=1.4\times0.76mH=1.064mH$$

（8）验证噪声电压　本设计要求输出噪声电压小于 2.5mV，按上述方法选择的 L、C 之值能否满足噪声要求，可用下式计算

$$\Delta U_0=\frac{U_0t_{OFF}}{16fLC}$$

式中，f、t_{OFF}应按整流输出测波形的频率计算，即

$$\Delta U_0=\frac{24\times12.5\times10^{-6}}{16\times40\times10^3\times1.064\times10^{-3}\times5000\times10^{-6}}V\approx0.1mV<0.25mV$$

核算表明，初选的 L、C 之值，可以满足噪声（纹波）要求。

（9）关于其他参数的计算　为了节省教学和设计时间，其他参数可按图纸给定的数值直接选用。

4. 设计总结报告要求

1）关于电源设计的有关说明（如：变压器绕制工艺、装配工艺等）。

2）设计体会。

第六节　电力电子技术实训课题

电力电子技术是与生产应用紧密结合的技术，要做好理论与生产实际的结合，实现元器件、电路、应用三者的统一。这里安排了 7 个实训课题，划分为三个单元。从识图能力训练入手，提高识图水平；通过对电路的安装、调试及波形分析，进一步理解电路的工作原理和

元器件在电路中的工作规律，培养基本实践的能力；通过电路的设计和动手搭接，培养综合应用的能力。

实训一　电子电路图的识读方法

电子电路图也称作电原理图、电子线路图，是用连线将有关元器件的符号连接起来，用以表达电路功能、特点及工作原理的电路图。所谓电路图的识读，即是根据各个符号所表达的意义及其相应连接关系，分析电路所描述的功能、特点及工作原理，掌握电路的全部信息。识读电路图是从事电子技术工作的基本技能之一，只有读懂电路图，才能了解并掌握电路的工作原理及工作过程，才能对电路进行测试、维修或改进。

一、电子电路图的类型

电路图的种类很多，主要有系统框图、电路原理图、安装配线图和印制电路板图。

1. 系统框图

系统框图也称原理框图，是用符号或带注释的方框概略地表示电路系统的基本组成、相互关系及主要特征的简图。系统框图是电路设计的基础，也是分析、识读电路的依据。

2. 电路原理图

电路原理图是按标准的图形符号按工作顺序绘制，用以表述电路全部信息，而不考虑元器件实际位置、形状与大小的一种工程图。电路原理图为我们详细理解电路、仪器设备或成套装置及其组成部分的连接关系、工作原理、工作特征、电路测试和寻找故障提供了准确的信息，也是编制接线图和设计印制电路板图的依据，是必不可少的重要技术文件。

3. 安装配线图（表）

安装配线图也称接线图，是用来表示电子产品各个项目（元器件、组件、设备等）之间的连接关系以及相对位置的一种工程工艺图。它是在电路原理图的基础上绘制出来的，是进行整机装配、维修不可缺少的重要技术文件。

将接线图的全部内容改用简表的形式表示出来，就成了接线表。接线图和接线表是表达相同内容的两种不同形式，两者的功能完全相同。接线图和接线表既可单独使用，也可组合在一起使用。一般以接线图为主，接线表作为补充。

根据表达对象和用途不同，接线图（表）分为单元接线图（表）、互连线接线图（表）、端子接线图（表）和电缆配置图（表）4类。

4. 印制电路板图

印制电路板图是表示各种元器件和结构件等与印制电路板连接关系的图样，是装配与焊接用的一种工艺图。印制电路板图又分为印制电路板零件图和印制电路板装配图两类。

二、电子电路图识读的基本方法与步骤

不同技术能力的人有不同的读图能力和不同的读图习惯，下面介绍部分常用的读图方法。

1. 识读电子电路图应掌握的基本知识

（1）要具有一定的电工技术和电子技术基础　电路图是根据应用需要，运用“电工学”和“电子技术”的原理及相关知识，依据绘图规范绘制而成的，图中的每一个符号、每一条直线、每一个点都代表着一定的确定意义，代表着用以交流的工程语言，是“电工学”和电子技术某种原理在图中的体现和运用。要读懂电路图，就要在相关理论知识的指导下，运用这些工程语言，对电路图进行分析，达到明确电路用途、清楚电路原理的目的。

（2）要熟悉常用电子元器件的图形符号　由于电路中的电子元器件是用不同的图形符号表示的，所以要读懂电路图，首先要明确电路中各种图形符号所代表的电子元器件。

（3）要熟悉常用电子元器件的用途、性能、规格和型号　各种基本单元电路大都是由常用电子元器件组成的，通过对组成单元电路元器件的功能分析，大致可以明确该电路的工作原理和作用。

2. 识读电路图的一般方法

（1）弄清用途，化繁为简　在大多数电路图中都注有“×××电路原理图”的字样，这个简单的标注即表明了电路的用途。对于没有用途标注的电路图，可以根据图中负载的类型，大致判断出电路的用途。

基本明确电路的用途后，即可着手对电路进行具体分析。首先分析电路的组成特点，把电路分成若干个基本单元，再用框图和箭头把各个基本单元电路及相互之间的联系表示出来。这样就可以通过对各个框图的作用和工作原理的分析，大致明确电路整体的工作过程，达到化繁为简的目的。

（2）抓住两头，找出电源　抓住两头是指抓住电路的输入、输出两端，分析信号输入、输出的路径和输出控制的对象。抓住了两头如同抓住了电路的主要脉络，电路的工作过程就逐渐清晰起来。找出电源一是指搞清电源的类型，二是指电压和电流的送达方向、部位，这是电路的另一条脉络。找出了这两条主要的脉络，电路的总体流程就显现了出来，为进一步分析电路工作原理奠定了基础。

（3）抓住核心元件，重点分析　每一个电路甚至每一个单元电路，必然有一个或几个起核心作用的元件，如集成电路、晶体管或变压器等。分析它们在电路中所起的作用，由局部扩展到电路整体，电路的工作概况便有了基本的认识。

随着集成电路的大量应用，电路的构成趋向简单化，功能和原理更加简洁明了，为电路分析带来了极大的便利。通过查阅集成电路手册不仅可以了解集成电路的功能，还可以了解各引脚的功能。将集成电路和各引脚的功能与要识读的电路相对照，可以迅速读懂电路。

（4）分清主次，重点分析　分清主次即是分清主电路与辅助电路。主电路体现的是电路的整体工作过程和功能。明确了主电路的电路结构和工作过程，电路分析就有了基本的把握。辅助电路的组成往往包含有控制电路、驱动电路、保护电路等，比主电路复杂。可以通过分析辅助电路与主电路之间的连接关系、控制关系，明确辅助电路的作用；通过对各部分辅助电路之间相互关系的分析，明确辅助电路相互之间的作用与影响。

（5）由局部到整体，进行综合分析　在基本明确各个单元电路工作原理的基础上，将各个基本电路联系起来，进行整体分析。分析电路由输入到输出的完整工作过程，必要时还要画出电路的工作波形，搞清楚各部分电路信号的波形以及时间顺序上的相互关系。

因为各个电路的复杂程度、结构特点、采用的元器件各不相同，所以上述的读图方法不是唯一的，只是一个基本指导思路，分析的顺序也可以颠倒，工程人员在读图时，完全可以根据具体情况灵活运用，只要能将电路图读懂就行。

为便于记忆和指导读图，将读图方法概括成口诀：“化整为零，找出通路，跟踪信号，分析功能”。

三、分析图 9-18 所示的电路图

1. 初步观察标注

根据图中的标注可知，这是一个长虹牌 C2141 型彩色电视机开关电源电路。

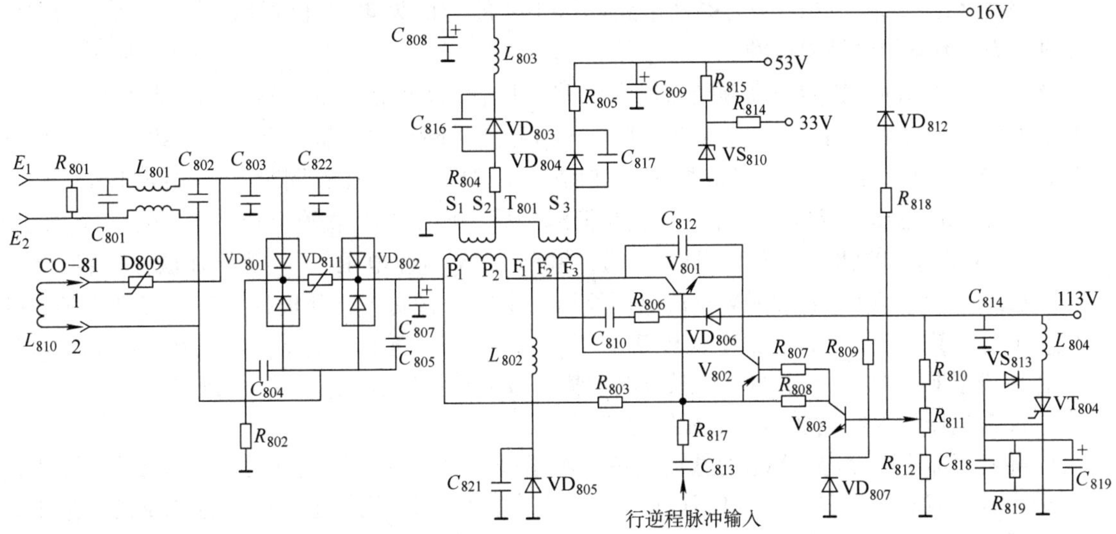

图 9-18　长虹牌 C2141 型彩色电视机开关电源电路

2. 分析电路组成

根据电路的组成可以将电路分成主电路、自激振荡电路、稳压电路和保护电路 4 大部分。画出如图 9-19 所示框图。

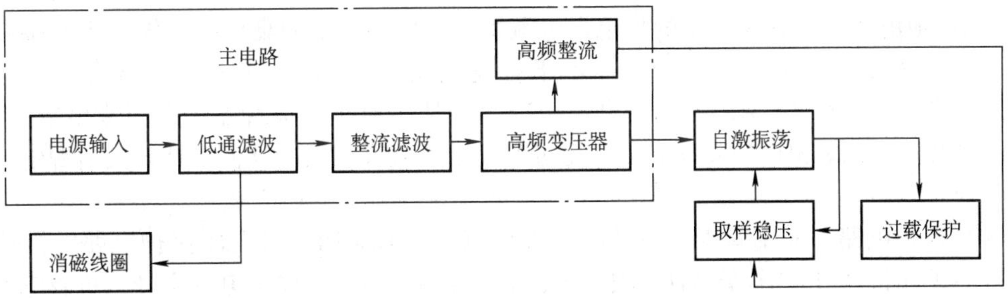

图 9-19　彩色电视机开关电源电路框图

主电路由低通滤波电路、工频整流滤波电路、开关管、高频变压器和高频整流部分组成。由逆变器的原理可知，主电路是一个交→直→交→直的变换电路。

由电路图 9-18 所示可以确定晶体管 V801 为主开关管，以它为核心元件组成自激振荡电路。

3. 分析电路

按图 9-19 所示电路框图分析电路。

（1）主电路

1）电源输入、低通滤波、工频整流滤波电路。220V 交流电进入由 R_{801}、C_{801}、L_{801}、C_{802}组成的低通滤波器后，送至 VD_{801}、VD_{802}构成的桥式整流器进行整流，并经 C_{807}滤波后输出 300V 左右的直流电压。

图中C_{803}、C_{804}、C_{805}是为提高电路的抗干扰能力而设置的高频滤波电容。R_{802}为限流电阻。L_{810}为显像管消磁线圈。

2）高频脉冲变压器与高频整流输出电路。T_{801}是高频脉冲变压器，V_{801}是功率晶体管。V_{801}由导通转为截止时，T_{801}二次绕组释放V_{801}导通时储存的能量，在二次绕组S_1、S_3两端输出的脉冲电压，经VD_{804}、C_{809}整流滤波后输出53V直流电压；同时，二次绕组S_1、S_2两端输出的脉冲电压经VD_{803}、L_{803}、C_{808}整流滤波后，输出16V直流电压。V_{801}截止时，绕组F_1、F_3两端输出的脉冲电压使VD_{805}导通，输出113V直流电压。C_{814}为高压滤波电容。

（2）自激振荡电路　300V直流电压经启动电阻R_{803}向V_{801}基极提供正向偏置电流，使V_{801}导通。于是流过V_{801}的集电极电流使T_{801}的P_1、P_2绕组产生感应电动势，通过T_{801}耦合，在绕组F_2、F_3上产生相应的感应电动势，该电动势经过C_{810}、R_{806}加到V_{801}的基极，这个正反馈电压使V_{801}迅速达到饱和导通状态。

随着C_{810}不断充电，V_{801}的基极电位逐渐下降，当下降到不能满足其饱和条件时，V_{801}便进入放大状态，因其集电极电流减小，在T_{801}的F_2、F_3绕组上产生极性相反的感应电动势，通过C_{810}、R_{806}耦合到V_{801}基极，使V_{801}进入截止状态。随后，C_{810}经T_{801}的F_2、F_3绕组、VD_{806}、R_{806}放电。当C_{810}上的电压降到一定程度时，300V直流电压经启动电阻R_{803}又使V_{801}导通，重复上述过程，电路形成了自激振荡。

（3）稳压电路　稳压电路由电阻R_{810}、R_{812}、电位器R_{811}、晶体管V_{803}、V_{802}和稳压管VS_{807}组成。R_{810}、R_{812}和电位器R_{811}组成取样电路，V_{803}为取样放大管，V_{802}为脉宽调制管。

当某种原因使开关电源输出电压升高时，经R_{811}获得的取样电压也正比升高，使V_{803}的基极电压升高。由于V_{803}的发射极电压被VS_{807}稳定不变，故V_{803}集电极电流变大，导致V_{803}的集电极电压降低，使V_{802}的集电极电流增大。由于V_{802}的集电极与发射极并接在V_{801}的b～e结上，故可将其看成一个可变的下偏置电阻，对V_{801}的基极电流起分流作用。当V_{802}集电极电流增大时，V_{801}的基极电流便减小，其导通时间也就缩短，使输出电压降低。反之，当开关电源输出电压降低时，稳压过程与上述过程相反，从而保持开关电源输出电压基本不变。

（4）保护电路　晶闸管V_{804}和L_{804}、R_{819}、C_{818}、C_{819}构成过电压保护电路。当输出电压超过140V时，稳压二极管VD_{813}被击穿，V_{804}触发导通，使输出电压剧降，负载电路得到保护。L_{804}、C_{818}、C_{819}为抗干扰元件，以免V_{804}发生误动作。

保护电路的另一路是由VD_{812}与R_{818}组成的16V保护电路。由于VD_{812}与R_{818}连接在16V电压输出端与V_{803}的基极之间，电路正常时，VD_{812}两端电压约为10.5V，VD_{812}不导通，对电路工作状态无影响。当113V输出电压被短路或其负载过重时，113V电压会降低。由于稳压电路的控制作用，使V_{801}的导通时间延长，而导致16V电压升高。当VD_{812}两端电压为13.5V时，VD_{812}导通，将高于16V的电压加在V_{803}的基极上，由V_{803}控制V_{802}，V_{802}又使V_{801}导通时间缩短，从而起到了过载保护的作用。

由上述分析可以看出，这是一个单端储能式自激开关稳压电源。由于开关管V_{801}与开关变压器T_{801}一次绕组和电源的负载相串联，所以又是串联式开关稳压电源。

实训二　晶闸管触发电路的安装与调试

一、实训目的

1. 能正确分析触发电路的工作原理，能按要求实施正确的安装与焊接。

2. 能正确使用万用表和示波器，能按要求对电路进行调试。

二、实训电路

晶闸管的触发电路如图 9-20 所示。

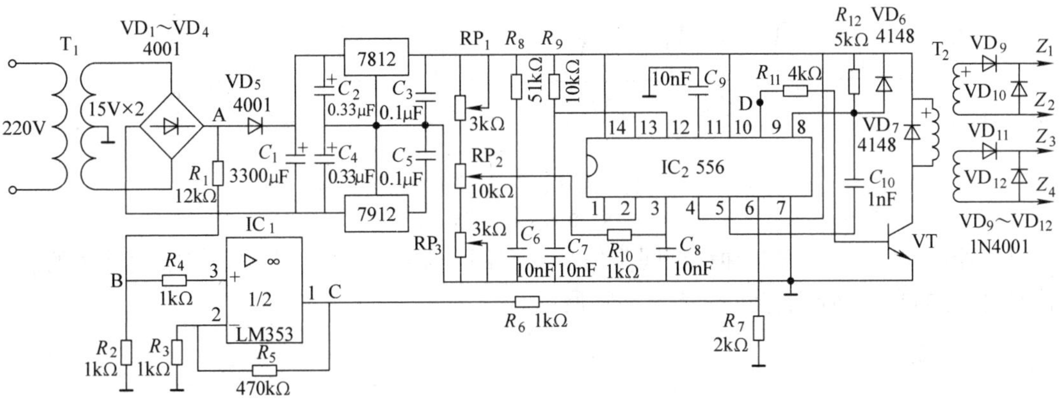

图 9-20　晶闸管的触发电路

三、实训器材

1. 双踪示波器 1 台。
2. 万用表 1 只。
3. 通用实验板或面包板 1 块。
4. 电烙铁、斜口钳、镊子等装配工具 1 套。
5. 图 9-20 中所用的相关电子元器件 1 套。

四、实训过程

1. 按照实训一介绍的读图方法，分析图 9-20 所示电路的工作原理；分析 A、B、C、D 四点的波形。

2. 在通用实验板或面包板上按图 9-20 所示完成电路连接，并进行认真检查。确认没有短路、错装等故障后，方可接通电源。接通电源后如果有发热、冒烟等异常现象，应立即断开电源，排除故障后再重新通电。

3. 用万用表测试 7812、7912 的输出电压、运放 LM353 的 4、8 脚电压、556 的 14 脚电压是否正常。7912 的输出电压和 LM353 第 4 脚电压为 −12V，其余电压均为 12V。如有电压异常，应断开电源，排除故障后再重新通电。

4. 用示波器分别观察测试点 A、B、C、D 四点的波形，读出各点的电位值。A、B、C、D 四点的波形如图 9-21 所示。如果某点的波形不正确，应查找原因，排除故障后，再重新观察。

5. 用示波器的一只探头测试电路的 Z_1、Z_2 两端，检查电路是否有触发脉冲输出。如果没有触发脉冲输出，应检查 VT 基极至 Z_1 这部分电路。检查 VT 是否良好，二极管是否接反，变压器 T_2 是否断线，各接点是否有开路、虚接等现象。

五、移相范围调整

1. 用示波器观察 C、D 两点的波形，并将 D 点的波形移至 C 点的波形中，如图 9-22 所示。
2. 调整电位器 RP_2，触发脉冲应能在同步信号的波形中左右移动。

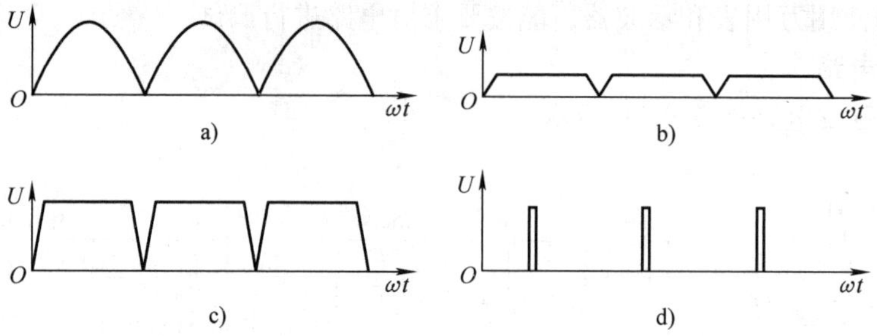

图 9-21　测试点 A、B、C、D 四点的波形

a) A 点　b) B 点　c) C 点　d) D 点

3. 调整 RP_2，将触发脉冲移至同步信号的右侧。调整微调电阻 RP_1 使触发脉冲的后沿与同步信号的右上拐点重合，如图 9-23a 所示。

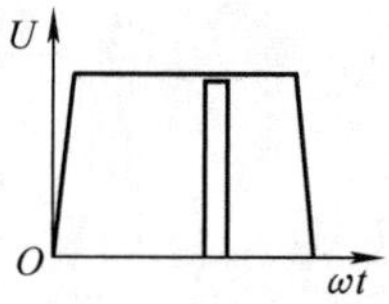

图 9-22　同步信号中的波形

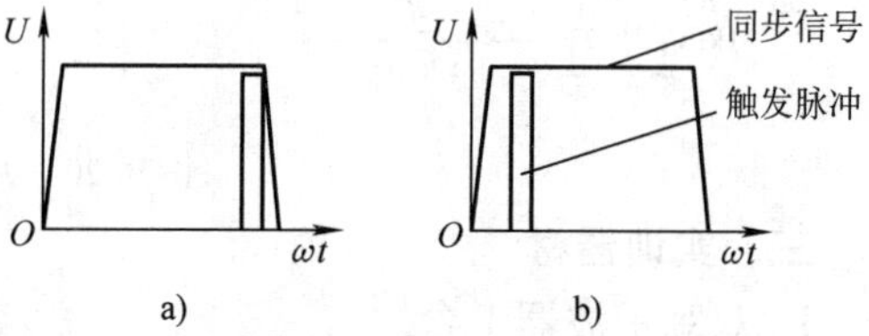

图 9-23　移相范围的调整

4. 调整 RP_2，将触发脉冲移至同步信号的左侧，调整微调电阻 RP_3，使触发脉冲尽可能靠近同步信号的左侧。

5. 将上述调整过程重复 1 ~ 2 次，调整为预期图像即可结束。

六、实训记录

1. 将所测试的波形和数据填写在表 9-2 中。

表 9-2　测试点的波形与电压值

$U_{A(P-P)}$	$U_{B(P-P)}$	$U_{C(P-P)}$	$U_{D(P-P)}$

2. 测出电位器 RP_2 滑动端在最大、最小移相范围内的电压变化值。

七、实训报告

1. 分析 556 的工作原理。

2. 分析 LM353 的作用。

3. 通过实训你对“同步”和“移相”的概念有哪些新的认识。

4. 你的实训装置是否出现过故障，如何排除的？从中得到了哪些启发？

实训三　单相可控整流电路的安装与调试

一、实训目的

1. 熟悉单相半控桥式整流电路的电路结构和接线方法。

2. 掌握同步触发电路的调试方法。

3. 观察电阻负载、电感负载时的输出电压波形；观察续流二极管的作用。

二、实训电路

单相半控桥式整流电路如图 9-24 所示。

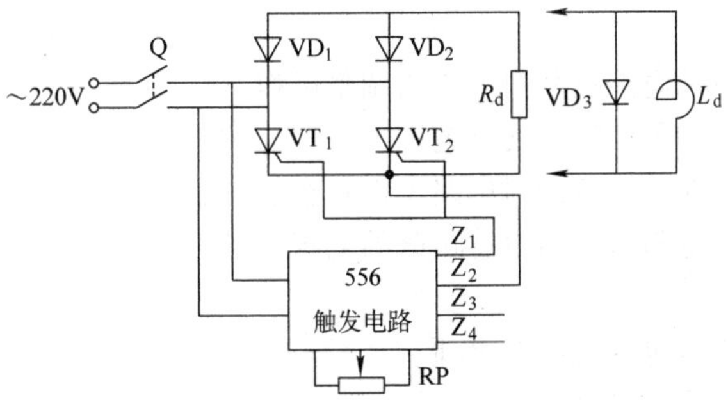

图 9-24　单相半控桥式整流电路

元器件参数如下：

Q：10A/250V 断路器。

VD_1、VD_2、VD_3：10A/400V。

VT_1、VT_2：10A/400V。

R_d：用 40 ~ 100W 白炽灯代替。

L_d：用 30W 左右的 220V 变压器一次绕组代替。

触发电路：采用实训二的触发电路。

三、实训器材

1. 实训电路所用的元器件 1 套。

2. 万用表 1 只。

3. 双踪示波器 1 台。

四、实训过程

1. 在绝缘板上按图 9-24 所示连接主电路。在负载 R_d 的位置接入白炽灯。

2. 检查触发电路工作是否正常，电路工作正常后将其输出端按图 9-24 所示与主电路相连接。

3. 将电位器 RP 滑动端调至中间位置。

4. 将万用表拨至 250V 直流电压档，两只表笔并联在白炽灯的两端，接通电源，观察白炽灯是否发光。若白炽灯没有发光，应断开电源，检查白炽灯是否完好，与灯座的接触是否良好，排除故障后再重新通电观察。

5. 逆时针缓慢调节电位器 RP，使电压逐渐降为零，白炽灯发光也逐渐变暗，当电位器调制终端时，电压应为零，灯泡应完全熄灭，否则应调试 RP，使输出电压为零。

6. 将电位器 RP 顺时针调至另一端，使输出电压最大。再将 RP 逆时针调回另一端，检查电压是否为零，若不为零，轻轻调试 RP，使电压为零，电路即可正常工作。

7. 断开电源，去掉灯泡，接入电感和续流二极管，将万用表并联在电感两端。调整

RP，输出电压应在 0 ~ 220V 内变化。若接入电感后最低电压不为零，稍微调试一次 RP 即可。

8. 用示波器观察图 9-20 中测试点 C、D 的波形，反复调整 RP，观察控制角的变化与输出电压的关系。

9. 断开续流二极管，调整 RP，观察输出电压的变化情况。

五、实训记录

1. 记录电阻负载时和电感负载时的电路调整过程。
2. 记录控制角在两种负载时的变化范围。
3. 记录续流二极管对感性负载时电路工作状态的影响。
4. 记录最大输出时电阻负载与电感负载的电压波形。

六、实训报告

1. 叙述主电路的连接过程及注意事项。
2. 介绍触发电路的调试过程及理论依据。
3. 阐述控制角对输出电压的控制作用。
4. 阐述续流管的作用。
5. 实训体会与收获。

七、安全注意事项

1. 主电路带有高电压，在通电的情况下，禁止调整主电路，如需调整，必须断开电源。

2. 因触发电路脉冲变压器的一次、二次绕组之间没有公共端，不能用两只示波器探头同时测量变压器的一次、二次电压波形。

实训四　直流电动机调速电路的安装与调试

一、实训目的

1. 熟悉直流电动机调速电路的电路结构和连接方法。
2. 观察反电动势负载时电路的工作情况。

二、实训电路

直流电动机调速实训电路如图 9-25 所示。

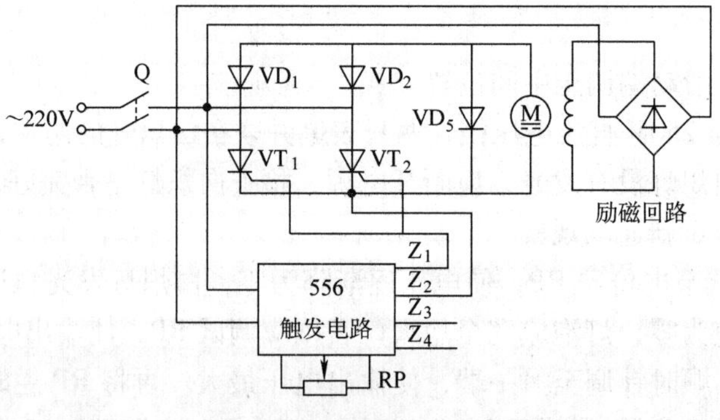

图 9-25　单相半控桥式整流反电动势负载的电路

三、实训器材

1. 实训中所用的可控整流电路和触发电路。

2. 220V/100～200W 直流电动机 1 台。

四、实训过程

1. 按照图 9-25 所示连接电路，并进行认真检查。

2. 将万用表调至 250V 直流电压档，并将表笔并联在电动机电枢绕组的两端。

3. 将调压电位器 RP 调至输出电压最低的位置。

4. 缓慢调整电位器 RP，观察电动机的加速过程，直至达到额定电压。

5. 反向调整电位器 RP，观察电动机的减速过程。如果 RP 已调至输出电压最小的位置，电动机仍不能停止转动，可轻轻调整 RP，使电动机停止转动。

五、实训报告

1. 画出实训电路，说明电动机的调速原理。

2. 实训过程中电路如有故障，记录故障现象，分析故障原因，说明故障的排除方法。

3. 结合实训二、实训三总结：电路安装的收获与体会；电路调试的收获与体会；对触发电路有哪些新的理解和认识；对可控整流的原理和工作过程有哪些新的认识和提高。

七、安全注意事项

1. 主电路带有高电压，在通电的情况下，禁止调整主电路，如需调整，必须断开电源。

2. 电动机的励磁绕组不允许开路，防止电动机出现“飞车”事故。

实训五　单相交流调压电路的安装与调试

一、实训目的

1. 熟悉单相交流调压电路的结构和连接过程。

2. 观察交流调压电路的工作情况。

3. 掌握交流调压电路的工作原理和调试方法。

二、实训电路

单相交流调压电路如图 9-26 所示。

元件参数如下：

Q：10A/250V 断路器。

VT_1、VT_2：10A/400V。

R_d：100W 白炽灯。

触发电路：采用实训二的触发电路。

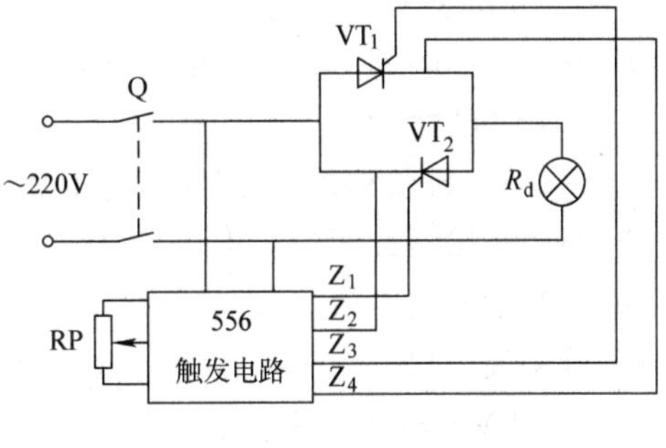

图 9-26　单相交流调压电路

三、实训器材

1. 图 9-26 所用的元器件 1 套。

2. 由 556 构成的触发电路板 1 块。

3. 万用表 1 只。

4. 双踪示波器 1 台。

四、实训过程

1. 按图 9-26 所示在绝缘板上安装器件．连接主电路。

2. 按图 9-26 所示将 556 触发板接入电源和主电路。

3. 将万用表拨至250V 交流电压档，两只表笔并联在灯泡的两端。

4. 检查电路的连接情况，确保连接无误。

5. 将调压电位器 RP_2 调至中间位置。

6. 接通电源，左右调整电位器 RP_2，观察灯泡的明暗变化和万用表的指示值变化，正常状态下，电压应在 0～220V 范围内变化。

7. 断开电源，去掉万用表，将示波器探头接入灯泡两端。

8. 接通电源，调整电位器 RP_2，观察电压波形的变化情况。

五、实训记录

1. 输出电压的变化范围。

2. 输出电压为 0V、110V 和 220V 时的电压波形。

六、实训报告

1. 画出实训电路。

2. 分析电路的调压原理。

3. 介绍测试的电压参数和波形。

4. 误差分析。

5. 对交流调压电路实训的认识和体会。

七、安全注意事项

主电路带有高电压，在通电的情况下，禁止调整主电路，如需调整，必须断开电源。

实训六　脉宽调制器的安装与调试

一、实训目的

1. 熟悉脉宽调制（PWM）集成控制器的引脚和外围元件的连接。

2. 掌握脉宽调制（PWM）集成控制器的功能。

二、实训电路

1. SG3524 的基本应用电路

SG3524 的基本应用电路如图 9-27 所示。

2. TL494 的基本应用电路

TL494 的基本应用电路如图 9-28 所示。

三、实训器材

1. 图 9-27 或图 9-28 所需元器件 1 套。

2. 通用实验板或面包板 1 块。

3. 双踪示波器 1 台。

4. 万用表 1 只。

5. 15V/1A 实验电源 1 台。

6. 电烙铁、斜口钳、镊子等装配工具 1 套。

四、实训过程

1. 在通用板或面包板上按图 9-27 或图 9-28 完成电路安装与连接。认真检查电路，确认准确无误。

2. 将示波器的两只探头分别接到两个输出端上。

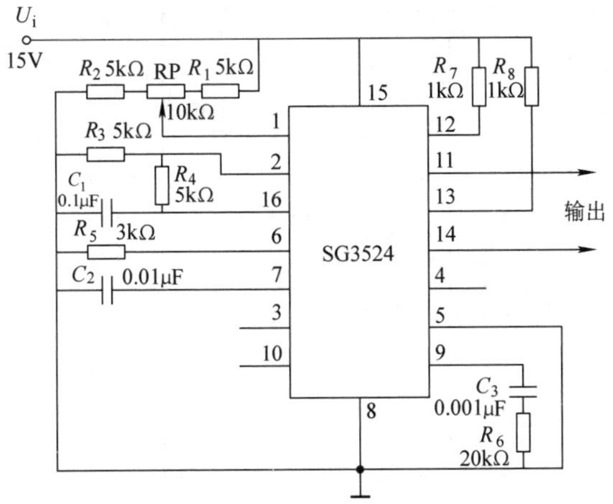

图 9-27　SG3524 的基本应用电路

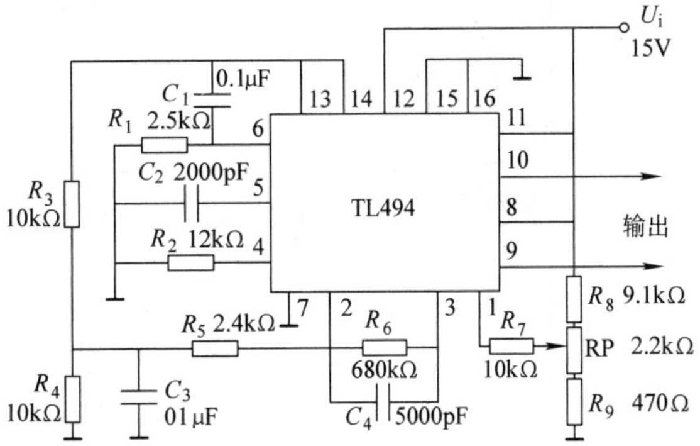

图 9-28　TL494 的基本应用电路

3. 接通电源，观察电路的输出波形。如果电路没有波形输出，应断开电源，查找故障，排除故障后，再重新通电观察。

4. 观察输出波形的相位关系、幅值大小。

5. 调整电位器 RP 观察脉冲宽度的变化范围。读出死区时间。

6. 若采用 TL494 电路，将第 13 脚改为接地，观察数波形的变化。

五、实训记录

1. 最大脉冲宽度时的波形、频率、幅值、相位关系和死区时间。

2. 最小脉冲宽度时的波形、频率、幅值、相位关系和死区时间。

六、实训报告

1. 分析电路的工作原理。

2. 分析输出脉冲宽度的变化对主电路将产生的影响。

3. 介绍对脉宽调制控制方式的理解。

4. 若将控制电路与桥式逆变的主电路相对接，还须采取哪些措施?

实训七　逆变电路的安装与调试

一、实训目的

1. 熟悉逆变电路的电路结构和安装工艺，对逆变电路形成完整的认识。

2. 掌握逆变电路的调试方法和维修方法。

二、实训电路

如图 9-29 所示，这是一个推挽式开关稳压电源电路。主电路由功率晶体管 VT_1、VT_2 和高频变压器 T_1 等组成。控制电路由集成脉宽调制器 SG3524 及外围元件组成。电路输入电压 28V，输出电压 5V，输出电流 5A。

图中 VT_1、VT_2：2N2877 或 2N2878，国产型号 3DA98B。VD_1、VD_2：5A/50V 快速恢复二极管。

三、实训器材

1. 图 9-29 电路中所采用的所有元器件 1 套。

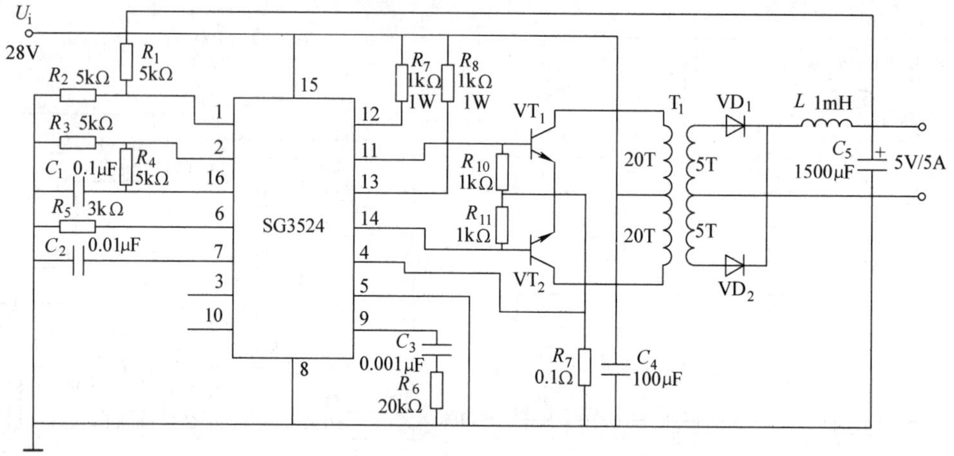

图 9-29　推挽式开关稳压电源电路

2. 双踪示波器 1 台。

3. 万用表 1 只。

4. 电烙铁、斜口钳等常用工具 1 套。

四、安装工艺与变压器制作

1. 在通用板上完成控制电路的装配，连线要尽可能短，走线要简洁，焊接要可靠。

2. 将开关管 VT_1、VT_2 和控制电路安装在同一块通用版上，VT_1、VT_2 的基极与控制电路输出之间的连线要短，以减少外来干扰。

3. 变压器 T_1 的安装要靠近 VT_1 和 VT_2。图 9-30 所示是元器件布局图，供参考。

4. 变压器 T_1 的绕制：

变压器铁心用旧电视机的输出变压器铁心代替，一次绕组用标称直径为 ϕ0.74mm 的高强漆包线绕 40 匝，中间抽头；二次绕组用标称直径为 0.86 的高强漆包线 3 根并绕 10 匝，中间抽头。层间绝缘采用 0.013mm 的绝缘纸一层，绕组间绝缘采用 0.013mm 绝缘纸两层。

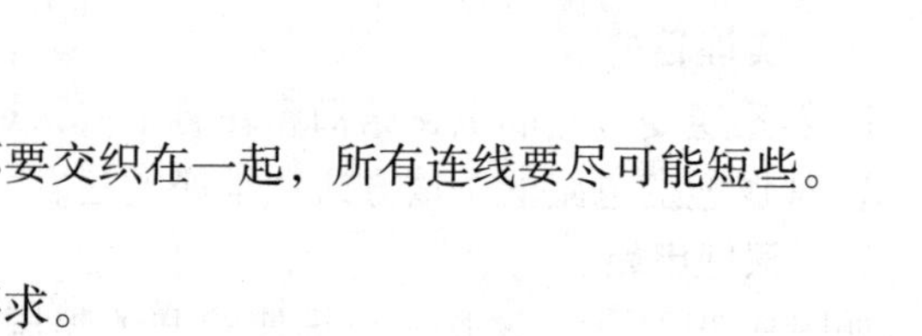

图 9-30　元器件布局图

5. 电路的输入、输出连线要分连接，不要交织在一起，所有连线要尽可能短些。

五、实训过程

1. 电路分析工作原理，熟悉安装工艺要求。

2. 将所有元器件安装在一块通用板上。

3. 按照图 9-30 所示电路图连接电路。

4. 检查所有连线和焊接点，纠正错误连接，焊接不良的焊点要重新焊接。

5. 将路的输入端与直流电源的 28V 输出端相连接。将示波器的两只探头分别连接到控制电路的两个输出端上；将万用表拨至 10V 直流电压档，连接到电路的 5V 输出端。

6. 通电观察并测试：

（1）观察并记录 VT_1 和 VT_2 的积极波形；

（2）观察并记录 VT_1 和 VT_2 的集电极波形；

（3）观察器电路的输出电压波形。

（4）在电路的输出端串入 10A 的直流电流表，接入负载，观察上述波形的变化；改变负载的电阻值，观察输出电压的变化情况。

六、实训报告

1. 介绍电路的装配过程。
2. 反映观察过程中所记录的内容。
3. 电路的输出参数。
4. 电路工作状态分析。
5. 实训的体会与收获。

附录　常用电力电子器件参数表

附表 1　ZP 型硅功率二极管主要参数

参数 系列	额定正向平均电流 I_F/A	反向重复峰值电压 U_{RRM}/V	反向不重复平均电流 I_{RS}/mA	反向重复平均电流 I_{RR}/mA	浪涌电流 I_{FSM}/A	正向平均电压 U_F/V	额定结温 T_{jm}/℃	额定结温升 ΔT_{jK}/℃
ZP1	1	100～3000	≤1	<1	40	0.4～1.2	140	100
ZP5	5		≤1	<1	180		140	100
ZP10	10		≤1.5	<1.5	310		140	100
ZP20	20		≤2	<2	570		140	100
ZP30	30		≤3	<3	750		140	100
ZP50	50		≤4	<4	1260		140	100
ZP100	100		≤6	<6	2200		140	100
ZP200	200		≤8	<8	4080		140	100
ZP300	300		≤10	<10	5650		140	100
ZP400	400		≤12	<12	7540		140	100
ZP500	500		≤15	<15	9420		140	100
ZP600	600		≤20	<20	11160		140	100
ZP800	800		≤20	<20	14920		140	100
ZP1000	1000		≤20	<20	18600		140	100

附表 2　KP 型晶闸管主要参数

通态平均电流 $I_{T(AV)}$/A	断态正反向重复峰值电压 U_{DRM}、U_{RRM}/V	断态正反向重复峰值电流 I_{DRM}、I_{RRM}/mA	维持电流 I_H/mA	通态峰值电压 U_{Dm}/V	工作结温 T_j/℃	断态电压临界上升率 $\frac{\Delta u}{\Delta t}/\frac{V}{\mu s}$	通态电流临界上升率 $\frac{\Delta i}{\Delta t}/\frac{A}{\mu s}$	浪涌电流 I_{Tsm}/kA	
								L 级	H 级
1	50～1600	≤3	≤10	≤2.0				0.12	0.20
3	100～2000	≤8	≤30	≤2.2	-40～+100	25～800	25～50	0.036	0.056
5			≤60					0.064	0.09
10		≤10	≤100					0.12	0.19
20								0.24	0.38
30	100～2400	≤20	≤150	≤2.4		50～1000		0.36	0.56
50			≤200					0.64	0.94
100	100～3000	≤40		≤2.6	-40～+125	100～1000	25～100	1.3	1.9
200							50～200	2.5	3.8
300		≤50	≤300					3.8	5.6
400							50～300	5.0	7.5
500								6.3	9.4
600								7.6	11
800							50～500	10	15
1000								13	18

附表3　KP型晶闸管门极主要参数

通态平均电流 $I_{T(AV)}$/A	门极触发电流 I_G/mA	门极触发电压 U_G/V	门极不触发电压 U_{GD}/V	门极正向峰值电流 I_{Gm}/A	门极反向峰值电压 U_{GDm}/V	门极正向峰值电压 U_{Gm}/V	门极平均功率 $P_{G(AV)}$/W	门极峰值功率 P_{Gm}/W
1	≤20	≤2.5	≥0.2	—	5	6	—	—
3	≤60	≤3.0				10		
5								
10	≤100							
20								
30	≤150							
50	≤200			1			0.5	4
100	≤250	≤3.5		2			2	8
200				3		16	3	15
300	≤350	≤4.0						
400				4			4	20
500								
600								
800	≤450							
1000								

附表4　双向晶闸管主要参数与分级规定

KS型双向晶闸管的主要参数

参数 数值 / 系列	额定通态电流（有效值）$I_{T(RMS)}$/A	断态重复峰值电压（额定电压）U_{DRM}/V	断态重复峰值电流 I_{DRM}/mA	额定结温 T_{jm}/℃	断态电压临界上升率 $\frac{\Delta u}{\Delta t}/\frac{V}{\mu s}$	通态电流临界上升率 $\frac{\Delta i}{\Delta t}/\frac{A}{\mu s}$	换向电流临界下降率 $\frac{\Delta i}{\Delta t}c/\frac{A}{\mu s}$	门极触发电流 I_{GT}/mA	门极触发电压 U_{GT}/V	门极峰值电流 I_{GM}/A	门极峰值电压 U_{GM}/V	维持电流 I_H/mA	通态平均电压 $U_{T(AV)}$/V
KS1	1	100～200	<1	115	≥20	—	≥0.2% $I_{T(RMS)}$	3～100	≤2	0.3	10	实测值	上限值各厂由浪涌电流和结温的合格型式试验决定并满足 $\|U_{T1}-U_{T2}\| \leq$ 0.5V
KS10	10		<10	115	≥20	—		5～100	≤3	2	10		
KS20	20		<10	115	≥20	—		5～200	≤3	2	10		
KS50	50		<15	115	≥20	10		8～200	≤4	3	10		
KS100	100		<20	115	≥50	10		10～300	≤4	4	12		
KS200	200		<20	115	≥50	15		10～400	≤4	4	12		
KS400	400		<25	115	≥50	30		20～400	≤4	4	12		
KS500	500		<25	115	≥50	30		20～400	≤4	4	12		

断态电压临界上升率分级规定

等级	0.2	0.5	2	5
$\frac{\Delta u}{\Delta t}/\frac{V}{\mu s}$	20	50	200	500

换向电流临界下降率分级规定

等级	0.2	0.5	1
$\frac{\Delta i}{\Delta t}c / \frac{A}{\mu s}$	$\geqslant 0.2\% I_{T(RMS)}$	$\geqslant 0.5\% I_{T(RMS)}$	$\geqslant 1\% I_{T(RMS)}$

附表5　国产部分门极关断晶闸管电气特性

编号	特性和条件	符号	单位	数值		
				5A	10A	200A
1	通态峰值电压（对应门极关断通态峰值电流的通态峰值电压最大值）	U_{TM}	V	<3.0		
2	反向重复峰值电流（在额定电压 U_{RRM} 的反向峰值电流的最大值，在25℃和 T_{jm}）	I_{RRM}	mA	≤4	≤6	≤30
3	断态重复峰值电流（额定电压 U_{DRM} 时的断态峰值电流的最大值，在25℃和 T_{jm}）	I_{DRM}	mA	≤4	≤4	≤30
4	维持电流	I_H	mA	≤0.5		≤10
5	擎住电流	I_L	A	≤1.0		≤10
6	门极触发电流	I_{GT}	mA	≤100	≤150	≤1000
7	门极触发电压	U_{GT}	V	≤1.5		
8	门极不触发电压	U_{GD}	V	≥0.5		
9	门极关断电流	I_{GQ}	A	≤1.0	≤2.0	≤65
10	门极关断电压	U_{GQ}	V	≤18		≤20
11	开通时间	t_{gt}	μs	≤3.0	≤3.5	≤10
12	关断时间	t_{gq}	μs	≤5	≤8	≤15
13	断态电压临界上升率	$\Delta u/\Delta t$	V/μs	≥200		≥800
14	总耗散功率	P_{lot}	W	与通态平均电流和导通角成函数关系		

附表6　大功率晶体管静、动态参数示例

GTR的静态参数

型　号	最大连续集电极电流 I_C/A	最大脉冲集电极电流 I_C/A	最大连续基极电流 I_C/A	集射极电压 $T_C=125℃$ U_{CEX}/V	集射极保持电压 $T_C=125℃$ U_{CEX}/V	最大结温 T_{jM}/℃
TCD30/U—800	50	70	10	800	500	150
DT34—300	175	200	50	300	250	150
DT34—1050	175	200	50	1050	850	150
DT74—250	600	800	100	250	200	175
DT74—350	600	800	100	350	300	175
DT/TF100—1000	200	300	100	1000	850	150
DT/TF100—1200	200	300	100	1200	1000	150
DT800—300	1000	1200	250	300	200	175
DT800—400	1000	1200	250	400	300	175

GTR 的动态参数

型号	总功耗 $T_C=25℃$	直流正向电流 I_C/A	$T_C=120℃$					
			正向直流电流增益及相应集射极电压		集射极饱和压降及相应基极电流		开关时间	
	P_T/W		h_{FE}	U_{CE}/V	U_{CES}/V	I_B/A	存储 t_s/μs	下降 t_f/μs
TCD30/U—800	125/200	40	35	5	2	2	6.5	1
DT34—300	1.7	200	8	2	0.6	37.5	5	1
DT34—1050	1.7	40	7	2	0.6	8.5	5	1
DT74—250	2000	400	10	2	1	60	5	1.5
DT74—350	2000	400	7	2	1	60	5	1.5
DT/TF100—1000	1500/2000	100	8	2	1	19	7	1
DT/TF100—1200	1500/2000	100	5	2	1	30	7	1.25
DT800—300	3000	800	10	2	1	150	7.5	2
DT800—400	3000	800	7	2	1	150	7.5	2

附表 7　IGBT（IR DTDN150M12 型）的电气参数

项目		符号	参数			单位	测试条件
			最小	典型	最大		
集射极电压		U_{CE}	1200	—	—	V	$U_{GE}=0V$，$I_C=4mA$
集射极饱和压降		$U_{CE(on)}$	—	2.3	2.5	V	$U_{GE}=15V$，$I_C=150A$
			—	1.8	—	V	$U_E=15V$，$I_C=75A$，$T_j=150℃$
二极管正向压降（模块内部）		U_{DFM}	—	3.2	3.4	V	$I_F=150A$，$U_{GE}=0V$
			—	2.6	—	V	$I_F=150A$，$U_{GE}=0V$，$T_j=150℃$
栅射极开启电压		U_{GEth}	3.0	—	5.5	V	$I_C=2mA$
跨导		g_{FE}	70	—	140	s	$U_{CE}=25V$，$I_C=150A$
集射极漏电流		I_{CES}	—	—	4	mA	$U_{GE}=0V$，$U_{CE}=1200V$
			—	—	40	mA	$U_{GE}=0V$，$U_{CE}=1200V$，150℃
栅射极漏电流		I_{GES}	—	—	±4	μA	$U_{GE}=\pm 20V$
开关时间	上升时间	t_r	—	0.45	0.6	μs	$R_G=10\Omega$
	开通时间	t_{on}	—	0.55	0.75	μs	$U_{CC}=600V$
	下降时间	t_f	—	1.5	1.8	μs	$I_C=150A$
	关断时间	t_{off}	—	1.85	2.3	μs	$U_{GE}=\pm 15V$
反向恢复时间		t_{rr}	—	0.22	—	μs	电阻负载，$T_j=25℃$

附表 8　IGBT（IR DTDN150M12 型）的最大额定值

项　　目	符　号	参　数	单　位	温　度
集射极电压	U_{CE}	1200	V	
集电极最大连续电流	I_C	280	A	$T_C=25℃$
		160		$T_C=85℃$
		120		$T_C=100℃$
峰值开关电流	I_{LM}	300		
栅射极电压	U_{GE}	±20	V	
绝缘耐压［电极—管壳间（1min）］	U_{ISOL}	2500		
集电极损耗	P_C	1200	W	$T_C=25℃$
结温	T_j	−40 ~ +150	℃	

附表 9　部分 IR 公司的 IGBT 管型号与参数

分 类 型 号	集射极电压 U_{CE}/V	导通压降 $U_{CE(on)}$/V	集电极连续电流 I_C/A		最大管耗 P_C/W	电路图	外壳封装形式
			25℃	100℃			
单管（“*”为 3 ~ 10kHz 频率范围，其他为 10 ~ 30kHz）							
IRGBF30F*	900	4.3	9	5.3	60	A	220AB①
IRGPH40MD2	1200	3.4	31	18	160		247AC②
IRGBC40M*	600	3.0	40	24	160		220AB ①
IRGBC40K		3.2	42	25	160		220AB
IRGBC30M*		2.9	26	16	100	B	247AC②
IRGBC50UD2		3	55	27	200		
模块							
CPU165MU	600	2.3	33	17	83	C	IMS—1④
IRGDT150M12	1200	2.5	150	80	1200		双管封装③
IRGTIN050K06	600	2.7	55	20	240		
IRGTDN200K6		2.7	260	100	1000		
IRGTDN300K6		2.7	340	140	1316		
IRGK1090U06		3.0	90	50	298	D	
IRGNI140U06		2.7	170	95	500		
CPV364MU		1.6	27	15	63	E	IMS—2⑤
IRGDDN600K6		2.7	680	280	2604	C	双管封装③

电路与封装外壳图（列举部分）

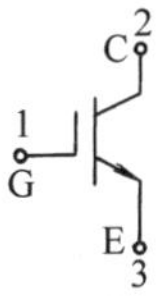

A

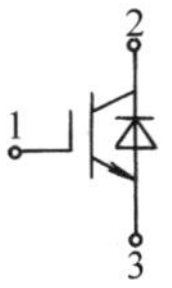

B

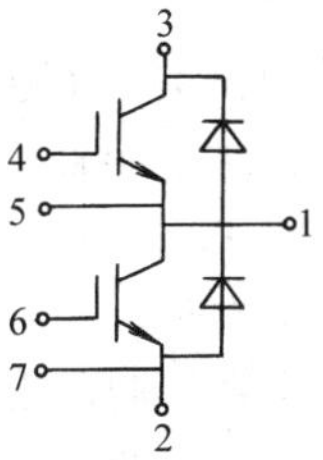

C

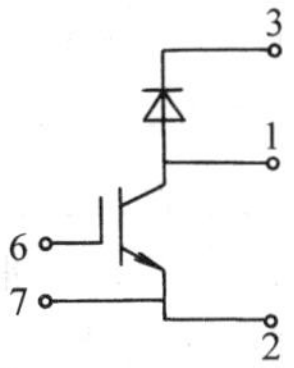

D

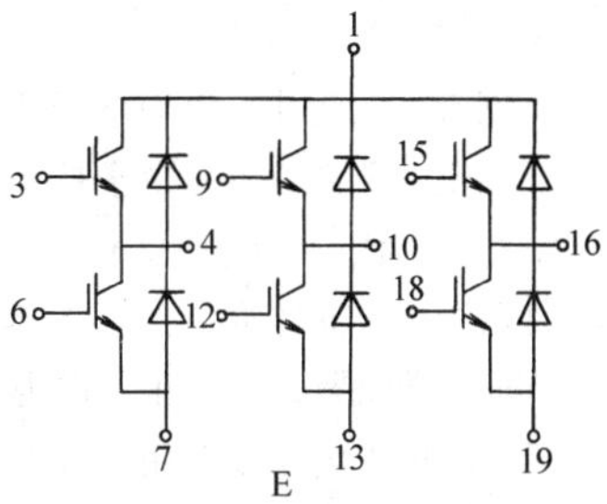

E

TO—220AB
①

TO—247AC
②

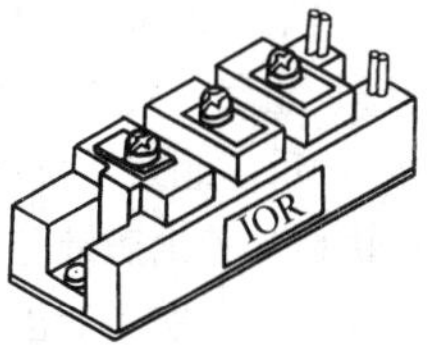

双管封装
③

IMS—1
④

IMS—2
⑤

参考文献

[1] 黄家善，王廷才. 电力电子技术 [M]. 北京：机械工业出版社，2000.
[2] 王兆安，黄俊. 电力电子技术 [M]. 北京：机械工业出版社，2000.
[3] 张立. 现代电力电子技术 [M]. 北京：高等教育出版社，1999.
[4] 莫正康. 半导体变流技术 [M]. 北京：机械工业出版社，1992.
[5] 石玉，栗书贤，王文玉. 电力电子技术题例与电路设计指导 [M]. 北京：机械工业出版社，1998.
[6] 李宏. 电力电子设备用器件与集成电路应用指南 [M]. 北京：机械工业出版社，2001.
[7] 李序葆，赵永健. 电力电子器件及其应用 [M]. 北京：机械工业出版社，1996.
[8] 张立，黄两一等. 电力电子场控器件及应用 [M]. 北京：机械工业出版社，1996.
[9] 吴守箴，臧英杰. 电气传动的脉宽调制控制技术 [M]. 北京：机械工业出版社，1997.
[10] 谭建成. 电机控制专用集成电路 [M]. 北京：机械工业出版社，1997.
[11] 王志良. 电力电子新器件及其应用技术 [M]. 北京：国防工业出版社，1995.
[12] 黄俊，秦祖荫. 电力电子自关断器件及电路 [M]. 北京：机械工业出版社，1991.
[13] 秦祖荫，杨振铭. 电力半导体传动 [M]. 北京：机械工业出版社，1987.
[14] 苏文成，金子康等. 无功补偿与电力电子技术 [M]. 北京：机械工业出版社，1989.
[15] 贤鸿，袁光明. 实用双向可控硅应用500例 [M]. 四川：成都科技大学出版社，1994.
[16] 张为佐，白继彬. 电力电子发展的新动向 [M]. 电力电子技术，1996.
[17] 栗书贤. 电力电子变流技术试验 [M]. 北京：机械工业出版社，1997.
[18] 西安电力电子技术研究所情报室.（GTR）、（GTO）、（MOSFET）、（IGBT）及其应用，1998.
[19] 吕庆敏. 浅谈电力电子技术领域中若干的研究热点 [J]. 电力电子技术，2001（1）.
[20] 俞勇祥. 电力电子应用概况 [J]. 新技术新工艺，2000（10）.
[21] 莫正康. 电力电子应用技术 [M]. 北京：机械工业出版社. 2006.
[22] 美国德克萨斯（TEXAS）公司. 集成脉宽调制器（TL495）产品说明书.
[23] 邵丙衡. 电力电子技术 [M]. 北京：中国铁道出版社. 1997.